新一代人工智能

无代码人工智能开发平台实践

芦碧波　张建春　王春阳　苏柏顺
编著

人 民 邮 电 出 版 社
北 京

图书在版编目（CIP）数据

新一代人工智能 : 无代码人工智能开发平台实践 / 芦碧波等编著. -- 北京 : 人民邮电出版社, 2023.4
ISBN 978-7-115-60103-2

Ⅰ. ①新… Ⅱ. ①芦… Ⅲ. ①人工智能－研究 Ⅳ. ①TP18

中国版本图书馆CIP数据核字(2022)第180843号

内 容 提 要

本书是人工智能和机器学习领域专家多年实践的结晶。它深入浅出地讲解了无代码人工智能开发平台实践，可以激发读者对人工智能的兴趣、学习人工智能知识、明确人工智能要素、掌握人工智能应用流程，并在学习和工作中不断拓展人工智能的应用领域，探索新的人工智能落地应用场景。本书首先介绍了人工智能和无代码人工智能平台 EasyDL 的基本用法，涉及图像智能分析、文本智能分析、语音智能分析、EasyDL OCR 等；然后，重点阐释了人工智能模型调用、人工智能模型部署方面的内容；最后，分析人工智能在各个领域的应用案例并介绍相关的学科竞赛。

本书不仅可以作为高等院校各专业的人工智能通识教育教辅，而且可以作为计算机类、人工智能类专业低年级本科学生的入门教辅。此外，本书也可以作为人工智能比赛参赛人员及对人工智能感兴趣人员的参考书。

◆ 编　　著　芦碧波　张建春　王春阳　苏柏顺
　责任编辑　秦　健
　责任印制　王　郁　焦志炜

◆ 人民邮电出版社出版发行　　北京市丰台区成寿寺路 11 号
　邮编　100164　　电子邮件　315@ptpress.com.cn
　网址　https://www.ptpress.com.cn
　天津市豪迈印务有限公司印刷

◆ 开本：787×1092　1/16
　印张：15.75　　　　2023 年 4 月第 1 版
　字数：395 千字　　　2025 年 1 月天津第 5 次印刷

定价：89.80 元

读者服务热线：(010)81055410　印装质量热线：(010)81055316
反盗版热线：(010)81055315
广告经营许可证：京东市监广登字 20170147 号

前 言

作为第四次工业革命的关键技术之一，人工智能（Artificial Intelligence，AI）不仅在多个领域得到应用，而且受到社会大众的广泛关注，越来越多的人希望学习和了解人工智能。自1956年人工智能的概念提出以来，人工智能在六十多年的发展中经历了三次高潮和三次低谷，形成了庞大的理论体系，但最近广泛应用的是以深度学习为代表的新一代人工智能，这也将是本书介绍的主要内容。

算力、算法和数据作为新一代人工智能的三要素，具有一定的学习门槛。近年来，国内很多高校增设了人工智能专业。为培养人工智能方面的高级专门人才，高校、教师和学生需要付出很多努力：高校需要购买昂贵的设备以解决算力问题，教师需要通过漫长的过程教授复杂的理论以解决算法问题，学生需要编写代码来验证和实现神奇的人工智能算法。

根据笔者多年的教学经验，对于业余人士，如果采用传统的教学模式，一行代码可能会吓跑一半的学习者，两行代码会吓跑剩余的学习者，更不要说代码背后复杂的理论和算法了。那么，非人工智能专业人士能不能学习新一代人工智能呢？

答案是肯定的。

本书旨在为所有人工智能爱好者（包括但不限于非人工智能专业的高校学生、希望使用人工智能解决所在领域问题的工程技术人员）提供零门槛的人工智能学习方法，即使用无代码的人工智能开发平台来学习新一代人工智能。本书选用了百度公司开发的零门槛无代码人工智能开发平台——EasyDL平台，其含义为“容易学习的深度学习”。该平台基于百度公司深厚的人工智能积累和多年的产业沉淀，功能多样、操作方便、界面友好、使用限时免费。

目前，市场上常见的人工智能教程可以分为两类：一类是以讲授人工智能基本算法和理论为主，学习成本高且不直观；另一类以介绍人工智能概念理解、应用和人工智能伦理为主，长于叙事而短于实践。

与传统的人工智能教程不同的是，本书试图破解算力、算法和数据三要素难以具备的难题，为人工智能的快速普及和推广开辟新的路径。

1. 算力要素的解决保证“人人都能学AI”

基于百度公司的EasyDL平台提供的限时免费在线算力服务，读者无须准备计算设备和进行框架安装和配置。这扫清了人工智能学习算力要素的障碍。

2. 算法要素的解决保证“人人都能用AI”

百度公司的EasyDL平台很好地封装了人工智能算法，可以实现全程无代码、真正零门槛，读者无须学习前置课程和高深理论。这扫清了人工智能学习在算法要素方面的障碍。

读者只需跟随本书教程，点击鼠标即可训练人工智能模型、查看模型结果、测试模型性能，甚至可以使用智能手机扫描二维码调用模型并分享给亲朋好友，轻松享受AI学习过程，

真切感受 AI 学习成果。

3. 数据要素的拓展保证"人人都能创作 AI"

在传统的人工智能学习中，限于知识和能力，初学者只能使用固定数据实现和验证前人建好的模型，即采用"走别人走过的路"的模式进行学习。

本书选择的 EasyDL 平台为用户使用人工智能解决问题提供了极大的自由度：支持和鼓励读者自己定义和设计问题、自己收集和上传数据、自己标注数据，最终创作属于自己的 AI 模型。这些问题可能与读者深耕多年的专业 / 行业背景经历有关，也可能来自读者生活中的灵光一现，但无论如何，每位读者都可以尝试创作 AI 模型，使自己成为一名"AI 创客"。

从数据要素角度来看，EasyDL 平台极大地拓宽了数据要素的来源，为人工智能在更多行业的应用提供了无限可能，在人工智能尚未应用的领域开疆拓土，即"走一些别人没有走过的路"。

通过本书的学习，读者能够对如下问题有深刻且直观的认识。

人工智能可以做什么？

本书介绍了人工智能在图像、语音和文本 3 个方面的多项处理实例。通过这些实例，读者可以沉浸式地体验人工智能的能力，并培养初步的判断能力：人工智能能否解决某个问题，以及应该选择哪种人工智能功能来解决问题。

人工智能需要什么？

数据是人工智能的燃料，但并非所有的数据都是可用的。通过实践操作，读者可以具备初步的数据感知、判断和编辑能力：对某个具体问题而言，人工智能需要什么样的数据，什么样的数据是有效的以及什么样的数据是无效的，如何对数据进行标注和编辑。明确人工智能对数据的要求，有助于读者在今后人工智能开发中设计合理的数据收集方案，少走弯路，缩短模型开发周期。

人工智能处理结果是什么？

基于 EasyDL 平台强大且丰富的功能，读者不仅可以直观地看到模型的处理结果，培养"AI 感觉"，提高 AI 素养，而且可以使用该平台创作人工智能模型，验证自己的判断并部署和调用模型。

良好的判断能力、数据感知能力和结果阅读能力将有助于读者扩展人工智能应用范围，缩短人工智能产品开发周期，加速人工智能落地。

本书包括正文和附录两部分，其中正文分为 9 章。第 1 章介绍人工智能的概念、产业结构和应用领域，引导读者在百度 AI 能力体验中心体验人工智能的魔力；第 2 章介绍人工智能产品开发流程以及 EasyDL 平台的功能和使用方法；第 3 章介绍图像智能分析，包括图像分类、物体检测和图像分割；第 4 章介绍文本智能分析，包括文本分类、短文本相似度分析和情感倾向分析；第 5 章介绍语音智能分析，包括声音分类和语音识别；第 6 章介绍 EasyDL OCR 的应用方式；第 7 章介绍 EasyDL 平台训练的 AI 模型如何在 EdgeBoard 上部署；第 8 章介绍基于 EasyDL 平台的人工智能学科竞赛；第 9 章介绍 EasyDL 平台对多个行业进行赋能的案例。

本书附录包括 4 部分，附录 A 介绍了 EasyDL 平台的功能更新记录；附录 B 介绍了飞桨 EasyDL 桌面版的操作；附录 C 介绍了如何利用 labelImg 对物体检测任务进行数据标注；附录 D 补充了人工智能在其他行业的案例。

芦碧波撰写了第 1 章、第 2 章和第 6 章，王春阳撰写了第 3 章、第 9 章、附录 A、附录 B 和附录 C，张建春撰写了第 4 章、第 5 章和附录 D，苏柏顺撰写了第 7 章和第 8 章。

感谢百度公司长久以来对高校人工智能教育的支持，感谢百度公司飞桨事业部谢梦、钱芳、刘芸在本书筹划过程中的帮助，感谢百度公司校园品牌事业部对本书撰写的鼓励，感谢人民邮电出版社编辑在本书撰写和修改过程中付出的辛勤工作。

感谢参与本书所用数据集制作、数据标注、案例测试的河南理工大学计算机科学与技术学院人工智能和计算摄影研究室多名研究生和其他本科生，由于人员众多，此处不再一一列出。

本书受到河南省教育科学“十四五”规划重点课题“河南高校 AI+X 人才培养与应用创新体系建设研究”（编号：2021JKZD06）的资助，在此一并致谢。

撰写一本无代码的人工智能教程，不仅对本书作者是一种新的尝试，对国内人工智能教育领域也是一种新的思路。由于作者水平有限，书中可能存在诸多不足，欢迎广大读者提出宝贵意见，以便今后能够持续改进。

希望本书的出版和发行能够促进人工智能的普及，培养更多的人工智能应用人才和“X+AI”的复合型人才。

编著者

资源与支持

本书由异步社区出品，社区（https://www.epubit.com）为您提供相关资源和后续服务。

提交勘误

作者、译者和编辑尽最大努力来确保书中内容的准确性，但难免会存在疏漏。欢迎您将发现的问题反馈给我们，帮助我们提升图书的质量。

当您发现错误时，请登录异步社区，按书名搜索，进入本书页面，单击“发表勘误”，输入错误信息，单击“提交勘误”按钮即可，如下图所示。本书的作者和编辑会对您提交的错误信息进行审核，确认并接受后，您将获赠异步社区的100积分。积分可用于在异步社区兑换优惠券、样书或奖品。

扫码关注本书

扫描下方二维码，您将会在异步社区微信服务号中看到本书信息及相关的服务提示。

与我们联系

我们的联系邮箱是 contact@epubit.com.cn。

如果您对本书有任何疑问或建议，请您发邮件给我们，并请在邮件标题中注明本书书名，以便我们更高效地做出反馈。

如果您有兴趣出版图书、录制教学视频，或者参与图书翻译、技术审校等工作，可以发邮件给我们；有意出版图书的作者也可以到异步社区投稿（直接访问 www.epubit.com/contribute 即可）。

如果您所在的学校、培训机构或企业想批量购买本书或异步社区出版的其他图书，也可以发邮件给我们。

如果您在网上发现有针对异步社区出品图书的各种形式的盗版行为，包括对图书全部或部分内容的非授权传播，请您将怀疑有侵权行为的链接通过邮件发送给我们。您的这一举动是对作者权益的保护，也是我们持续为您提供有价值的内容的动力之源。

关于异步社区和异步图书

“异步社区”是人民邮电出版社旗下 IT 专业图书社区，致力于出版精品 IT 图书和相关学习产品，为作译者提供优质出版服务。异步社区创办于 2015 年 8 月，提供大量精品 IT 图书和电子书，以及高品质技术文章和视频课程。更多详情请访问异步社区官网 https://www.epubit.com。

“异步图书”是由异步社区编辑团队策划出版的精品 IT 图书的品牌，依托于人民邮电出版社几十年的计算机图书出版积累和专业编辑团队，相关图书在封面上印有异步图书的 LOGO。异步图书的出版领域包括软件开发、大数据、人工智能、测试、前端、网络技术等。

异步社区

微信服务号

目录

第 2 章 人工智能产品开发与 EasyDL 平台 …… 29

第 3 章 图像智能分析 …… 43

第7章 EdgeBoard 硬件部署 ………… 151

第8章 基于 EasyDL 平台的人工智能学科竞赛 ………… 175

第9章 EasyDL 平台行业赋能案例 ………… 189

第 1 章 人工智能概述

作为当今流行的、重要的技术之一，人工智能已经在很多领域得到广泛应用，并深刻地改变了人们的日常生活和生产方式。其实人工智能是一个非常宽泛的概念，被称为第四次工业革命的导火索的人工智能主要指“新一代人工智能”。因此，在学习人工智能之前，首先需要了解人工智能的概念及其发展历史和应用。

1.1 什么是人工智能

1.1.1 人工智能的定义

人工智能（Artificial Intelligence，AI），意为“人工的智能”（与之形成对立的是“天然智能”或“自然智能”），即人类的知识、智力和多种才能的总和，表现为人类通过大脑的运算和决策产生有价值的行为，包括人的大脑思考及决策、耳朵听力及判断、眼睛视觉及判断、鼻子嗅觉及判断、皮肤触觉及判断等，这些能力是人类经过长久进化得到的。顾名思义，人工智能即“人工制造的智能”，通常指的是利用机器来模拟和实现人类所具有的智能，这里的机器主要指的是计算机，也可以是各种软件及相关的智能终端设备。

1.1.2 人工智能的起源

1950 年，英国科学家艾伦 • 图灵（Alan Turing）提出了著名的“图灵测试”，这是一个有趣的实验。假如一台计算机宣称自己会“思考”，那么应该如何辨别计算机是否真的会思考呢？为此，科学家安排测试者和被测试者（一个人和一台计算机）通过幕布隔开，二者借助键盘和屏幕进行对话，测试者并不知道与之对话的到底是计算机还是人。若测试者分不清幕后的对话者是人还是机器，即计算机能在测试中表现出与人等价或至少无法区分的智能，那么说这台计算机通过了图灵测试，并具备了人工智能。

图灵测试开启了人们对人工智能的研究，并且自诞生以来产生了巨大影响，图灵也因此被冠以“人工智能之父”的称号。美国计算机协会（Association for Computing Machinery，ACM）于 1966 年设立了图灵奖，专门奖励对计算机事业做出重要贡献的个人，奖项设立目的之一是纪念这位科学家，图灵奖因此得名。获奖者的贡献必须在计算机领域具有持久而重大的技术先进性。图灵奖对获奖者的要求极高，评奖程序也极严，一般每年只奖励一名计算机科学家。图灵奖是计算机领域的国际最高奖项，被称为“计算机界的诺贝尔奖”。2021 年 7 月，英国的中央银行（英格兰银行）宣布，艾伦 • 图灵将成为英国 50 英镑纸币上的人物，以表彰他在人工智能等方面做出的贡献，而之前英国流通的 50 英镑纸币的背面人物是蒸汽机的发明者詹姆斯 • 瓦特（James Watt）和他的合伙人——令蒸汽机实现量产的企业家马修 • 博尔顿（Matthew Boulton）。

1.2 人工智能的发展历史

人工智能的发展并非一帆风顺，而是经历了漫长而曲折的发展道路。如何描述人工智能自 1956 年以来的发展历程，学术界可谓仁者见仁、智者见智。这里暂且将人工智能的发展历程划分为如下 6 个阶段。

起步发展期：1956 年—20 世纪 60 年代初期

1956 年，约翰 • 麦卡锡（John McCarthy）、马文 • 闵斯基（Marvin Lee Minsky）、克劳德 •

艾尔伍德•香农（Claude Elwood Shannon）等学者在美国汉诺斯小镇召开了达特茅斯会议，共同讨论机器模拟智能的一系列问题。这次会议的召开标志着人工智能的诞生。

反思发展期：20 世纪 60 年代—70 年代初期

人工智能发展初期的突破性进展激发了人们对人工智能的期望，人们开始尝试更具挑战性的任务。但研发结果并不令人满意，这使得人工智能的发展走入第一个低谷。

应用发展期：20 世纪 70 年代—80 年代中期

20 世纪 70 年代出现的专家系统模拟人类专家的知识和经验解决某个特定领域的问题，实现了人工智能从理论研究走向实际应用、从一般推理策略探讨转向运用专门知识的重大突破。斯坦福大学开发 DENDRAL 系统的目的是对火星土壤进行化学分析，这也是早期知名的专家系统。斯坦福大学开发 MYCIN 专家系统用于传染性血液病的研究，该系统成为后来专家系统的重要典范之一。专家系统在医疗、化学、地质、汽车制造等领域取得成功，推动人工智能进入新的发展高峰。

低迷发展期：20 世纪 80 年代中期—90 年代中期

随着人工智能的应用规模不断扩大，专家系统存在的应用领域狭窄、缺乏常识性知识、知识获取困难、推理方法单一、缺乏分布式功能、难以与现有数据库兼容等问题逐渐暴露出来，人工智能进入了一个低迷而缓慢的发展时期。

稳步发展期：20 世纪 90 年代中期—21 世纪初期

网络技术（特别是互联网技术）的发展加速了人工智能的创新研究，促使人工智能进一步走向实用化。1997 年，国际商业机器（International Business Machine，IBM）公司的深蓝超级计算机战胜了国际象棋世界冠军卡斯帕罗夫；2008 年，IBM 提出“智慧地球”的概念。以上都是这一时期的标志性事件。Yann LeCun 提出了 LeNet5 卷积神经网络模型并用于手写字体识别，其结构被后来的网络结构广泛借鉴。Geoffrey Hinton 提出了一种适用于多层感知器的反向传播算法——BP 算法。这些网络结构和算法都为人工智能的蓬勃发展奠定了良好的基础。

蓬勃发展期：21 世纪初期至今

2006 年，Geoffrey Hinton 在世界顶级学术期刊 *Science* 上发表了一篇文章，提出了深度学习的概念。2012 年，在 ImageNet 图像识别大赛中，Hinton 和他的学生 Alex Krizhevsky 设计的深度学习模型 AlexNet 一举夺冠。2016 年，基于深度学习开发的 AlphaGo 以 4:1 的比分战胜了国际顶尖围棋高手李世石。

最近，基于人工智能的内容生成技术发展迅速。2022 年 8 月，百度推出“文心一格”AI 艺术和辅助绘画平台，可以实现“人人皆可一语成画”。2022 年 11 月，美国 OpenAI 公司发布智能聊天机器人程序 ChatGPT，能够通过理解和学习人类的语言进行对话，甚至能完成撰写邮件、论文、代码等多种任务，颠覆了大众对于人工智能的认知。

本书主要介绍基于深度学习和深度神经网络的新一代人工智能。为了方便介绍，接下来将不再严格区分“新一代人工智能”与“人工智能”，而是将“新一代人工智能”简称为“人工智能”。

1.3　新一代人工智能的三要素

数据、算法和算力是新一代人工智能的三要素，也是人工智能取得成功的必要条件。数据是人工智能的燃料，算法是人工智能的大脑，算力是人工智能的动力。

1.3.1　数据与数据集

大量高质量、精准、安全的数据是深度学习训练的基础。数据是人工智能必备的学习资源。人工智能领域有"garbage in garbâge out"的说法，即如果数据精度达不到标准，那么训练出来的模型也是不可靠的。

在使用深度学习技术训练模型时，一般把数据集划分为训练集、验证集和测试集。数据集的划分方式与作用如图 1-1 所示。

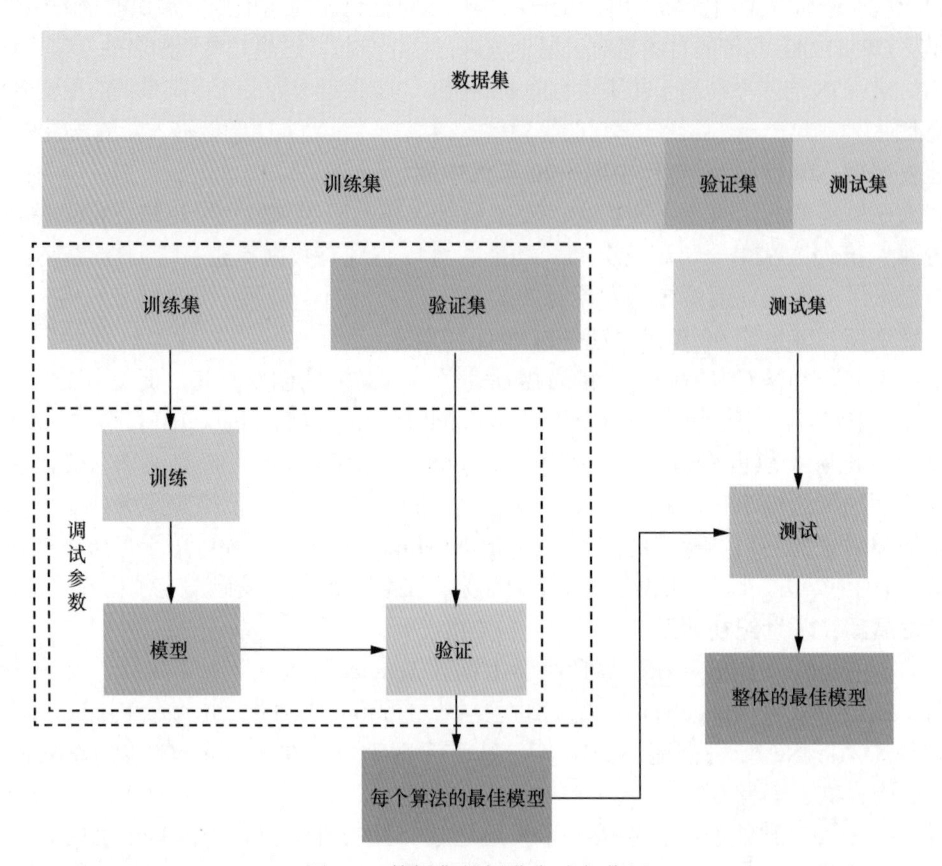

图 1-1　数据集的划分方式与作用

在模型训练过程中，训练集用于训练神经网络模型，通过不断学习数据特征来更新网络模型参数。验证集用于检验模型的状态、调整超参和防止过拟合。如果模型验证效果良好，在验证集上的各项指标均满足要求，后面需要继续用测试集进行模型评估。测试集用来评价模型的泛化能力。泛化能力指的是训练得到的算法是否具有推广能力和对新问题的适应能力，即模型在训练集和验证集上学习的能力能否很好地推广到新的数据集——测试集上。若在测试集上的识别率较高，则表明模型的泛化能力较强；若在测试集上的识别率较低，则表明模型可能存在一定的过拟合，需要调整训练策略。

下面讨论训练集、验证集和测试集三者的关系。首先，3 个集合中的数据应该具有某种一致性，即数据的关键属性、数据特征和应用场景等情况是一致的。其次，训练前无法获得测试集，因此测试集在训练过程中是不可见的，原因在于人工智能应用中的数据是未知的。最后，需要将训练之前获得的数据进行合理划分，划分为不重叠的训练集和验证集。通常采用随机选取的方式划分训练集和验证集，常见的数据比例为8:2或者7:3，也可以根据实际情况设定。

关于3个集合的关系有一个形象的比喻：若将训练集比作课堂的教学内容，那么验证集是课后作业，测试集是考试题目。学生通过长时间学习课程获得知识和能力，然后通过课后作业检验学习效果，最后通过考试检验学习水平。通常课后作业和课堂教学内容不一样但紧密相关，考试的题目应该是平时没有见过的。

1.3.2 算法与深度学习框架

算法决定了人工智能模型训练的速度、准确率和有效性。大量研究人员专注于利用深度学习框架设计新的算法和网络结构，并优化算法，同时不断拓展人工智能新的应用领域。

目前常用的深度学习框架有TensorFlow、PyTorch、Caffe、MXNet、Keras和飞桨（PaddlePaddle）等。TensorFlow是谷歌公司推出的计算框架，也是当前的主流框架，基于该框架的深度学习模型和算法非常多。该框架生态丰富、使用广泛，但是上手使用相对困难。PyTorch具有简洁易用、案例丰富的特点。飞桨是百度公司提供的国产深度学习开源框架，相关文档均为中文撰写，具有阅读方便、封装较好、代码简单的特点，比较符合中国人的使用习惯。另外，百度公司为飞桨准备了一站式开发平台AI Studio，提供AI课程、案例项目、数据集、图形处理器（Graphics Processing Unit，GPU）算力及存储资源等多种学习资源，其中“教育合作”栏目专为高校师生提供课程教学、实习实训、作业测评、比赛组织等教学服务。

1.3.3 算力

算力体现了人工智能的速度和效率。它依附于硬件设备。硬件设备包括但不限于中央处理器（Central Processing Unit，CPU）、图形处理器、张量处理器（Tensor Processing Unit，TPU）等。GPU等算力设备是非常昂贵的，高效的算力设备可以加速训练过程、大大缩短模型训练的时间。训练时间长、预测时间短是深度学习模型的特征。一般来说，参数数量越多，则训练时间越长，模型效果也越好。2021年12月8日，百度公司联合鹏城实验室重磅发布双方共同研发的全球首个知识增强千亿大模型——鹏城－百度·文心（模型版本号：ERNIE 3.0 Titan），该模型的参数达到2600亿个，在60多项自然语言处理（Natural Language Processing，NLP）任务中取得世界领先效果。

1.4 新一代人工智能产业全景结构

1.4.1 基础层

人工智能基础层是支撑人工智能应用模型开发及落地的必要资源，包括硬件基础和软件基础两个方面。硬件基础指的是CPU、GPU和AI芯片等设备，可以为人工智能提供算力；软件

基础指的是人工智能的计算和求解方法、深度学习框架、云计算平台等，主要为人工智能提供算法和数据支撑。

发展人工智能基础层可多环节提效人工智能价值的释放，解决需求方人工智能生产力稀缺问题。依托人工智能基础层资源，人工智能企业可有效应对下游客户的长尾应用需求，将其高频应用转化为新主营业务，寻找业务增长突破点。基础层的出现标志着人工智能产业社会化分工的出现，基础层的初步成型是人工智能产业链成熟的标志。

1.4.2 技术层

技术层是人工智能产业的核心，以模拟人的智能相关特征为出发点，将基础理论和数据转化成面向细分应用的人工智能。技术层的关键领域技术包括计算机视觉、语音识别和自然语言理解等；关键通用技术包括机器学习和知识图谱等。其中，计算机视觉作为应用场景最广的人工智能，在分类、检测、分割等任务上已有很好的表现，在各种真实场景中也得到了很好的应用。近年来，我国在技术层围绕垂直领域重点研发，例如计算机视觉、语音识别等领域的技术比较成熟，国内头部企业脱颖而出，竞争优势明显。

1.4.3 应用层

应用层是人工智能产业的延伸，为特定应用场景提供软硬件产品或解决方案。在应用层中，各行业集成一类或多类人工智能基础应用技术，面向特定应用场景需求形成软硬件产品或解决方案。行业解决方案涵盖领域包括智慧医疗、智慧农业、智慧安防、智慧教育等；人工智能相关行业热门产品包括智能汽车、机器人、智能家居和可穿戴设备等。这些应用可以为人工智能提供丰富的应用场景和数据。

上述的每一层都需要人员进行研究，以推动其发展。掌握上述 3 层的知识不仅需要长期、系统的学习过程，也需要显卡、深度学习框架等软硬件的支持，因此人工智能人才培养的学习成本高、学习周期长、学习难度大。针对这样的情况：一方面造成人工智能项目开发成本高，从而推高了人工智能项目的开发成本，减缓了人工智能落地的过程；另一方面也使得很多热爱人工智能的非专业人士对该技术望而却步，阻碍了人工智能在更多领域的推广和应用。

幸运的是，百度公司开发了零门槛的 AI 开发平台——EasyDL。本书将借助 EasyDL 平台介绍人工智能应用技术和开发流程，从而忽略基础层，跳过技术层，关注应用层，达到降低开发门槛、快速拓展应用领域的目的。毕竟，可以使用人工智能但尚未使用的领域还有很多。

1.5 人工智能产业和应用领域

1.5.1 人工智能产业

2021 年 3 月我国“十四五”规划纲要出台，提出“打造数字经济新优势”的建设方针并强调了人工智能等新兴数字产业在提高国家竞争力上的重要价值。人工智能作为关键性的新型信息基础设施，也被视为拉动中国数字经济发展的新动能，成为数字经济时代的核心生产力和产业底层支撑，是激活数字经济相关产业由数字化向智能化升级的核心技术。

近年来，人工智能应用已从消费、互联网等领域，向制造、能源、电力等传统行业辐射，体现出 AI+X 的趋势。以图像与视频、文本、语音等作为输入的人工智能产品的商业价值已得到市场充分认可，并且应用领域还在不断拓展。此外，机器学习、知识图谱、自然语言处理等技术主导的决策智能类产品也在客户触达、管理调度、决策支持等企业业务核心环节体现出价值。金融、医疗、工业、交通等为目前人工智能应用的热门领域。

目前，计算机视觉产品技术在多个领域的应用正受到极大关注，智慧现场安监、智能辅助运输、工业视觉质检以及智能工业机器人等方向正在孕育一批新兴的 AI 企业。据专业机构推断，预计到 2026 年，中国计算机视觉核心产品市场规模将突破 2000 亿元，带动相关产业规模将超过 6700 亿元。

1.5.2 人工智能在智慧城市中的应用

在新型城市建设和规划中，以卫星遥感图像处理为代表的地理信息技术正在发挥非常重要的作用，通过对城市范围内的人、事件、基础设施和环境等要素进行全面感知、实时动态识别和快速目标提取，为智慧城市的建设提供更多有价值的信息。当前，基于人工智能的遥感图像处理技术已广泛应用在城市规划、违章建筑监管、工程环境监测、废弃物管理、交通治理、城市安防等场景。

1. 居民地数据提取

居民地数据是基础地理信息的核心要素之一。利用遥感技术及时、准确地发现并确定居民地变化，对于灾害评估、城市扩张、环境变化、空间数据更新等有重要意义。利用人工智能对居民地大类下的普通街区、高层建筑、独立房屋、体育场等二级类进行遥感监测，大大提升了制作基础测绘底图的工作效率，能够快速地分割出居民地并生成测绘级地图。利用人工智能进行居民地数据提取，相比于传统人工地图矢量化的方法，工作效率提高了 85 倍，检出准确率可以达到 90.2%。

2. 土地利用类别动态解译

土地利用类别是水土流失的重要影响因子。全国水土流失动态监测采用遥感调查、定位观测与模型计算相结合的技术方法，每年开展一次区域土地利用类别解译工作。如果采用传统的人工目视解译方式，需要耗费大量的人力、物力资源，每人每天只能够解译 300 ～ 400 平方千米，在时效性方面难以满足区域水土流失动态监测工作的需要。北科博研利用人工智能分析宁夏土地遥感图像，提取准确率达到 90% 以上，相对传统的人工解译项目有了很大的提升。使用 AI 进行土地利用解译，只需要两台 GPU 工作站，即可快速完成全省的解译工作，能够大幅提高土地利用识别效率，保障当地区域水土流失动态监测工作的顺利开展。

3. 高尔夫球场检测

目前高尔夫球场滥建和侵占城市建设空间的问题已经引起国家相关部门的高度重视。利用人工智能中的目标检测算法，根据高尔夫球场的特性对输入图像的长宽比进行调优，大大提升了遥感图像解译工作的效率，为高尔夫球场检测提供了半自动化技术手段。项目实施

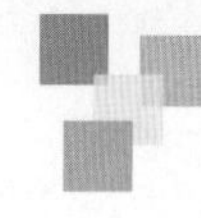

后，周期性、自动化的高尔夫球场遥感检测成为可能，相对于传统方法效率大大提高。在京津冀地区的遥感影像中取得的面积检测率为 86%，数量检测率为 95%，单景遥感影像检测耗时 10 min。

1.5.3 人工智能在智慧现场安监中的应用

安全生产事关社会影响、企业发展、家庭幸福等多个方面。但目前工厂在安全生产管理方式比较单一，主要包括例行检查、教育培训和定期评估等。受时间和人力条件约束，安全生产管理的工作效率和精细化管理水平均有待提升，因人员懈怠或疏忽导致的安全生产事故时有发生。

使用人工智能，将分布在厂区内的摄像头采集的视频数据作为输入，通过前置计算设备或服务器集成的定制化识别模型进行分析，针对不同的摄像头，灵活配置监控的事件及使用的模型，实时将危险事件及各种统计结果反馈给工厂安全生产管理系统，实现生产管理联动。

通鼎互联集团开发的通鼎互联智慧安监系统充分利用了图像和视频识别技术，可以实现如下功能。

- 员工安全着装规范识别。检测员工着装（如安全帽、静电帽、工作服、手套、口罩、绝缘靴）是否符合安全防护标准。
- 作业区危险行为监测。实时监测作业区使用手机、抽烟、跌倒、人员违规闯入、车辆违规停留等行为，及时预警。
- 生产机械安全监控。监控各种生产设备、工作区的安全作业情况，如行吊的起吊高度、绞龙启动后防护区是否有人员逗留等。
- 仪表盘读数识别。实时监控各种仪表盘指针读数，判断指标是否合格，如液化气罐异常指标报警、厂区内粉尘浓度监测等。

综合利用上述智能检测基础能力，可以有效提高企业安全生产过程、危险品日常管理、事故防范等方面的管控能力，切实提升政府与企业监管人员的日常安全监控手段及效率，解决依赖人力无法全时监控生产过程的问题。

1.6 人工智能体验

人工智能应用领域广泛、应用场景丰富。除用于无人车等看起来高大上的应用场景以外，人工智能正渐渐走进日常生活，为用户带来“看得见摸得着”的近距离体验。

1.6.1 百度 AI 能力体验中心

为了更好地传播和推广人工智能，百度公司建立了 AI 能力体验中心。通过该体验中心，用户可以沉浸式地体验人工智能的魔力，感受人工智能给人们生活带来的便捷。在搜索网站搜索“百度 AI 能力体验中心”即可找到 AI 能力体验中心的网址。网站页面如图 1-2 所示。

图 1-2　AI 能力体验中心网站页面

AI 能力体验中心提供图像识别、图像增强与特效、人脸与人体识别、语音技术、自然语言处理、通用文字识别、卡证文字识别、交通文字识别、票据文字识别和其他文字识别共 10 类 72 个体验项目，其中图像识别可以继续细分为文字识别、图像识别、图像效果增强、图像审核 4 个小类。表 1-1 给出了 10 个类别各自的输入数据、输出结果和项目数量。AI 能力体验中心不仅预置了输入数据供用户浏览各种功能，而且支持用户自己上传数据进行沉浸式体验。

表 1-1　百度 AI 能力体验中心提供的体验功能

类别序号	功能分类	输入数据	输出结果	项目数量
1	图像识别	图像	图像中的文字信息	12
2	图像增强与特效	图像	增强之后的图像	11
3	人脸与人体识别	图像	图像中人体和人脸包含的目标描述及其传达的信息	12
4	语音技术	文字	文字生成的语音	1
5	自然语言处理	文字	文本生成，文字的结构、语义特征及其判定结果	10
6	通用文字识别	图像 / 二维码	图像 / 二维码中的文字信息	6
7	卡证文字识别	图像	卡证图像中的关键字段信息	5
8	交通文字识别	图像	交通相关图像中的关键字段信息	5
9	票据文字识别	图像	票据图像中的关键字段信息	7
10	其他文字识别	图像	其他行业相关图像中的关键字段信息	3

接下来针对这 10 类技术进行介绍。

1.6.2 图像识别

表 1-2 给出了图像识别技术类中 12 个体验项目的功能描述与应用场景。图像识别的功能是根据输入图像识别出关键内容。

表 1-2　图像识别技术类中 12 个体验项目的功能描述与应用场景

序号	项目名称	功能描述	应用场景
1	通用物体和场景识别	可识别超过 10 万类常见物体和场景，接口返回大类及细分类的名称，并支持获取识别结果对应的百科信息；还可使用 EasyDL 定制训练平台和定制识别分类标签。广泛适用于图像或视频内容分析、拍照识图等业务场景	1）图片内容分析与推荐 对用户浏览的图片或观看的视频内容进行识别，根据识别结果给出相关内容推荐或广告展示。广泛应用于新闻资讯类、视频类 App 等内容平台中 2）拍照识图 根据用户拍摄的照片识别图片中物体的名称及百科信息，提升用户交互体验，广泛应用于智能手机厂商、拍照识图及科普类 App 中 3）拍照闯关趣味营销 设计线上营销活动，根据用户拍摄的照片自动识别图片中物体信息是否符合活动要求，提升用户交互体验，减少人工审核成本
2	植物识别	可识别超过 2 万种常见植物和近 8000 种花卉，接口返回植物的名称，并支持获取识别结果对应的百科信息；还可使用 EasyDL 定制训练平台和定制识别分类标签。适用于拍照识图、幼教科普、图像内容分析等场景	拍照识图 根据拍摄的照片识别图片中植物的名称，可配合其他识图能力对识别的结果进一步细化，提升用户体验，广泛应用于拍照识图类 App 中
3	动物识别	识别近 8000 种动物，接口返回动物名称，并可获取识别结果对应的百科信息；还可使用 EasyDL 定制训练平台和定制识别分类标签。适用于拍照识图、幼教科普、图像内容分析等场景	拍照识图 根据拍摄的照片识别图片中动物的名称，可配合其他识图能力对识别的结果进一步细化，提升用户体验，广泛应用于拍照识图类 App 中
4	菜品识别	识别超过 9000 种菜品，支持客户创建属于自己的菜品图库，可准确识别图片中的菜品名称、位置，并获取百科信息。适用于客户识别菜品的多种业务场景	1）餐饮健康 根据拍摄的照片识别图片中菜品的名称，获取菜品参考卡路里含量和百科信息，可结合识别结果进一步提供饮食推荐、健康管理方案等相关功能，增强用户体验，广泛应用于餐饮娱乐类和健康管理类 App 中 2）智能结算 根据拍摄的照片识别图片中菜品的名称和位置，提高结算效率，减少人工录入成本，广泛应用于餐饮行业中
5	地标识别	支持识别 12 万种中外著名地标、热门景点；还可使用 EasyDL 定制训练平台和定制地标分类标签。广泛应用于拍照识图、幼教科普、图片分类等场景	1）拍照识图 将地标识别服务集成到识图 App/ 小程序中，识别照片中出现的中外著名地标、景点，广泛应用于综合识图场景中 2）图片分类 集成地标识别服务，自动给地标、景点图片打标签并进行分类，适用于旅游类网站 /App 和智能相册
6	果蔬识别	识别近千种水果和蔬菜的名称，适合识别只含有一种果蔬的图片，可自定义返回识别结果数。适用于与果蔬介绍相关的美食类 App 中	果蔬介绍 根据拍摄的照片识别图片中果蔬的名称，可结合识别结果进一步为用户提供营养价值、搭配禁忌、果蔬推荐等相关信息，广泛应用于美食类 App 中

续表

序号	项目名称	功能描述	应用场景
7	红酒识别	识别图像中的红酒标签，返回红酒名称、国家、产区、酒庄、类型、糖分、葡萄品种、酒品描述等信息，可识别数十万种中外红酒；支持自定义红酒图库，在自建库中搜索特定红酒信息	1）红酒介绍与推荐 识别用户拍摄图片中的红酒，提供详细的红酒介绍，同时可结合识别结果进一步为用户提供商品推荐、营养搭配等服务，适用于酒类电商平台、红酒展销、拍照识图软件、美食健康 App 等 2）智能酒柜 根据拍摄的红酒照片自动识别图片中红酒的名称、产区、糖分、品尝温度等关键信息，为用户提供更优质的选酒、品酒体验
8	货币识别	识别图像中的货币类型，返回货币的名称、代码、面值、年份信息。可识别百余种国内外常见货币；还可使用 EasyDL 定制训练平台和定制识别货币种类	外汇兑换 金融机构外汇兑换时，自动识别货币类型，弥补人工判断知识面受限、主观失误等问题，提升兑换效率
9	图像主体检测	检测图片中的主体，支持单主体检测、多主体检测。可识别出图片中主体的位置和标签，方便裁剪出对应主体的区域，用于后续图像处理、海量图片分类打标签等场景	1）智能美图 根据用户上传的照片进行主体检测，实现图像裁剪或背景虚化等功能，可应用于含美图功能的 App 中 2）图像识别辅助 可使用图像主体检测裁剪出图像主体区域，配合图像识别接口提升识别精度 3）图片主体定位、打标签 检测出图片中多个主体的坐标位置，并给出主体的大类标签和标签的置信度得分，对海量图片进行分类、打标签
10	车型识别	识别车辆的具体车型，以小汽车为主，输出图片中主体车辆的品牌、型号、年份、颜色、百科词条信息；可识别 3000 种常见车型，准确率 90% 以上	1）拍照识车 根据拍摄的照片快速识别图片中车辆的品牌型号，提供有针对性的信息或服务，可用于相册管理、图片分类打标签、电子汽车说明书、一键拍照租车等场景 2）智能卡口 监控高速路闸口、停车场出入口的进出车辆，识别详细车型信息，结合车牌、车辆属性对车辆身份进行校验，形成车辆画像
11	车辆检测	识别图像中所有车辆的类型和位置，并对小汽车、卡车、巴士、摩托车、三轮车 5 类车辆分别计数，同时可定位小汽车、卡车、巴士的车牌位置	1）违章停车检测 监控分析城市道路、园区 / 厂区等公共场所的车辆停放情况，结合区域围栏等方式，判断核心区域是否有违章停车，并可进一步分析违停的车辆类型、数量 2）智能停车场 实时监控室外停车场的车位状态，代替人工计数的方式，自动识别、统计停放车辆的数目、位置，显著降低人工巡查的工作量，提升停车调度效率
12	车流统计	根据视频抓拍的图片序列进行车辆检测和追踪，识别各类车辆（包括小汽车、卡车、巴士、摩托车、三轮车）在指定区域内的驶入、驶出数量，实现动态车流统计	路况分析 实时监控交通道路、卡口的车流量，自动统计不同时段各类车辆的进出数量，分析路口、路段的交通状况，为交通调度、路况优化提供精准参考依据

图 1-3 展示了菜品识别实例，图像右上角按照置信度高低给出了可能的菜品名称、对应的

置信度和菜品热量信息。置信度越高，表明归属于该类别的概率越大。置信度结果表明，该菜品最大的可能性应该是烤鸭。为了便于进行饮食控制和健康管理，识别结果自动关联了菜品对应的热量信息。在“菜品识别”项目中，系统预置了一些图片供演示使用，用户也可以自己上传图片进行测试。

图 1-3 菜品识别实例

1.6.3 图像增强与特效

表 1-3 给出了图像增强与特效技术类中 11 个体验项目的功能描述与应用场景。图像增强与特效的功能是对输入图像进行处理，并返回增强处理之后的图像。

表 1–3 图像增强与特效技术类中 11 个体验项目的功能描述与应用场景

序号	项目名称	功能描述	应用场景
1	黑白图像上色	智能识别黑白图像内容并填充色彩，使黑白图像变得鲜活	图像趣味处理 开展怀旧等主题活动时，可接入服务，开发活动小程序或网页等。参与活动者只需上传黑白照片，即可立刻获得彩色照片
2	图像风格转换	将图像转换成卡通画、铅笔画、哥特油画等 9 种艺术风格，可用于开展趣味活动，或集成到美图应用中对图像进行风格转换	图像趣味处理 将服务集成到美图应用、趣味活动页面等。只需上传图片，即可立刻将照片转换成卡通画或素描等多种风格
3	人像动漫化	运用对抗生成网络技术，结合人脸检测、头发分割、人像分割等技术，为用户量身定制千人千面的二次元动漫形象，并支持通过参数设置，生成戴口罩的二次元动漫人像	人像图片趣味处理 将自拍图像 1:1 生成动漫二次元人像效果，可用于开展趣味 H5 活动或者集成到相册、美图应用等，用户只需上传人脸图片，即可立刻获得千人千面的动漫人像
4	天空分割	可智能分割出天空边界位置，输出天空和其余背景的灰度图和二值图，可用于图像二次处理，进行天空替换、抠图等图片编辑场景	抠图与美化 将原始图片中的天空区域识别并分离出来，可选择新的天空图片进行替换、合成，提供更加丰富的图片处理效果及娱乐体验

续表

序号	项目名称	功能描述	应用场景
5	图像去雾	对浓雾天气下拍摄，导致细节无法辨认的图像进行去雾处理，还原更清晰真实的图像	视频监控 在安防监控 / 车载系统场景下，对受浓雾天气影响拍摄的视频 / 图像进行优化处理，重建更可辨析的监控材料
6	图像 对比度增强	调整过暗或者过亮图像的对比度，使图像更加鲜明	1）海量图片优化 可用于提升网站图片、手机相册图片、视频封面图片的质量，智能调节图片的对比度，解决图片过暗或过亮的问题 2）视频监控 在安防监控 / 车载系统场景下，对受光照、极端天气影响拍摄的视频 / 图像进行优化处理，重建更可辨析的监控材料 3）彩印照片美化 帮助彩印工作室在彩印前优化处理照片，智能调节图片的对比度，解决图片过暗或过亮的问题，减轻设计师的工作量。也可用于开发照片冲洗 App、小程序等
7	图像 无损放大	将图像在长宽方向各放大两倍，保持图像质量无损；可用于彩印照片美化、监控图片质量重建等场景	1）视频监控 在安防监控 / 车载系统场景下，将视频关键帧 / 图像进行无损放大优化，重建更可辨析的监控材料，展示更多细节 2）彩印照片美化 帮助彩印工作室在彩印前优化处理照片，毫秒级时间内即可将图片的长宽各放大两倍并保持质量无损，减轻设计师工作量
8	拉伸图像 恢复	自动识别过度拉伸的图像，将图像内容恢复成正常比例	视频、图片质量提升 对视频截图 / 封面图、网站图片进行处理，找出并修复存在过度拉伸问题的视频、图片，提升内容质量
9	图像修复	可集成到图像美化、创意处理等软件中，对图片进行智能修复，去除图片中不需要的物体，并使用背景内容进行填充；也可用于内容生产平台批量优化图像质量	1）图像美化 集成到图像美化、创意处理等软件中，对用户上传的照片进行处理，去除图像中不需要的遮挡物；也可用于内容生产平台、图像处理厂商提升图像质量 2）破损照片修复 开展怀旧等主题活动，用户上传破损照片，标注出破损位置，即可获得修复后的照片
10	图像 清晰度增强	对压缩后的模糊图像实现智能快速去噪，优化图像纹理细节，使画面更加自然清晰	1）图像美化 可用于提升网站图片、手机相册图片、视频抽帧的图像质量，对压缩后变模糊的图片进行智能去噪，强化图像纹理细节，使图像画面更加清晰 2）破损照片修复 在安防监控 / 车载系统场景下，提高图像清晰度，重建画面更可辨析的监控材料
11	图像 色彩增强	可智能调节图片的色彩饱和度、亮度、对比度，使得图片内容细节、色彩更加逼真	海量图片优化 可用于提升网站图片、手机相册图片、视频封面图片的质量，智能调节图片的色彩饱和度、亮度、对比度，使得图片色彩更加逼真

1.6.4 人脸与人体识别

表 1-4 给出了人脸与人体识别技术类中 12 个体验项目的功能描述与应用场景。人脸与人体识别是对输入的图像进行人脸与人体检测，并返回检测后的图像。

表 1-4　人脸与人体识别技术类中 12 个体验项目的功能描述与应用场景

序号	项目名称	功能描述	应用场景
1	人脸检测与属性分析	快速检测人脸并返回人脸框位置，输出人脸 150 个关键点的坐标，准确识别多种属性信息	1）智慧校园管理 将人脸识别技术应用于摄像头监控，对学生、教职工及陌生人进行实时检测定位，解决校园安防监控、校内考勤、学生自助服务等场景的需求，打造智能化校园细分管理，提升校园生活体验和安全性 2）人脸特效美颜 基于 150 个关键点识别，对人脸五官及轮廓自动精准定位，可自定义对人脸特定位置进行修饰美颜；同时获取表情、情绪等人脸属性信息，实现特效相机、动态贴纸等互动娱乐功能 3）互动娱乐营销 基于人脸检测和属性分析，精准识别图片中人脸 150 个关键点信息，实现多种线上互动娱乐营销模式，如脸缘测试、名人换脸、颜值比拼等，提升用户体验和趣味性，有助于娱乐产品的市场推广
2	人脸对比	两张人脸进行 1：1 比对，得到人脸相似度，支持生活照、证件照、身份证芯片照、带网纹照、红外黑白照 5 种图片类型的人脸对比	—
3	人脸搜索	给定一张照片，对比人脸库中 *N* 张人脸，进行 1:*N* 检索，找出最相似的一张或多张人脸，并返回相似度分数。支持百万级人脸库管理，毫秒级识别响应，可满足身份核验、人脸考勤、刷脸通行等应用场景	1）智能安防监控 结合人脸识别技术，在工厂、学校、商场、餐厅等人流密集的场所进行监控，对人流进行自动统计、识别和追踪，同时标记存在安全隐患的行为及区域，并发出告警提醒，加强信息化安全管理，降低人工监督成本 2）工厂安全生产 3）提供软硬结合的安全生产监控方案，基于厂区、车间内摄像头采集的图像，识别是否有陌生人闯入，减少安全隐患 4）刷脸闸机通行 将人脸识别功能集成到闸机中，快速录入人脸信息，创建安全可靠的人脸库，用户刷脸通行，解决用户忘带工卡、盗刷等问题，实现企业、商业、住宅等多场景门禁通行 5）智慧人脸考勤 提供移动考勤、摄像头无感知考勤、一体机考勤 3 种方案，实现 1 秒内快速搜索与用户最相似的人脸，确保签到识别准确性，有效防止代打卡等作弊行为，增强企业安全管理
4	人体关键点识别	检测图像中的人体并返回人体矩形框位置，精准定位 21 个核心关键点，包含头顶、五官、颈部、四肢主要关节部位，支持多人检测、大动作等复杂场景	1）体育健身 根据人体关键点信息，分析人体姿态、运动轨迹、动作角度等，辅助运动员进行体育训练，分析健身锻炼效果，提升教学效率 2）娱乐互动 视频直播平台、线下互动屏幕等场景，可基于人体检测和关键点分析，增加身体道具、体感游戏等互动形式，丰富娱乐体验 3）安防监控 实时监测定位人体，判断特殊时段、核心区域是否有人员入侵；基于人体关键点信息进行二次开发，识别特定的异常行为，及时预警管控

续表

序号	项目名称	功能描述	应用场景
5	人体检测与属性识别	检测图像中的所有人体，返回每个人体的位置坐标；识别人体的 17 类属性信息，包含性别、年龄、服饰类别、服饰颜色、戴帽子（可区分安全帽 / 普通帽）、戴口罩、背包、抽烟、使用手机等	安防监控 识别人体的性别、年龄、衣着、外观等特征，辅助定位追踪特定人员；监测预警各类危险、违规行为（如公共场所跑跳、抽烟、未佩戴口罩），减少安全隐患
6	人流量统计	统计图像中的人体个数和流动趋势，以头肩为主要识别目标统计人数，无须正脸、全身照，适应人群密集、各种出入口场景	1）安防监控 实时监测机场、车站、展会、展馆、景区、学校、体育场等公共场所的人流量，及时导流、限流，预警核心区域人群过于密集等安全隐患 2）驾驶监测 针对客运车辆，实时监控上下车和车内乘客数量，分析站点客流量、车内超载情况，为线路规划、站台设计提供精准参考依据
7	手部关键点识别	检测图片中的手部并返回手部矩形框位置，定位手部的 21 个主要骨节点，可用于自定义手势检测、AR 特效、人机交互等场景	1）AR 特效 短视频、直播等娱乐交互场景中，基于指尖点检测和指骨关键点检测，可实现手部特效、空间做画等多种创意玩法，丰富交互体验 2）自定义手势识别 根据手部骨节坐标信息，可灵活定义业务场景中需要用到的手势，例如面向智能家电、可穿戴等硬件设备的操控类手势，面向内容审核场景的特殊手势
8	驾驶行为分析	针对车载场景，识别驾驶员使用手机、抽烟、不系安全带、未佩戴口罩、闭眼、打哈欠、双手离开方向盘等动作姿态，分析预警危险驾驶行为，提升行车安全性	1）营运车辆驾驶监测 针对出租车、客车、公交车、货车等各类营运车辆，实时监控车内情况，识别驾驶员抽烟、使用手机、未系安全带、未佩戴口罩、疲劳、视线偏离等违规行为，及时预警，降低事故发生率，保障人身财产安全 2）社交内容分析审核 汽车类论坛、社区平台，对配图库以及用户上传的 UGC 图片进行分析识别，自动过滤出涉及危险驾驶行为的不良图片，有效减少人力成本并降低业务违规风险
9	人脸融合	对两张人脸进行融合处理，生成的人脸同时具备两张人脸的外貌特征。此服务也支持对图片进行热门人物过滤，为业务提供安全的人脸服务	1）美颜相机 在美颜相机中，通过让用户上传两张人脸图片，实现对目标人脸进行美颜的目的，增加美颜功能的种类，提升用户体验 2）活动营销 以 H5/ 小程序的形式，在微信、微博等渠道进行活动营销，将用户与代言明星的人脸进行融合，生成趣味换脸图片，提升活动效果 3）影视剧宣传 电影、电视剧或游戏在宣传时可采用人脸融合功能将需要宣传的人物对象形成模板，进行市场活动推广，强化观众或用户对影视 / 游戏产品的认知

续表

序号	项目名称	功能描述	应用场景
10	人像分割	识别图像中的人体轮廓，与背景进行分离，适应单人体、多人体、复杂背景、各类人体姿态；广泛应用于人像抠图美化、照片背景替换、证件照制作、隐私保护等场景	1）人像抠图与美化 将原始图片中的人像分离出来，选择新的背景图像进行替换、合成；同时可以对背景进行虚化处理，突出人像，实现大光圈人像拍照效果 2）人体特效 视频直播过程中，识别用户的人体轮廓，为人像实时增加各种设定的背景特效、贴纸道具，提供更加丰富的娱乐体验 3）影视后期处理 识别影视作品中的人像区域，进行一键抠像、背景替换、人像虚化等后期处理
11	人脸属性编辑	对人脸属性特征进行编辑，实现性别互换、年龄改变等特效，为用户生成多种特效照片，可应用在趣味社交、短视频等娱乐场景	1）趣味社交 在社交领域，可以使用人脸属性编辑功能打造创意社交活动，好玩的创意通过社群裂变，形成爆款活动 2）短视频 实现趣味人脸属性编辑的短视频制作，具有趣味性的同时，满足用户对自己形象的认知和展示需求 3）市场营销 应用人脸属性编辑特效制作创意内容，让用户在体验“好玩”的技术的同时，自主传播市场营销活动或广告，达到品牌宣传的效果
12	皮肤分析	提供肤色、皮肤光滑度、眼袋、黑眼圈、皱纹、毛孔、黑头、痘、斑、痣等多维度的分析	1）皮肤管理 在健康管理类软件中记录皮肤的日常分析结果和护理记录，形成护肤日记，帮助用户或商家记录客户的皮肤状态变化，追踪护肤效果 2）化妆品营销 以 H5 的形式，在线上护肤品与化妆品营销页面中提供有针对性的护肤品效果演示，提供趣味的玩法和体验 3）智能医美 在医疗美容场景中提供医疗美容前的分析与自我诊断，提供皮肤状态的分析数据，为产品选取提供参考

图 1-4 展示了驾驶行为分析实例。输入图像中包含驾驶员，处理结果返回是否吸烟、是否使用手机、是否未系安全带、是否双手离开方向盘、是否闭眼等典型危险驾驶行为 / 状态。图 1-4 的右上角给出了各种行为的置信度。置信度数据表明，驾驶员很大可能性存在双手离开方向盘、视角未看前方、未正确佩戴口罩 3 种危险驾驶行为。

图 1-4　驾驶行为分析实例

1.6.5 语音技术

表 1-5 给出了语音技术类中语音合成项目的功能描述与应用场景。对于给定的文字，该项目返回合成之后的语音作为输出。

表 1–5 语音技术类中语音合成项目的功能描述与应用场景

项目名称	功能描述	应用场景
语音合成	基于业界领先的深度神经网络技术，提供高度拟人、流畅自然的语音合成服务，让你的应用、设备开口说话，更具个性	1）阅读听书 使用语音合成技术的阅读类 App，能够为用户提供多种音库的朗读功能，释放用户的双手和双眼，提供更极致的阅读体验 2）资讯播报 提供专为新闻资讯播报场景打造的特色音库，让手机、音箱等设备化身专业主播，随时随地为用户播报新鲜资讯 3）订单播报 可应用于打车软件、餐饮叫号、排队软件等，通过语音合成进行订单播报，让你便捷地获得通知信息 4）智能硬件 可集成到儿童故事机、智能机器人、平板设备等智能硬件设备，使用户与设备的交互更自然、更亲切

图 1-5 展示了语音合成实例。图的左侧为用户输入的文字，右侧提供了各种分割的音库，用户还可以设置语速、音调、音量等选项。单击“播放”按钮即可听到输出的语音。

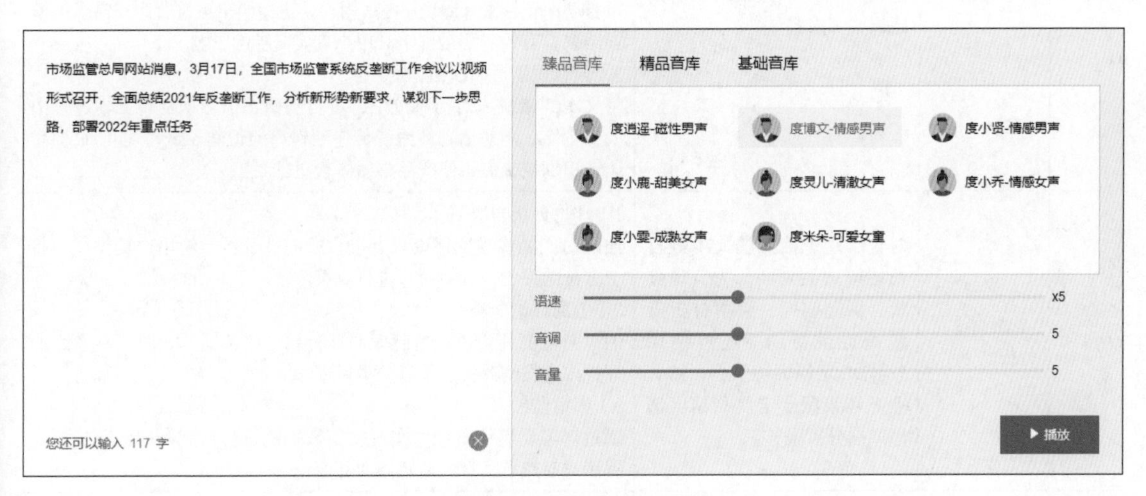

图1-5 语音合成实例

1.6.6 自然语言处理

表 1-6 给出了自然语言处理类中 9 个体验项目的功能描述与应用场景。自然语言处理是对输入的文字进行识别与检测，并输出对应的标签等信息。

表 1-6 自然语言处理类中 9 个体验项目的功能描述与应用场景

序号	项目名称	功能描述	应用场景
1	词法分析	基于大数据和用户行为的分词、词性标注、命名实体识别，定位基本语言元素，消除歧义，支撑自然语言的准确理解	1）语音指令解析 以分词和词性标注为基础，分析语音命令中的关键名词、动词、数量、时间等，准确理解命令的含义，提高用户体验 2）多轮交互式搜索 通过专名识别定位多轮对话中的核心实体，自动判断后续对话中对该实体的进一步信息需求 3）法律术语识别 分析处理法律案由与案例信息，提取法律行业专业术语做信息结构化 4）新闻人物信息提取 以定制词表为基础，提取新闻源中涉及的参会代表的人名和机构名、职务等，进行精准匹配，为所有参会代表提供专属的新闻档案 5）品牌舆情信息提取 通过定制化词法分析，准确定位网络文章中的品牌舆情关键词，并通过词性判断提炼出与品牌词强关联的话题，助力品牌舆情监测及社交推广参考
2	文本纠错	识别文本中有错误的片段，进行错误提示并给出正确的建议文本内容	1）写作辅助 在内容写作平台上内嵌纠错模块，可在作者写作时自动检查并提示错别字情况。从而降低因疏忽导致的错误表述，有效提升作者的文章写作质量，同时给用户更好的阅读体验 2）搜索纠错 用户经常在搜索时输入错误，通过分析搜索 query 的形式和特征，可自动纠正搜索 query 并提示用户，进而给出更符合用户需求的搜索结果，有效屏蔽错别字对用户真实需求的影响 3）语音识别对话纠错 将文本纠错嵌入对话系统中，可自动修正语音识别转文本过程中的错别字，向对话理解系统传递纠错后的正确 query，能明显提高语音识别准确率，使产品整体体验更佳
3	情感倾向分析	对包含主观信息的文本进行情感倾向性判断，为口碑分析、话题监控、舆情分析等应用提供帮助。还可使用 EasyDL 定制训练平台，结合业务场景深度定制高精度情感倾向分析服务	1）评论分析与决策 通过对产品多维度评论观点进行倾向性分析，给用户提供该产品全方位的评价，方便用户进行决策 2）电商评论分类 通过对电商评论进行情感倾向性分析，将不同用户对同一商品的评论内容按情感极性予以分类展示 3）舆情监控 通过对需要舆情监控的实时文字数据流进行情感倾向性分析，把握用户对热点信息的情感倾向性变化
4	评论观点抽取	自动抽取和分析评论观点，帮助实现舆情分析、用户理解，支持产品优化和营销决策	1）商品口碑分析 对商品点评内容进行观点提取和分析，为每个商品定义点评标签，让购买者和售卖者直观了解商品在用户中的口碑 2）辅助消费决策 通过对比不同商家对同一类型产品的评论观点信息，可以辅助用户进行消费决策 3）互联网舆情分析 商家对针对自己产品的评论观点进行分析监控，可以及时发现用户对产品的评价及舆情信息

续表

序号	项目名称	功能描述	应用场景
5	智能创作	集合了百度公司领先的自然语言处理和知识图谱技术，提供自动创作和辅助创作的能力，全面提升内容创作效率，旨在成为更懂你的智能创作助手	1）媒体与内容创作行业 适用于财经新闻、体育新闻、天气新闻、娱乐事件等多种内容的自动创作与辅助创作，大幅提升创作效率 2）商业智能 适用于企业内外部数据的自动分析与报告生成，提升企业信息同步效率与管理效率 3）行业报告与咨询机构 适用于对行业热点咨询、最新动态等信息的追踪、监测与报告的自动生成，大幅提升信息处理效率 4）市场营销与活动 运用智能写诗与智能春联技术，帮助企业打造更多让用户有参与感的营销活动，提升营销的用户体验与传播价值
6	对话情绪识别	自动检测用户日常对话文本中蕴含的情绪特征，帮助企业更全面地把握产品体验、监控客户服务质量	1）客服质检与监控 识别用户在客服咨询中的情绪，在自动回复系统外，如检测出用户负面不满情绪，则触发人工客服介入。在人工客服场景下，也可用于监控客服人员的服务态度 2）闲聊机器人 识别用户在聊天中的情绪，帮助机器人产品选择出更匹配用户情绪的文本进行回复 3）任务型对话 识别用户的情绪，根据不同的对话情绪，选择不同的回答策略进行答复（例如回复语速和文本简洁程度差异等）
7	文章标签	对文章进行核心关键词分析，为新闻个性化推荐、相似文章聚合、文本内容分析等提供技术支持	1）个性化推荐 通过对文章进行标签计算，结合用户画像，精准地对用户进行个性化推荐 2）话题聚合 根据文章计算的标签，聚合相同标签的文章，便于用户对同一话题的文章进行全方位的信息阅读
8	新闻摘要	基于深度语义分析模型，自动抽取新闻文本中的关键信息并生成指定长度的新闻摘要。可用于热点新闻聚合、新闻推荐、语音播报、App消息推送等场景	1）语音播报 语音播报场景往往有严格的字数要求，新闻摘要能够自动生成符合字数规范且表达通顺的信息，提升用户体验和播报效率 2）智能写作 通过对大量的新闻文本进行语义分析和快速摘要，可以快速形成热点汇总类、新闻聚合类、事件盘点类的新闻稿件，进行自动写作和辅助写作，提升新闻生产效率 3）新闻展示和推送 对新闻文本的内容进行分析，快速抽取核心内容摘要并展示或推送给用户，吸引用户点击并提升用户阅读效率
9	地址识别	精准提取快递填单文本中的姓名、电话、地址信息，通过自然语言处理辅助地址识别，生成标准规范的结构化信息，大幅提升企业效率	快递单据识别 解析并提取快递单据中的文本信息，标准规范地输出结构化信息，包含姓名、电话、地址，帮助快递或电商企业提高单据处理效率

图1-6展示了智能创作实例。该实例可以将用户提供的关键词作为题目进行创作，最后输出与主题对应的诗句。

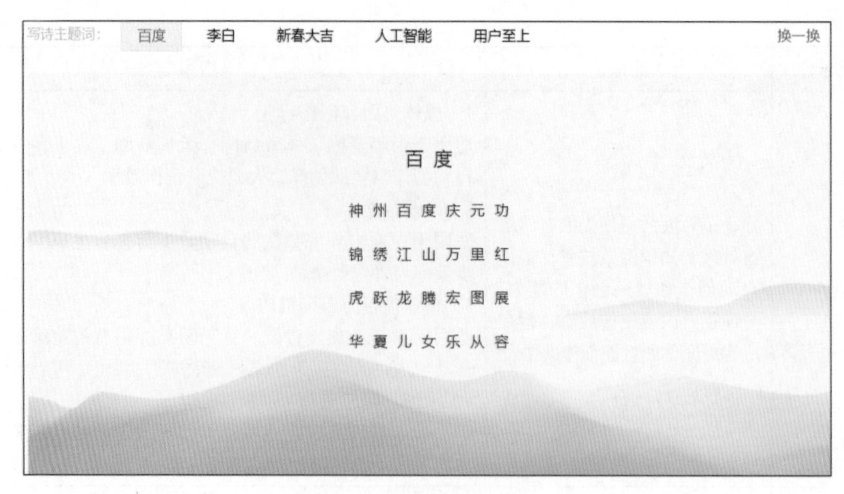

图 1-6　智能创作实例

智能创作的“自动创作”功能还支持智能春联、结构化数据写作；智能创作的“辅助创作”功能提供热词分析、事件脉络、文本纠错、用词润色、自动摘要、文本审核、文章分类、文章标签和标题生成 9 种功能。

1.6.7　通用文字识别

表 1-7 给出了通用文字识别类中 6 个体验项目的功能描述与应用场景。通用文字识别是对输入的文字或者图片进行识别，返回输出识别的文字和相关信息。

表 1–7　通用文字识别类中 6 个体验项目的功能描述与应用场景

序号	项目名称	功能描述	应用场景
1	通用文字识别	多场景、多语种、高精度的整图文字检测和识别服务，在多项场景文本检测和识别比赛中居世界第一，可识别中、英、日、韩等 20 余种语言	1）拍照 / 截图识别 使用通用文字识别技术实现拍照文字识别、相册图片文字识别和截图文字识别，可应用于搜索、书摘、笔记、翻译等移动应用中，方便用户进行文本的提取或录入，有效提升产品易用性和用户使用体验 2）内容审核与监督 自动提取图像中的文字内容，结合文本审核技术识别违规内容，提示相应风险，协助进行违规处理，可应用于电商广告审核、舆情监管等场景，帮助企业有效规避业务风险 3）视频内容分析 检测识别视频中的字幕、标题、弹幕等文字内容，并根据文字位置判断文字类型，可应用于视频分类和标签提取、视频内容审核、营销分析等场景，有效提升内容分类、检索的效率 4）纸质文档电子化 识别提取各类医疗单据、金融财税票据、法律卷宗等纸质文档中的文字信息，并可基于位置信息进行比对、结构化处理，提高信息录入、存档、检索的效率

续表

序号	项目名称	功能描述	应用场景
2	网络图片与文字识别	针对网络图片进行专项优化，支持识别艺术字体或背景复杂的文字内容，还可返回文字的位置信息、行置信度、单字符内容和位置等	内容审核 使用网络图片文字识别技术，实现对艺术字体或背景复杂的文字内容进行识别，应用于社交、电商、短视频、直播等场景，同时结合图像审核技术对图片或视频进行审核，识别其中存在的违规和广告内容，有效规避业务风险
3	办公文档识别	可对办公类文档的版面进行分析，输出图、表、标题、文本、目录、栏、页眉、页脚、页码和脚注的位置，并输出分版块内容的 OCR 识别结果，支持中、英两种语言，手写、印刷体混排等多种场景	办公场景文档识别 对办公场景的各类文档进行结构化识别，如企业年报、论文、行业报告等，可以分别返回标题、图片、表格、文本、栏、页眉、页脚、页码和脚注的信息，并支持返回单行、单字结果，方便对文档类图片进行结构化分析
4	数字识别	对图片中的数字进行提取和识别，自动过滤非数字内容，仅返回数字内容及其位置信息，识别准确率超过 99%	1）快递面单识别 使用数字识别技术，对快递面单、物流单据、外卖小票中的电话号码进行识别和提取，大幅度提升收货人信息的录入效率，方便进行收件通知，同时可识别纯数字形式的快递三段码，有效提升快件分拣速度 2）仪表读数识别 使用数字识别技术，对各类仪器仪表的读数进行识别和提取，可应用于对仪器仪表读数具有定时记录、数据统计、实时监控等需求的场景，有效降低人工录入成本，控制仪器使用风险
5	手写文字识别	支持对图片中的手写中文、手写数字进行检测和识别，针对不规则的手写字体进行专项优化，识别准确率可达 90% 以上	1）智能阅卷 使用手写文字识别技术，对学生日常作业及考试试卷中的手写内容进行自动识别，实现学生作业、考卷的线上批阅及教学数据的自动分析，大幅度提升教师工作效率及质量，促进教学管理的数字化和智能化 2）手写表单电子化 使用手写文字识别技术，实现对活动签到表、信息登记表、数据统计表等纸质表单内手写文字的识别，满足对纸质表单内信息进行统计整理、数据计算的需求，有效降低人工录入成本，便于登记信息的保存和传输 3）书摘、笔记电子化 使用手写文字识别技术，实现对手写书摘、读书笔记、课堂笔记等内容的识别，实现对手写文字内容的扫描及线上存储，便于用户对书摘及笔记内容进行快速编辑、查找及传输，大幅度提升内容管理效率，优化用户使用体验
6	二维码识别	对图片中的二维码、条形码进行检测和识别，返回存储的文字内容	物品信息管理 对各类物品的二维码或条形码信息进行解析识别，获取相应信息，可应用于商品、药品出入库管理及货物运输管理等场景，轻松一扫即可快速完成对物品信息的读取、登记和存储，大幅度简化物品管理流程

图 1-7 展示了网络图片与文字识别实例。该实例针对网络图片中的文字进行识别，并在右侧给出识别结果。从识别结果中可以看到，该实例文字识别准确、文字方向正确、空间顺序合理。

图 1-7 网络图片与文字识别实例

1.6.8 卡证文字识别

表 1-8 给出了卡证文字识别类中 5 个体验项目的功能描述与应用场景。卡证文字识别是对输入的卡证图片进行识别，并根据卡证的先验知识，返回输出识别的文字 / 数字信息和关联的其他信息。

表 1–8 卡证文字识别类中 5 个体验项目的功能描述与应用场景

序号	项目名称	功能描述	应用场景
1	身份证识别	结构化识别二代居民身份证正反面所有 8 个字段，识别准确率超过 99%；支持身份证混贴识别，自动检测识别同一张图片上的多张身份证正反面；同时可检测身份证正面头像，返回头像切片的 base64 编码及位置信息	远程身份证 使用身份证识别和人脸识别技术，自动识别、录入用户身份信息，可应用于金融、保险、电商、O2O、直播等场景，对用户、商家、主播等进行实名身份认证，有效降低用户输入成本，控制业务风险
2	银行卡识别	对主流银行卡的卡号、有效期、发卡行、卡片类型 4 个关键字段进行结构化识别，识别准确率超过 99%	1）金融远程身份认证 综合应用银行卡和身份证识别技术，结构化识别、录入客户银行账户和身份信息，可应用于金融场景的用户实名认证，有效降低用户输入成本，提升用户体验 2）电商支付绑卡 接入银行卡识别 API 服务以实现拍照识别，或集成移动端离线 SDK 以实现设备端扫描识别，结构化返回卡号、卡片类型等信息，有效提升信息录入的准确性，并降低用户手工输入成本，提升用户使用体验
3	营业执照识别	可结构化识别各类版式的营业执照，返回证件编号、社会信用代码、单位名称、地址、法人、类型、成立日期、有效日期、经营范围等关键字段信息	1）商家资质审查 结构化识别、录入企业信息，应用于电商、零售、O2O 等行业的商户入驻审查场景，实现商户信息的自动化审查和录入，大幅度提升服务标准和运营效率 2）企业金融服务 自动识别、录入企业信息，应用于企业银行开户、抵押贷款等金融服务场景，大幅度提升信息录入效率，并有效控制业务风险

续表

序号	项目名称	功能描述	应用场景
4	护照识别	支持对中国护照个人资料页的11个字段进行结构化识别，包括国家码、护照号、姓名、姓名拼音、性别、出生地点、出生日期、签发地点、签发日期、有效期、签发机关	1）境外旅游 使用护照识别技术实现对用户护照信息的结构化识别和录入，可应用于境外旅游产品预订、酒店入住登记等场景，满足护照信息自动录入的需求，有效提升信息录入效率，降低用户输入成本，提升用户使用体验 2）留学信息登记 使用护照识别技术实现对用户护照信息的结构化识别和录入，可应用于留学机构信息收集或个人留学手续办理等场景，满足护照信息自动录入的需求，有效提升信息录入效率，降低用户输入成本，提升用户使用体验
5	户口本识别	结构化识别户口本内常住人口登记卡的22个字段，以及户主页的5个关键字段，包括户号、姓名、与户主关系、性别、出生地、民族、出生日期、身份证号、曾用名、籍贯、宗教信仰等	1）身份信息登记 识别户口本上的姓名、性别、出生地、出生日期、身份证号等信息，应用于新生儿建档、户口迁移、个人信贷申请、社会救济金申请等政务办理场景，帮助政务部门快速完成核验和登记，提升办事效率 2）亲属关系登记 识别提取户口本上的姓名、与户主关系、身份证号等信息，应用于婚姻登记、遗产继承、子女入学登记等需证明亲属关系的民政业务场景，帮助政务部门快速提取申请人身份信息及关系，完成登记，提升办理效率

图1-8展示了银行卡识别实例。该实例对上传的银行卡进行识别，不仅输出了银行卡上的文字和数字信息，还自动关联并添加了各种信息对应的具体含义，如银行卡卡号、有效期、银行名称、银行卡类型、持卡人等未在卡片上显示的隐含卡片信息。

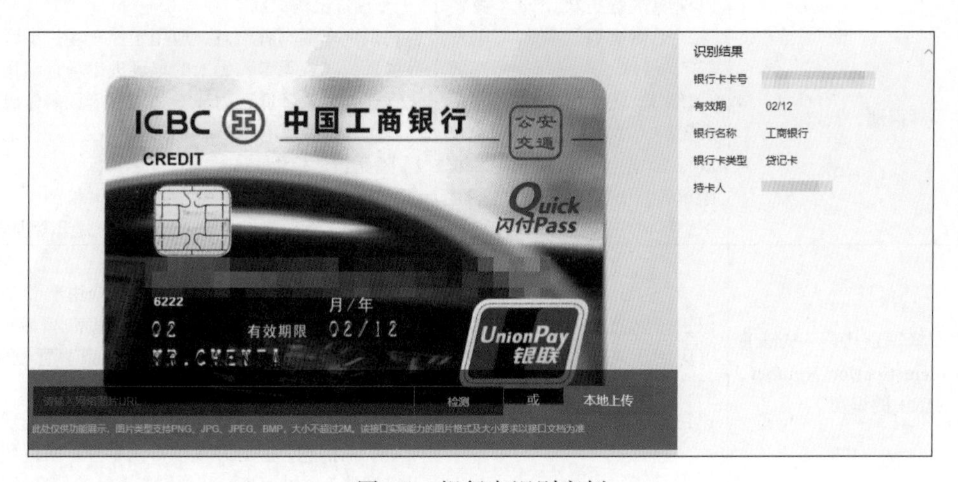

图1-8 银行卡识别实例

1.6.9 交通文字识别

表1-9给出了交通文字识别类中5个体验项目的功能描述与应用场景。交通文字识别是对输入的交通相关的图片进行识别，并根据交通场景的先验知识，返回输出识别的文字/数字信息及其关联的其他信息。

表 1-9　交通文字识别类中 5 个体验项目的功能描述与应用场景

序号	项目名称	功能描述	应用场景
1	行驶证识别	结构化识别机动车行驶证主页及副页所有 22 个字段，包括号牌号码、车辆类型、所有人、品牌型号、车辆识别代码、发动机号码、核定载人数、检验记录、发证单位等	1）司机身份认证 综合应用行驶证、驾驶证和身份证识别技术，自动识别、录入用户身份信息和车辆信息，可应用于网约车用户注册、货车司机身份审查等场景，有效提升信息录入效率，优化用户体验 2）车主信息服务 基于驾驶证和行驶证识别能力，结构化识别、录入用户身份信息和车辆信息，可应用于个性化信息推送、违章信息查询等场景，有效降低用户输入成本，为用户提供信息推送和查询服务 3）汽车后市场服务 使用汽车场景下多种卡证和票据识别服务，结构化识别、录入用户身份信息和车辆信息，可应用于新能源汽车国家补贴申报、汽车金融保险、维修保养等后市场服务场景，有效提升信息录入效率，优化用户体验
2	驾驶证识别	结构化识别机动车驾驶证主页及副页所有 15 个字段，包括证号、姓名、性别、国籍、住址、出生日期、初次领证日期、准驾车型、有效期限、发证单位、档案编号等	1）司机身份认证 综合应用驾驶证、行驶证和身份证识别技术，自动识别、录入用户身份信息和车辆信息，可应用于共享汽车用户注册、网约车司机身份审查、货车车主信息录入等场景，有效提升信息录入效率，优化用户体验 2）车主信息服务 基于驾驶证和行驶证识别能力，结构化识别、录入用户身份信息和车辆信息，可应用于个性化信息推送、违章信息查询等场景，有效降低用户输入成本，为用户提供信息推送和查询服务
3	车牌识别	识别中国各类机动车车牌信息，支持蓝牌、黄牌（单双行）、绿牌、大型新能源车牌（黄绿）、领使馆车牌、警牌、武警牌（单双行）、军牌（单双行）、港澳出入境车牌、农用车牌、民航车牌，并能同时识别图像中的多张车牌	1）车辆进出场识别 自动识别车辆车牌信息，应用于停车场、小区、工厂等场景，实现无卡、无人的车辆进出场自动化、规范化管理，有效降低人力成本和通行卡证制作成本，大幅度提升管理效率 2）道路违章检测 自动识别、定位违章车辆信息，实时检测、记录道路违章行为，有效降低人力监控成本，提升管理效率
4	车辆识别代码（Vehicle Identification Number，VIN）的识别	识别车辆挡风玻璃处的 VIN，可应用于 4S 店车辆出入库管理、车辆出租管理等场景，快速完成车辆信息统计及管理	1）车辆信息管理 自动识别、录入各种车辆的 VIN，可应用于 4S 店车辆出入库管理、车辆出租管理等场景，快速完成车辆信息统计及管理，有效降低人工录入成本，实现车辆管理的自动化 2）车辆维修登记 精准识别车辆信息，应用于车辆维修保养场景，作为唯一识别信息，登记并读取车辆型号、制造厂商、发动机型号等关键信息，降低维修人员的信息录入成本
5	车辆合格证识别	结构化识别车辆合格证的 28 个关键字段，包括合格证编号、发证日期及制造企业名、品牌、名称、型号等车辆信息	1）车辆信息登记 自动识别购买车辆的各项关键信息，应用于车辆信息核对、车辆上户、车牌申领等场景，快速录入车辆信息，有效降低人工成本，实现车辆信息登记的自动化 2）汽车后市场服务 对车辆信息进行结构化识别，应用于汽车金融保险办理、车辆抵押贷款等场景，自动化录入车辆信息，有效降低车主手动输入成本，提升用户使用体验

图 1-9 展示了行驶证识别实例。该实例对上传的行驶证图片进行识别，返回结果不仅包含行驶证本身的文字信息，还给出了“发证单位”等关联信息。

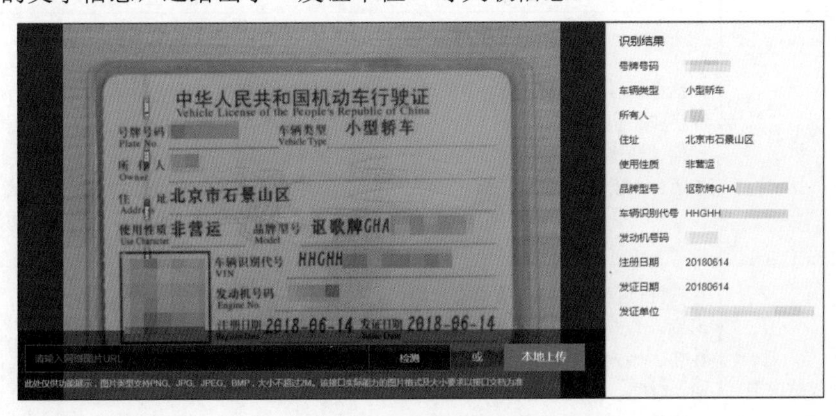

图 1-9 行驶证识别实例

1.6.10 票据文字识别

表 1-10 给出了票据文字识别类中 7 个体验项目的功能描述与应用场景。票据文字识别是对上传的票据图片进行识别，返回图片中包含的文字信息。

表 1–10 票据文字识别类中 7 个体验项目的功能描述与应用场景

序号	项目名称	功能描述	应用场景
1	银行回单识别	支持对各大银行的收付款回单关键字段进行结构化识别，包括收 / 付款人户名、账号、开户银行、交易日期、大小写金额、流水号等	财税记账 使用银行回单识别技术，对企业对外交易产生的银行回单凭证进行识别和录入，可应用于企业内部做账及税务核算等场景，能够有效减少人工录入工作量，实现财税报销的自动化
2	增值税发票识别	结构化识别增值税普票、专票、电子发票、卷票、区块链发票的所有关键字段，包括发票基本信息、销售方及购买方信息、商品信息、价税信息等，其中五要素识别准确率超过 99%	1）财税报销 快速识别录入增值税普票或专票各字段信息，应用于企业税务核算及内部报销等场景，有效减少人工核算工作量，实现财税报销的自动化 2）发票验真 智能识别发票代码、号码、开具金额、开票日期 4 个关键字段，以便快速接入税务机关发票查验平台进行真伪查验，有效降低人力成本，控制业务风险 3）账单记录 对发票金额、开票日期等信息进行自动识别和录入，应用于理财记账场景，帮助用户快速录入账单信息，降低用户输入成本，提升使用体验
3	火车票识别	支持对红、蓝火车票的 13 个关键字段进行结构化识别，包括车票号码、始发站、目的站、车次、日期、票价、席别、姓名、座位号、身份证号、售站、序列号、时间	1）财税报销 使用火车票识别技术，实现对始发站、目的站、乘车人、票价等信息的自动识别和录入，应用于企业税务核算及内部报销等场景，能够有效减少人工核算工作量，降低人力成本，实现财税报销的自动化 2）日程记录 使用火车票识别技术，实现对车次、日期等信息的识别和录入，可应用于个人行程规划与记录类移动应用，高效准确的识别服务可以满足用户快速录入行程信息的需求，有效降低用户输入成本，提升使用体验

续表

序号	项目名称	功能描述	应用场景
4	出租车票识别	识别全国各大城市出租车票的 16 个关键字段，包括发票号码、代码、车号、日期、总金额、燃油附加费、叫车服务费、上下车时间等	1）财税报销 自动识别并录入出租车票的关键字段，应用于企业税务核算及内部报销等场景，能够有效减少人工核算工作量，降低人力成本，实现财税报销的自动化 2）日程记录 自动识别并录入乘车日期、时间等信息，可应用于个人行程规划与记录类移动应用，用户无须手动录入行程信息，有效提升使用体验
5	飞机行程单识别	对飞机行程单的 24 个字段进行结构化识别，包括电子客票号、印刷序号、姓名、始发站、目的站、航班号、日期、时间、票价、身份证号、承运人、保险费、燃油附加费、其他税费、合计金额、订票渠道等；同时，可识别单张行程单上的多航班信息	1）财税报销 自动识别并录入乘机人姓名、日期、始发站、目的站、票价等信息，应用于企业内部报销等场景，有效减少人工录入、核算成本，实现财税报销的自动化 2）日程记录 快速录入航班号、日期、始发站、目的站等信息，应用于个人行程规划与记录类移动应用，一键录入行程信息，有效降低用户输入成本，提升使用体验
6	网约车行程单识别	对各大主要服务商的网约车行程单进行结构化识别，包括滴滴打车、花小猪打车、高德地图、曹操出行、阳光出行，支持识别服务商、行程开始及结束时间、车型、总金额等 14 个关键字段。可用于企业税务核算及内部报销等场景，有效提升财税报销的业务效率	财税报销 使用网约车行程单识别技术，自动识别并录入服务商、行程开始时间、行程结束时间、车型、总金额等字段信息，应用于企业税务核算及内部报销等业务场景，有效减少人工核算工作量，降低人力成本，实现财税报销的自动化
7	智能财务票据识别	针对财务场景的 13 类常见票据进行智能分类及结构化识别，无须提前进行手动分类处理，上传图片即可完成自动分类、识别及信息提取。助力企业内部报销、代理记账等业务场景效率升级，降低企业运营成本	1）财税报销 针对企业员工提交的原始票据粘贴单，快速完成各类报销凭证的自动切分及结构化识别，应用于内部报销、核算、记录等场景，减轻员工报销难度，提升财务核算效率，简化报销流程 2）代理记账 应用智能票据识别能力，帮助代理记账企业实现票面信息采集、结构化信息提取、发票验真、财务核算等全流程自动化，有效提升代账企业的服务效率

图 1-10 展示了银行回单识别实例。该实例通过对上传的银行回单进行识别，返回回单上的关键性内容，并对其进行整理后输出，方便用户查阅和自动录入。

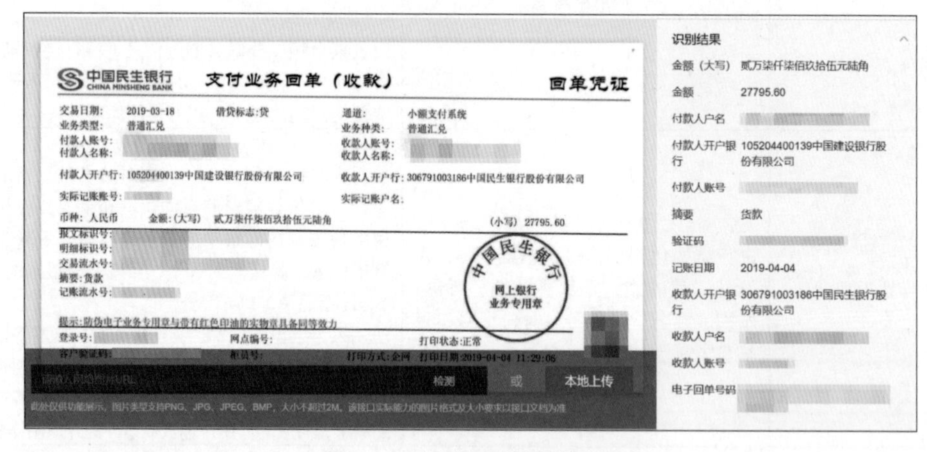

图 1-10　银行回单识别实例

1.6.11 其他文字识别

表 1-11 给出了其他文字识别类中 3 个体验项目的功能描述与应用场景。其他文字识别是对人们上传的其他种类的图片进行识别，返回图片中的文字信息。

表 1-11　其他文字识别类中 3 个体验项目的功能描述与应用场景

序号	项目名称	功能描述	应用场景
1	试卷分析与识别	可对作业、试卷的版面进行分析，输出图、表、标题、文本、目录、栏、页眉、页脚、页码和脚注的位置，并输出分版块内容的 OCR 结果，支持中、英两种语言，手写、印刷体混排等多种场景	智能阅卷 通过拍照设备将纸质作业、作文、试卷信息转化为图片，自动提取识别题目、答题内容，可在提取结果上二次开发，如与答案库进行正确性匹配，方便教师快速判卷，提升工作效率及质量，促进教学管理的数字化和智能化
2	仪器仪表盘读数识别	适用于不同品牌、不同型号的仪器仪表盘读数识别，广泛适用于各类血糖仪、血压仪、燃气表、电表等，可识别表盘上的数字、英文、符号，支持液晶屏、字轮表等表型	仪器仪表数据快速录入 自动识别采集到的仪器仪表数值信息，快速录入业务系统中，有效解决人工抄录过程中抄错、抄漏等问题，减少人工录入工作量，降低企业人力成本
3	印章识别	检测并识别合同文件或常用票据中的印章，输出文字内容、印章位置信息以及相关置信度，已支持圆形章、椭圆形章、方形章等常见印章	合同、票据合法性检测 检测合同文件、常用票据中有无印章，快速确认合同及票据的合法性，并可识别文字内容、定位印章位置，提取、对比印章内容，提高验证效率，降低财税及商务合同签订过程的业务风险

图 1-11 展示了试卷分析与识别实例。该实例对上传的试卷图片进行文字识别，输出试题上的汉字与其他符号内容，方便进行试卷的自动批阅。

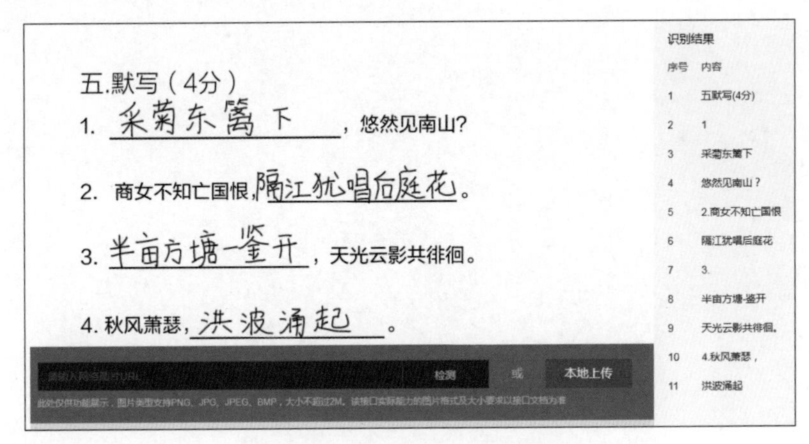

图 1-11　试卷分析与识别实例

小结

本章介绍了人工智能的定义、人工智能的发展历程、人工智能产业结构、人工智能应用领

域，并以百度AI能力体验中心的项目为例介绍了部分人工智能的典型应用。读者可以选择百度AI能力体验中心的其他技术项目，结合自己的生活经历和专业背景，构造新的应用场景。

练习

1. 使用百度AI能力体验中心的图像识别技术，给出识别成功和识别失败的例子，并分析技术的适用范围和局限性。

2. 使用百度AI能力体验中心的人脸与人体识别技术，给出识别成功和识别失败的例子，并分析技术的适用范围和局限性。

3. 使用百度AI能力体验中心的自然语言处理技术，给出成功和失败的例子，并分析技术的适用范围和局限性。

4. 使用百度AI能力体验中心的通用文字识别技术，给出成功和失败的例子，并分析技术的适用范围和局限性。

5. 以某个智能化产品或设备为例，根据产品的功能分析用到的人工智能，并识别各项技术的输入和输出。

第 2 章 人工智能产品开发与 EasyDL 平台

第 1 章不仅概述了人工智能的基本概念和应用，而且带领读者浏览了百度 AI 能力体验中心的项目，使读者切实感受到人工智能的魅力。后面的章节将带领读者创作自己的人工智能模型，虽然这并不是一件容易的事情。幸运的是，百度公司开发了零门槛的 EasyDL 人工智能开发平台，并且可以限时免费使用。本书后续章节的人工智能模型都是基于该平台进行创作的。

在介绍 EasyDL 平台的具体使用方法之前，本章将首先介绍人工智能产品开发的流程，然后介绍平台的功能和基本的使用方法。

2.1 人工智能产品开发

2.1.1 人工智能产品开发流程

人工智能产品开发流程如图 2-1 所示，共包含 6 个步骤。下面逐一介绍。

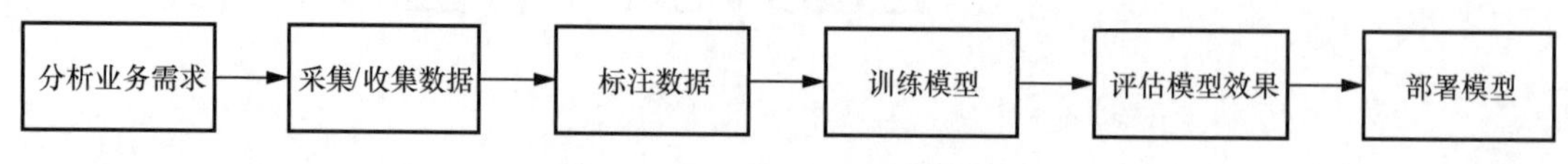

图 2-1　人工智能产品开发流程

步骤 1：分析业务需求。

在正式启动人工智能模型训练之前，开发者需要有效分析和拆解业务需求，明确模型类型如何选择。下面以一个案例为例，介绍业务需求的分析方法。

案例：某企业希望为某高端小区物业开发一套智能监控系统，智能监控多种现象并及时预警，包括保安是否在岗、小区是否有异常噪声、小区内各个区域的垃圾桶是否已满等多个业务功能。

分析原始业务需求，可以发现不同的监控对象所在的位置不同，监控的数据类型也不同（有的需要针对图片进行识别，有的需要针对声音进行判断），因此需要综合应用多种模型。表 2-1 给出了业务需求和人工智能需要分析的内容。

表 2–1　业务需求与分析内容

业务需求	分析内容
保安是否在岗	通过图像分类 / 物体检测模型识别穿特定服装的人员并判断是否在指定区域
小区是否有异常噪声	通过声音分类模型判断声音类型
小区内各个区域的垃圾桶是否已满	通过图像分类 / 物体检测模型识别垃圾桶内物品的状态

步骤 2：采集 / 收集数据。

分析出基本的模型类型后将进行相应的数据收集工作。收集数据的主要原则为尽可能采集与真实业务场景一致的数据，并覆盖各种情况。

步骤 3：标注数据。

采集数据后，可以通过其他标注工具或 EasyDL 平台标注工具对已有的数据进行标注。如针对保安是否在岗的图像分类模型，需要将监控视频抽帧后的图片按照“在岗”及“未在岗”两类进行整理；针对小区内各个区域的垃圾桶是否已满，需要将监控视频抽帧后的图片按照每个垃圾桶的“空”和“满”两种状态进行标注。

步骤 4：训练模型。

在训练模型阶段，我们可以基于已经确定的初步模型类型，选择算法对标注好的数据进行训练。模型训练可以使用飞桨、PyTorch、TensorFlow 等深度学习框架，也可以使用 EasyDL

平台。EasyDL 平台可以将在线操作训练任务的启停、训练任务的配置可视化，从而大幅减少线下搭建训练环境、自主编写算法代码的相关成本。

步骤 5：评估模型效果。

在正式集成训练后的模型之前，需要评估模型的效果。针对这个阶段，EasyDL 平台提供了详细的模型评估报告，以及在线可视化上传数据测试模型效果的功能。

步骤 6：部署模型。

确认模型效果后，可以将模型部署到生产环境中。传统方式是对训练出的模型文件进行工程化处理。若使用 EasyDL 平台，则可以便捷地将模型部署在公有云服务器或本地设备上，通过 API 或 SDK 集成应用，也可以直接购买软硬一体产品，有效应对各种业务场景，提供效果与性能兼具的服务。

2.1.2 模型评判常用指标

我们需要通过一些客观指标进行描述以评判模型性能的优劣。下面介绍 7 种常见的模型评判指标。

1. 准确率

准确率（accuracy）是图像分类、文本分类、声音分类等分类模型的衡量指标，定义为正确分类的样本数与总样本数之比，比值越接近 1，模型效果越好。计算准确率的公式如式（2-1）所示。

$$\text{accuracy}=\frac{\text{TP}+\text{TN}}{\text{TP}+\text{FP}+\text{FN}+\text{TN}} \tag{2-1}$$

其中，TP（True Positive）表示正样本被正确识别为正样本；TN（True Negative）表示负样本被正确识别为负样本；FP（False Positive）表示假的正样本（即负样本）被错误识别为正样本；FN（False Negative）表示假的负样本（即正样本）被错误识别为负样本。

2. 精确率

对某类别而言，精确率（precision）等于正确预测为该类别的样本数与预测为该类别的总样本数之比，具体计算公式如式（2-2）所示。

$$\text{precision}=\frac{\text{TP}}{\text{TP}+\text{FP}} \tag{2-2}$$

其中，字母含义同式（2-1）。

3. 召回率

对某类别而言，召回率（recall）等于正确预测为该类别的样本数与该类别的总样本数之比，具体计算公式如式（2-3）所示。

$$\text{recall}=\frac{\text{TP}}{\text{TP}+\text{FN}}=\frac{\text{TP}}{\text{all ground truths}} \tag{2-3}$$

其中，字母含义同式（2-1）。

4. F1-score

F1-score 定义为对某类别而言为精确率和召回率的调和平均数，对图像分类、文本分类、声音分类等分类模型来说，该指标越高效果越好。F1-score 的计算公式如式（2-4）所示。

$$\text{F1}=\frac{2\cdot\text{precision}\cdot\text{recall}}{\text{precision}+\text{recall}} \tag{2-4}$$

其中，precision 表示精确率，recall 表示召回率。

5. top1~top5

在图像分类、文本分类、声音分类、视频分类模型结果评估中，top1 ～ top5 指的是针对一个数据进行识别时，模型会给出多个结果，top1 为置信度最高的结果，top2 次之，以此类推。在正常业务场景中，由于一般采信置信度最高的识别结果，因此重点关注 top1 的结果即可。

6. mAP

全类平均精度（mean Average Precision，mAP）是物体检测算法中衡量算法效果的指标。对于物体检测任务，每一类物体都可以计算出其精确率和召回率，在不同阈值下多次计算 / 试验，每个类都可以得到一条 P-R 曲线，曲线下的面积就是平均精度（AP），表示 0 ～ 1 的所有召回率对应精度的均值，其公式如式（2-5）所示。

$$\mathrm{AP} = \int_0^1 P(r)\mathrm{d}r \tag{2-5}$$

其中，P 表示精确率，r 表示召回率。$\sum_{n=1}^{C}\mathrm{AP}(n)$表示所有类别的平均精度总值，$C$ 为所检测目标的总类别数，mAP 则表示为式（2-6）。

$$\mathrm{mAP} = \frac{\sum_{n=1}^{C}\mathrm{AP}(n)}{C} \tag{2-6}$$

7. 阈值

物体检测模型会存在一个可调节的阈值——正确结果的判定标准，例如阈值是 0.6，置信度大于 0.6 的识别结果会被当作正确结果返回。每个物体检测模型训练完毕后，可以在模型评估报告中查看推荐阈值，在推荐阈值下 F1-score 的值最高。

置信度也称为可靠度、置信水平或置信系数，即在抽样对总体参数做出估计时，由于样本的随机性，其结论总是不确定的。因此，采用一种概率的陈述方法，也就是数理统计中的区间估计法，即估计值与总体参数在允许的误差范围内，其相应的概率有多大，这个相应的概率称作置信度。通俗理解，可以认为置信度用来描述模型使用中有效的可能性，一般来说置信度越高，某个事件发生的概率越大。

2.2 EasyDL 平台介绍

2.2.1 EasyDL 平台是什么

深度学习作为新一代人工智能的核心技术已经在多个领域得到应用。但对学习者而言，数据成本、学习成本、算力成本要求非常高，主要体现在以下几个方面。

- 数据成本高：训练要求数据量大，而且很多任务需要进行数据标注。
- 学习成本高：算法复杂、代码冗长，对学习者的知识储备要求较高。
- 算力成本高：训练时需要昂贵的 GPU 进行较长时间的训练。

综上，深度学习对一般学习者而言是较为困难的，这在某种程度上造成了人工智能人才短缺的情况，从而推高了人工智能产品的开发成本，阻碍了人工智能的落地和应用。

百度公司面向各行各业对于人工智能的通用需求，基于多年的技术沉淀，推出了 EasyDL 这一零门槛 AI 开发平台，大大降低了人工智能学习和使用的门槛。EasyDL 平台面向大量有定制 AI 需求、零算法基础或者追求高效率开发 AI 的企业用户，支持包括数据管理与数据标注、模型训练、模型部署的一站式 AI 开发流程。原始图片、文本、音频、视频等数据经过 EasyDL 平台加工、学习、部署，可通过公有云 API 调用，或部署在本地服务器、小型设备、软硬一体方案的专项适配硬件上，通过 SDK 或 API 进一步集成。

EasyDL 是 Easy Deep Learning 的缩写，直译为“容易的深度学习”。该平台的确做到了易学、易用，主要体现在以下方面。

- 零门槛学习：任何人都可以学习和使用人工智能，享受科技进步成果。
- 无代码实现：体验无代码、调用低代码，便于快速入门，适合关心人工智能应用的广泛人群。
- 多功能提供：包含很多常见的人工智能应用功能，并且新功能还在不断增加。
- 全流程覆盖：平台提供了从数据管理到模型部署所有环节的服务，体验全流程而非关注某个环节，便于人工智能产品落地。

2.2.2 EasyDL 平台使用基本流程

EasyDL 平台包括多个系列的产品，支持多种任务，每个任务处理的流程大致相同，这里给出标准的流程和步骤，详细的流程和操作在后面各个章节给出。

步骤 1：创建模型，确定模型名称，记录希望模型实现的功能。

步骤 2：上传并标注数据，然后根据不同模型类型的数据要求进行数据标注。如果本地有已标注的数据，也可以直接上传。

步骤 3：选择算法、配置训练数据及其他任务相关参数后启动训练任务，模型训练完毕后支持可视化查看模型评估报告，并通过模型校验功能在线上传数据测试模型效果。若对结果不满意，可以重复步骤 2 ～步骤 3，重新进行训练，得到模型的多个版本。

步骤 4：选择满意的模型版本，然后将模型部署在公有云服务器或本地设备上，通过 API 或 SDK 集成应用。

2.2.3 模型部署方式

训练生成人工智能模型之后，还需要考虑模型部署问题，这是人工智能产品落地过程中非常关键的一个环节。EasyDL 平台考虑到用户的不同要求，支持多种模型部署方式。

1. 公有云 API

模型部署为 Restful API，则可以通过 HTTP 请求的方式进行调用。模型调用需要网络支持。

百度 AI 能力体验中心的模型部署在公有云上，以此保证每个访问者都可以体验并感受人工智能的魅力。

2. 设备端 SDK

模型部署为设备端 SDK（Software Development Kit，软件开发工具包），可集成在前端

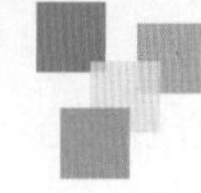

智能计算硬件设备中，在无网络环境下工作，所有数据皆在设备本地处理。目前支持 iOS、Android、Windows、Linux 4 种操作系统及多款主流智能计算硬件。

智能手机可以离线美化手机相册中的图像，原因在于手机厂商已经将提供图像编辑功能的人工智能模型集成在智能手机中。

3. 本地服务器部署

模型部署到本地服务器，可将软件包部署到本地服务器上，提高处理效率、保护数据安全。

4. 软硬一体方案

模型直接部署在专业硬件中，具有更稳定的性能和强大的处理能力。多个行业中的"智慧盒子"产品都采用了软硬一体方案。例如，小区门禁的人脸识别系统、车牌识别系统就属于此类。

目前 EasyDL 平台支持两款软硬一体方案，包括 EasyDL-EdgeBoard 软硬一体方案及 EasyDL- 十目计算卡。通过在百度 AI 市场购买，可获得硬件和专项适配硬件的设备端 SDK，支持在硬件中离线计算。

2.2.4 EasyDL 平台系列产品

目前 EasyDL 平台系列产品包括 3 个——EasyDL 通用产品、EasyDL 行业产品和飞桨 EasyDL 桌面版。EasyDL 平台相关产品还包括 BML 平台。接下来依次介绍这些产品。

1. EasyDL 通用产品

从 2017 年 11 月中旬起，百度公司在国内率先推出针对 AI 零算法基础或者追求高效率开发的企业用户的零门槛AI开发平台——EasyDL。该平台设计简约，极易理解，最快5 min即可上手，10 min 完成模型训练。EasyDL 平台内置百度公司的超大规模预训练模型和自研 AutoDL 技术，只需少量数据就能训练出高精度模型。

根据目标客户的应用场景及深度学习的技术方向，EasyDL 平台先后推出了 6 个通用产品。

1）EasyDL 图像

EasyDL 图像是基于图像进行多样化分析的 AI 模型，可以实现图像内容理解分类、图中物体检测定位等，适用于图片内容检索、安防监控和工业质检等场景。

图 2-2 给出了图像分类、目标检测和图像分割的 3 个例子。图像分类可以识别图像中是否是某类物体、状态、场景，如房产网站审核用户提交信息是否为户型图、房源图，如图 2-2（a）所示。目标检测可以用于瑕疵检测，在工业质检中辅助人工提升质检效率、降低成本。图 2-2（b）给出地板质量检测的一个例子，可以自动识别虫眼瑕疵。图像分割可以给出图像中物体所在的准确区域位置，如自动驾驶中的场景划分。图 2-2（c）给出了图像中分别以红色和蓝色涂色标识出行人和车辆的分割结果。

（a）图像分类

（b）目标检测

（c）图像分割

图2-2　图像处理（来源：百度AI开放平台）

2）EasyDL 文本

EasyDL 文本是基于百度大脑文心大模型领先的语义理解技术，提供一整套自然语言处理定制与应用能力，广泛应用于各种自然语言处理场景。

图 2-3 分别给出文本分类、情感倾向分析模型、短文本相似度的 3 个例子。文本分类可以实现对文本内容的自动分类，用于对网络文章进行自动划分，如图 2-3（a）所示。情感倾向分析模型可实现文本按情感的正向和负向做自动分类，如电商平台将不同用户对同一商品的评论内容按情感极性予以分类展示，如图 2-3（b）所示。短文本相似度可以实现对两个文本进行相似度的比较计算，应用场景非常广泛，例如搜索场景下的搜索信息匹配，如图 2-3（c）所示。

（a）文本分类

（b）情感倾向分析模型

（c）短文本相似度

图 2-3　自然语言处理（来源：百度 AI 开放平台）

3）EasyDL 语音

EasyDL 语音是定制的语音识别模型，能精准识别业务专有名词，适用于数据采集录入、语音指令、呼叫中心等场景。另外，还可以定制声音分类模型，用于区分不同的声音类别。

该功能适用于多种场景，如金融、医疗、航空公司智能机器人对话等短语音交互场景，农业采集、工业质检、物流快递单录入、餐厅下单、电商货品清点等业务信息语音录入场景，运营商、金融、地产销售等电话客服业务场景，安防监控中的正常 / 异常声音识别场景，科学研究中的不同个体的声音或者不同物种的声音识别场景。

4）EasyDL OCR

EasyDL OCR 是定制化训练文字识别模型，可以结构化输出关键字段内容，满足个性化卡证票据识别需求，适用于证照电子化审批、财税报销电子化等场景。例如，中谷物流通过 EasyDL OCR 自训练平台成功定制专属“物流签收单”识别模型，实现了厂内物流签收单自动化识别。日均单据自动识别量超过 5000 张，节省 80 小时 / 月的人工录入时长，助力企业实现高效信息管理。该模型不仅将劳动者从传统方法中解放出来，而且大大提高了工作效率，同时助力企业实现高效信息管理。

5）EasyDL 视频

EasyDL 视频可以定制化分析视频片段内容、跟踪视频中特定的目标对象，适用于视频内容审核、人流 / 车流统计、养殖场牲畜移动轨迹分析等场景。

图 2-4 分别给出视频分类和目标跟踪的例子。视频分类用于分析短视频的内容，识别出视频内人体做的是什么动作，物体 / 环境发生了什么变化，可以根据实际业务场景安装摄像头，采用定时抓拍或视频抽帧的方式，自动判断货物状态，提升业务运营、货品管理效率。例如，对于货船调运公司，智能监控船只上货品状态为有货或无货，如图 2-4（a）所示。目标跟踪是指检测识别视频流中的特定运动对象，获取目标的运动参数，从而实现对后续视频帧中该对象的运动预测（轨迹、速度等），实现对运动目标的行为理解。例如，超市安装摄像头拍摄购物

车下层，抽帧后可判断有商品、无商品、无车、非购物车等，如图 2-4（b）所示。

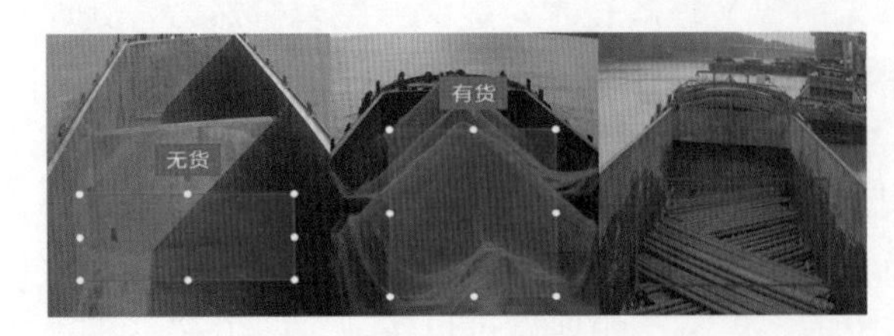

（a）视频分类

（b）目标跟踪

图 2-4　视频处理（来源：百度 AI 开放平台）

6）EasyDL 结构化数据

EasyDL 结构化数据可以挖掘数据中隐藏的模式，解决二分类、多分类、回归等问题，适用于客户流失预测、欺诈检测、价格预测等场景。

图 2-5 给出表格数据预测和时序预测的例子。表格数据预测用于预测一个表格中某列的类别或数值，适合通过多个已知列来预测未知列的场景。如根据客户历史数据获得数据挖掘模型，从而生成客户流失预测列表，为市场营销策略提供有价值的业务洞察力，如图 2-5（a）所示。时序预测是指根据历史统计数据的时间序列，对未来的变化趋势进行预测分析。例如通过历史统计数据，对股票的未来变化趋势进行预测分析，如图 2-5（b）所示。

（a）表格数据预测

（b）时序预测

图 2-5　结构化数据处理（来源：百度 AI 开放平台）

2. EasyDL 行业产品

EasyDL 零售行业版是专用于零售行业用户训练商品检测模型的模型训练平台，平台提供海量预置的商品图片，开放基于百度公司的大规模零售数据的预训练模型及数据增强合成技术，实现低成本获得高精度商品检测 AI 模型服务。该产品适合有商品识别需求的零售行业的企业或服务商。

针对零售场景专项算法调优，结合图像合成与增强技术提升模型泛化能力，模型准确率可达 97% 以上，保证模型在生产环境中具有高可用性。对货架巡检的业务场景提供了货架拼接 SDK 及 API，功能强大，体验更优。

EasyDL 零售行业版包含 3 个细分产品：定制商品检测 API、标准商品检测 API 和货架拼接 SDK。

1）定制商品检测 API

定制商品检测 API 作为 EasyDL 零售行业版的一项服务，是专门用于训练货架合规性检查、自助结算台、无人零售货柜等场景下的定制化 AI 模型，训练出的模型将以 API 的形式为客户提供服务。该服务包含商品检测模型和地堆检测模型两种定制模型。图 2-6 分别给出可用于商品检测模型和地堆检测模型的数据样例。商品检测模型适用于货架、端架、挂架等场景的商品陈列规范核查，支持识别商品基本信息（如陈列顺序、层数、场景），统计排面数量和占比，如图 2-6（a）所示。地堆检测模型适用于堆箱、堆头、地龙等场景的商品陈列规范核查，支持识别商品基本信息，如可视商品计数、纵深商品计数和占地面积等，如图 2-6（b）所示。

（a）商品检测

（b）地堆检测

图2-6　定制商品检测 API（来源：百度 AI 开放平台）

2）标准商品检测 API

标准商品检测 API 是无须训练即可直接使用的商品检测 API，支持零售商超常见商品品类，接口返回商品名称、规格、品类及在图片中的位置。底层模型针对货架合规性检查场景专项调优，适应大型商超、便利店、街边店等多种复杂货架场景，图 2-7 给出了一个实例。

图2-7　标准商品检测 API（来源：百度 AI 开放平台）

3）货架拼接 SDK

货架拼接 SDK 支持将多个货架局部图片或视频组合为完整货架图片，同时支持输出在完整货架图中的商品检测结果，包含库存量单元（Stock Keeping Unit，SKU）的名称和数量，适用于需要在长货架进行商品检测的业务场景。图 2-8 展示了货架拼接效果。

3．飞桨 EasyDL 桌面版

飞桨 EasyDL 桌面版是百度公司针对客户端开发的零门槛 AI 开发平台，可在离线状态通过本地资源完成包括数据管理与数据标注、模型训练、模型部署的一站式 AI 开发流程。用户无须机器学习专业知识，通过全流程可视化便捷操作，最快 15 min 即可获得一个高精度模型。

飞桨 EasyDL 桌面版的优点是数据本地化，即数据和模型训练都在本地进行，训练数据无须上传，支持本地导入导出、高效管理，训练流程本地化，支持无网环境下进行模型生成。这样可以充分保护数据安全、节省数据上传下载时间、降低客户流量消耗费用。

图 2-8　货架拼接 SDK（来源：百度 AI 开放平台）

飞桨 EasyDL 桌面版适合工业生产、能源巡检、教学科研、软件开发等多种应用场景。在工业质检、生产安全等业务场景中，常需在无网环境下完成训练与部署，使用飞桨 EasyDL 桌面版可解决无网训练的痛点，通过本地设备无须联网即可完成。在为电力、石油等大型能源企业提供巡检方案时，常面临数据保密的行业要求，使用飞桨 EasyDL 桌面版进行一站式开发，数据无须上云，满足企业安全性要求。在 AI 教学领域，飞桨 EasyDL 桌面版可以作为辅助教学平台工具，可完成轻量级部署，无须运维与部署人力，下载安装即可使用。软件服务商在为客户提供 AI 解决方案时，客户常提出数据保密的业务要求，使用飞桨 EasyDL 桌面版进行本地训练，数据无须上云，即可高效完成业务落地。

目前，飞桨 EasyDL 桌面版已支持训练图像分类、物体检测、图像分割 3 种不同应用场景的模型。

1）图像分类

针对图像分类任务，飞桨 EasyDL 桌面版的功能包括：图片内容检索功能支持定制训练需要识别的各种物体，并结合业务信息展现更丰富的识别结果；图片审核功能支持定制图像审核规则，如训练直播场景中抽烟等违规现象；制造业分拣或质检功能支持定制生产线上各种产品识别，进而实现自动分拣或者质检；医疗诊断功能支持定制识别医疗图像，辅助医生肉眼诊断。

2）物体检测

针对物体检测，飞桨 EasyDL 桌面版的功能包括：视频监控功能支持检测违规物体、违规行为等；工业质检功能支持检测图片中微小瑕疵的数量和位置等；医疗领域功能支持医疗细胞计数、中草药识别等。

3）图像分割

针对图像分割，飞桨 EasyDL 桌面版支持专业场景的图像分析，如在卫星图像中识别建筑、道路、森林等，在医学图像中定位病灶、测量面积等；支持智能交通中的车道线分割、交通标志分割等。

飞桨 EasyDL 桌面版支持多类型操作系统，Windows 操作系统要求 Windows 7 及以上版本（64 位），Mac 操作系统要求 macOS 10.11 及以上版本（采用 Intel 的 CPU），Linux 操作系统要求 Ubuntu 14.04 及以上版本（64 位）。若需要使用 GPU 训练环境（限 Windows、Linux 操作系统），需在本台设备安装并行计算架构和运算平台 CUDA，根据系统不同，对 CUDA 版本要求不同。macOS 暂不支持使用 GPU 训练。

4. 相关产品——BML 平台

BML 全功能 AI 开发平台由 EasyDL 专业版发展而来，是一个面向企业和个人开发者的机器学习集成开发环境。该平台为经典机器学习和深度学习提供从数据处理、模型训练、模型管理到模型推理的全生命周期管理服务，帮助用户更快地构建、训练和部署模型。BML 将 AI 模型开发过程中依赖的各种工具、框架、库集成在产品中，供开发者灵活使用。

与标准 EasyDL 平台不同的是，BML 是一个低代码平台，适用于具有一定基础的 AI 学习者及 AI 专业工程师，可以满足此类用户在模型选择、参数设置等方面更高级的需求。该平台在数据管理、开发方式、推理和部署等方面具有自己鲜明的特点。

1）智能的数据管理方式

BML 平台支持用户进行在线数据智能标注、数据清洗、线上数据回流等操作，并提供数据集版本管理功能。

2）灵活的 AI 开发方式

BML 平台预置模型调参，支持低代码开发方式，无须或仅需编写极少代码即可完成模型的构建与训练；支持 Notebook 建模，可以在托管的 Notebook 中编写和运行自己的代码，也可以使用预置代码快速构建模型；自定义作业建模，可以在云端运行已编写的模型训练代码，可扩展的算力加快模型训练过程；开放的模型管理服务，对内外部模型提供统一的管理能力，不断扩充支持的框架以及模型格式。

3）多场景的推理和部署

BML 平台适用于不同场景的推理形式，一次训练，支持多种部署方式；或将已有模型转换为适用于端部署的形式，可以将智能应用到所需的地方，支持云端、私有化服务器或设备端的全场景。

2.2.5 EasyDL 产品优势

作为国产优秀的人工智能平台，EasyDL 平台获得业内的广泛认可。全球权威咨询机构 IDC 发布调研报告显示，EasyDL 平台连续 3 年位列中国机器学习平台市场份额第一。之所以能够长期取得如此佳绩，是因为该平台具有如下多个优点。

1. 零门槛

EasyDL 平台提供围绕 AI 服务开发的端到端的一站式 AI 开发和部署，包括数据上传、数据标注、训练任务配置及调参、模型效果评估、模型部署。平台设计简约，极易理解，最快 5 min 即可上手，10 min 完成模型训练。

该产品的数据处理、模型训练、模型调用都可以在云端服务器进行，用户无须搭建深度学习环境和准备 GPU 服务器，为所有人工智能爱好者和学习者免费提供良好的人工智能基础环境，极大地降低了深度学习的学习门槛和设备门槛。

2. 易传播

EasyDL 平台中的许多功能支持以 H5 的方式进行发布，其他用户可以采用扫描二维码的方式进行体验，因此模型效果易于展示、便于传播。

3. 高精度

EasyDL 平台基于飞桨深度学习框架构建而成，内置百亿级大数据训练的成熟预训练模型，底层结合百度公司自研的 AutoDL/AutoML 技术，基于少量数据就能获得具有出色效果和性能的模型。预置的 36 套经典 NLP 模型、26 套经典 CV 模型、ERNIE 2.0 模型、超大规模视觉预训练模型等高性能模型及其组合，极大地降低了应用网络和设计成本。

EasyDL 平台训练图像分类模型时，支持百度公司研发的 AutoDL Transfer 技术，支持用户利用少量数据定制化生成人工智能模型。与通用算法相比，训练时间较长，但更适用于细分类场景。例如，通用算法可用于区分猫和狗，但如果要区分不同品种的猫，则 AutoDL 效果会更好。

4. 低成本

数据是人工智能的燃料，但实际应用中的数据获取、数据标注等非常困难且价格昂贵。EasyDL 平台提供了高效完善的数据服务，不仅提供基础的数据上传、存储、标注，还额外提供线下采集及标注支持、智能标注、多人标注、云服务数据管理等多种数据管理服务，大幅降低企业用户及开发者的训练数据处理成本，有效提高标注效率。

在使用 EasyDL 平台进行物体检测等任务时，需要对图像进行标注。EasyDL 平台支持智能标注，在手工标注少量数据后，系统会从数据集所有图片中筛选出最关键的图片并提示需要优先标注。通常情况下，只需标注数据集 30% 左右的数据即可训练模型。与标注所有数据后训练相比，模型效果几乎等同。

考虑到数据标注任务可能会比较繁重，EasyDL 平台提供了多人标注模式，用户可通过将数据集在线共享给团队成员，实现多人分工标注数据并汇总数据训练的模式，有效降低标注成本，提高线下协作标注效率。

当将 EasyDL 平台训练的模型以公有云形态部署在业务场景中时，通过开通云服务数据回流功能，可以在平台中查看和管理实际业务场景的数据及识别结果。若识别结果有误，用户可以在线对结果进行纠正，然后将纠正后的数据和结果保存至数据集，再次训练以改进识别效果。

5. 广适配

基于丰富的产业经验，EasyDL 平台支持灵活的模型部署应用。训练完成后，可将模型部署在公有云服务器、本地服务器、小型设备、软硬一体方案专项适配硬件上，通过 API 或 SDK 进行集成，有效应对各种业务场景对模型部署的要求。

采用公有云 API 方式时，训练完成的模型存储在云端，可通过独立 Rest API 调用模型，实现 AI 能力与业务系统或硬件设备的整合；具有完善的鉴权、流控等安全机制，GPU 集群稳定承载高并发请求；支持查找云端模型识别错误的数据，纠正结果并将其加入模型迭代的训练集，不断优化模型效果。

若采用本地服务器部署方案，可将训练完成的模型部署在私有 CPU/GPU 服务器上，支持 API 和 SDK 两种集成方式；可在内网 / 无网环境下使用模型，确保数据隐私。

若采用本地设备端部署方案，训练完成的模型被打包成适配智能硬件的 SDK，可进行设备端离线计算。有效满足业务场景中无法联网、对数据保密性要求较高、响应时延要求更快的需求；支持 iOS、Android、Linux、Windows 4 种操作系统，基础接口封装完善，满足灵活的应用侧二次开发。

若采用软硬一体方案，EasyDL 平台推出前端智能计算 - 软硬一体方案，将百度公司推出的高性能硬件与 EasyDL 图像分类 / 物体检测模型深度适配，可应用于工业分拣、视频监控等多种设备端离线计算场景，让离线 AI 落地更轻松。

6. 可交易

基于百度公司全面开放的 AI 开发生态，EasyDL 平台可以与 AI 市场无缝对接，支持模型、AI 服务、智能硬件等自由交易，为用户提供创作动力和经济回报。

若采用模型交易方式，创作者可将 EasyDL 平台训练完成的模型在 AI 市场开放售卖给感兴趣的客户，创作者可获取现金收益或平台积分；客户可在 AI 市场购买业务场景相似的 EasyDL 模型，并基于已购模型再训练，此时仅需添加少量数据，即可快速获得高精度 AI 模型。

若采用 AI 服务交易方式，创作者可以将成功发布的公有云 API 在 AI 市场开放售卖，获取额外收益。

若采用智能硬件交易方式，创作者可以在 AI 市场购买 EasyDL 软硬一体方案，同时获得 EasyDL 专项适配硬件和 EasyDL 软件的使用授权。

2.3 AI 产品市场和服务平台

与其他产品一样，AI 产品开发也需要考虑市场和用户。常见的用户市场可以分为 2C（to customer）和 2B（to business）两类，即个人用户和企业用户。技术的成熟和推广需要一定的时间，从技术普及演进的角度来看，高新技术基本都延续了从军事、政府、企业到个人的规律，人工智能也概莫能外。

处于快速增长期的人工智能产品受到各个领域、各个行业人员的青睐，多样的需求也催生了新的产品转化和售卖平台。各大互联网和人工智能公司纷纷推出了自己的 AI 产品和服务平台，打造 AI 产业链和生态链。下面以百度 AI 市场为例介绍 AI 产品和服务平台。

2.3.1 AI 市场提供的产品和服务

百度 AI 市场基于百度大脑领先的人工智能，集合众多优秀企业和开发者，打通 AI 产业上下游，为 AI 服务商提供展示和交易服务，为需求方提供多维度的 AI 软件能力、AI 硬件产品、解决方案、数据服务等。更多详情请访问百度 AI 市场官网。

表 2-2 列出了 AI 市场提供的产品和服务类型，主要包括硬件产品、解决方案、软件服务、数据服务 4 个类别。

表 2-2　AI 市场提供的产品和服务类型

产品和服务类型	具体名称
硬件产品	边缘计算、计算机视觉、智能终端、智能机器人
解决方案	智能零售、智能工业、智能对话、企业服务
软件服务	API、SDK 集成包、企业应用、其他软件服务
数据服务	图像采集标注、数据审核服务、文本数据服务、音频数据服务

2.3.2　AI 市场的交易方

AI 市场作为一个交易平台，为交易双方提供服务。

1. 卖家服务

平台不仅提供百度公司自己研发的产品，其他企业也可以入驻 AI 市场并售卖自己的产品。

1）卖家入驻

卖家使用百度公司账号或云账号均可登录，然后填写企业信息、完成企业实名认证；签署百度 AI 市场入驻协议后即可开展售卖业务。

2）卖家中心

平台的“卖家中心”为卖家提供需求管理、商品发布、商机管理、订单管理、需求管理、服务商入驻等功能。卖家可以利用这些功能了解市场需求，实现发布产品、管理客户订单信息、编辑订单状态以及结算订单等服务。

2. 买家服务

平台为买家设置了“买家控制台”，提供需求管理、订单管理、发票索取、收货地址等功能。买家可以采购 AI 市场上现有的产品和服务，也可以发布需求或咨询，寻找需要的 AI 产品和服务。百度 AI 市场展示了数万件产品供买家采购，可以智能匹配优质商品；对于个性化需求，邀请 AI 专家参与需求解读，并在 24 h 内响应。

小结

无代码 AI 开发平台和产品市场的出现不仅可以为学生、自由职业者等个人开发者提供新的创新创业机会，还可以为企业用户创造财富。开发者也可以将自己的 AI 创意和产品在平台上进行售卖，实现自己的创业梦想。AI 市场是 AI 生态中“做出来、卖出去、做得大”的生态架构中的重要一环，适应了 AI 应用领域专业化和细分化的需求。

EasyDL 系列产品也在不断更新和迭代，产品更新情况请参照本书附录 A，飞桨 EasyDL 桌面版操作请参照附录 B。

练习

1. 考虑到生产安全和人员安全，某厂区需要判断员工是否佩戴安全帽、厂区是否有烟火、员工是否跌倒、工作服穿戴是否规范，分析这些业务需求以及实现这些功能需要的人工智能。

2. 讨论：为电梯内的摄像头设计 2 ～ 4 种智能识别功能，在不侵犯个人隐私的前提下给出适用情形。

3. 以百度 AI 市场中的某个人工智能产品为例，分析该产品的功能和部署方式。

第 3 章　图像智能分析

图像智能分析是指一类基于计算机的自适应于各种应用场合的图像处理和分析技术。图像智能分析是机器视觉中的一项十分重要的技术支撑。具有图像智能分析功能的机器视觉，相当于人们在赋予机器智能的同时为机器按上眼睛，使机器能够“看得见”“看得准”，可替代甚至胜过人眼做测量和判断，使得机器视觉系统可以实现高分辨率和高速度的控制。

从本章开始，我们将介绍 EasyDL 平台的具体使用方法。本章介绍 EasyDL 平台的图像智能分析功能。

3.1 视觉感知与图像

每天我们都在用多种方式感知外部的世界。研究表明，在人类各种感觉器官从外界获得的信息中，视觉信息占 65%，听觉信息占 20%，触觉信息占 10%，味觉信息占 3%，嗅觉信息占 2%。图 3-1 以饼图形式给出了各类信息的比例分布。视觉信息主要来源于眼睛，虽然其他器官也贡献了许多，但比例无法与眼睛匹敌。此外，眼睛提供的直观效果也是其他器官无法替代的，谚语“百闻不如一见”讲的也是这个道理。

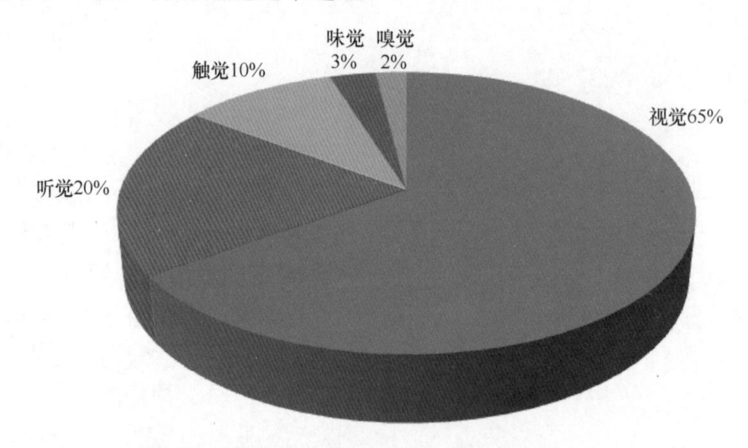

图 3-1　感觉器官从外部世界获取信息的占比

将看到的场景永久记录下来一直是人类长期的梦想。现在我们可以非常方便地使用手机、数码相机、摄像机等方式拍摄照片和视频，记录生活中的美好时刻，监控社会生活和工业生产中的重要节点。从探究成像原理到模拟人眼的感知功能，人类经历了长达两千多年漫长而艰苦的探索过程。

小孔成像是相机的基本原理。早在两千多年前，我国的《墨经》(中国古典思想著作《墨子》的一部分）中就详细记载了光的直线前进、光的反射以及凹面镜、凸面镜的成像。宋代沈括所著《梦溪笔谈》中详细记载了“小孔成像”的原理。

摄像技术的发展与工业革命息息相关，其关键技术的产生和重大变革都发生在工业革命期间。

在第一次工业革命期间，法国画家达盖尔在 1839 年 8 月 19 日公布了他发明的“达盖尔银版摄像术”。自此世界上诞生了第一台可携式木箱照相机。

在第二次工业革命期间，美国柯达公司在 1888 年生产出了新型感光材料——胶卷，同年柯达公司发明了世界上第一台安装胶卷的可携式方箱照相机。

在第三次工业革命期间，索尼公司在 1981 年推出了全世界第一台不用感光胶片的电子相机，这也是当今数码相机的雏形。

前三次工业革命的产品模拟了人眼感知的功能，产生了大量图像和视频数据。随着应用范围的不断拓展，对图像进行获取、分析和处理的需求应运而生，产生了一个新的学科门类，称为机器视觉或计算机视觉。

目前，人工智能已经被认为是第四次工业革命的关键技术之一，其应用领域正在逐渐扩展，图像和视频数据的智能处理是人工智能应用成功的领域之一。事实上，智能技术已经逐步进入并影响了人们的生活。一些通用的应用场景，如火车站进站口的人脸识别、高速收费系统中的车牌识别等，已经广泛而深刻地改变了人们的生活方式。但这些应用只是人工智能应用的冰山一角，更多的应用场景需要我们去探索。

人工智能模拟了人脑分析的功能，从而超越了原有的简单记录功能，实现了智能分析功能。考虑到视频数据较为复杂、数据容量较大，我们在本章中仅介绍图像智能分析方面的内容。具体来说，将考虑 3 个典型的图像分析任务——图像分类、物体检测和图像分割。在进行分析之前，首先来看一下图像在计算机中是如何表示和存储的。

3.2 图像的表示和存储

3.2.1 图像的表示与数字化

计算机中存储的数据只能是数字，图像也概莫能外。本书中处理的图像均为数字图像，即图像所包含的信息以数字形式存储在计算机中。生活中常见的图像是长方形的，因此在计算机内进行存储时，记录图像信息对的数字也排列为长方形。在数学中，长度和宽度是长方形的两个重要几何属性，其具体数量利用单位长度的数量进行计算，如长度常见的单位为厘米、分米等。数字图像也采用类似的方式进行描述。数字图像中的单位长度称为像素，指的是图像中最小的结构单元。像素的英文名称为 pixel，简写为 px，其英文全称 pixel 是由 picture 和 element 两个单词的字母组合而成的合成词。从构词方式中也可以看出，像素就是图像的最小不可分单元。

像素通常为正方形。使用像素描述数字图像意味着将图像分为成百上千（事实上会更多）个正方形格子，每个格子中间都对应着图像中的一个微小区域。水平方向的格子数量即为图像的长度，竖直方向的格子数量即为图像的宽度。真实的物理世界是五彩斑斓的，我们很多时候需要处理彩色图像。众所周知，任何一种颜色信息都可以使用红、绿、蓝三基色进行表示。因此，我们通常将一个彩色图像表示为红、绿、蓝 3 个通道，每个通道可以视为一个灰度图像，图 3-2 给出了灰度图像的像素化过程。

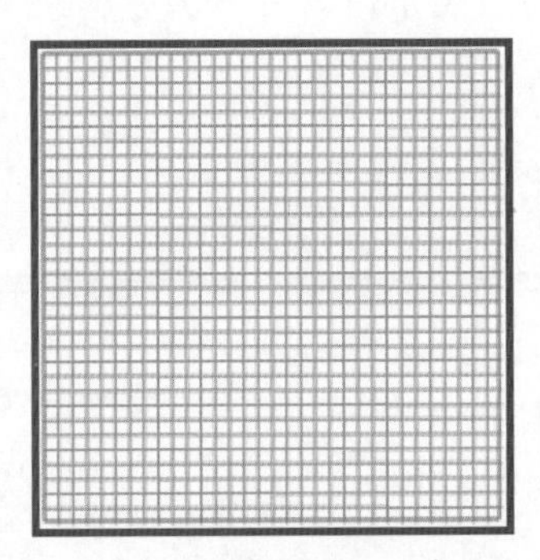
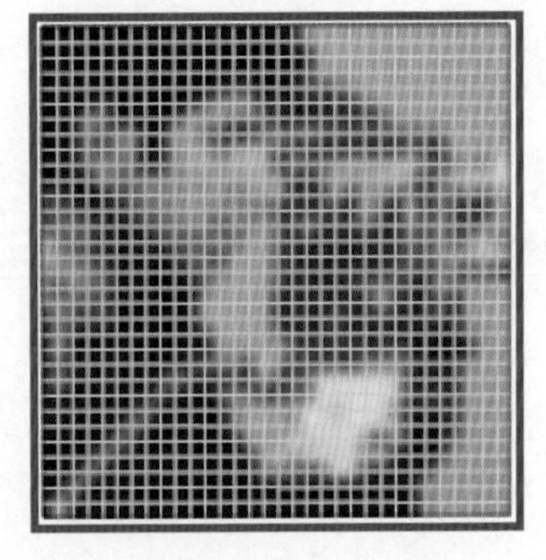

图 3-2　灰度图像的像素化过程

为灰度图像中的每个小格子（即像素）按照某种规则进行赋值，图像就变为数字图像。在赋值规则方面，对于一个典型的灰度图像，遵循如下的约定：

- 所有的像素值均为整数；
- 像素值的范围为 [0,255]，即最大值为 255，最小值为 0；
- 像素值为 255 代表纯白色，像素值为 0 代表纯黑色，二者之间的像素值线性对应着纯白和纯黑之间的灰度变化。

经过上述约定，在计算机中可以非常自然地认为灰度图像是一个 $m \times n$ 的特殊矩阵：m 是水平方向的像素个数，n 是竖直方向的像素个数，矩阵在某点的取值（[0,255] 的整数）恰好对应着此像素的像素值。彩色图像的颜色信息保存在红、绿、蓝 3 个矩阵中。与数字图像不同的是，一般矩阵中的数据可以不必是整数，数的取值范围也没有限制。

3.2.2 图像的存储

本节介绍图像的位数。灰度图像的像素值取值范围为 [0,255]，即只能表示 256 种不同的亮暗变化。虽然 256 种灰度取值不能完全覆盖物理世界中的光照明暗范围，但对于一般场景而言是足够的。由于计算机是用 0 和 1 来表示和存储数据的，因此存储 256 种变化需要 8 位。存储一个灰度图像的像素值需要 8 位，而存储一个彩色图像的像素值需要 24 位。经过简单计算可以知道，彩色图像可以表示 2^{24}=16 777 216 种颜色，通常简称为 1600 万色或千万色，也称为 24 位色。在 Windows 操作系统中，右击图像文件，在弹出的菜单中选择“属性”命令，在弹出的属性窗口中单击“详细信息”选项卡，可以看到图像的尺寸、宽度、高度、位深度等信息，如图 3-3 所示。

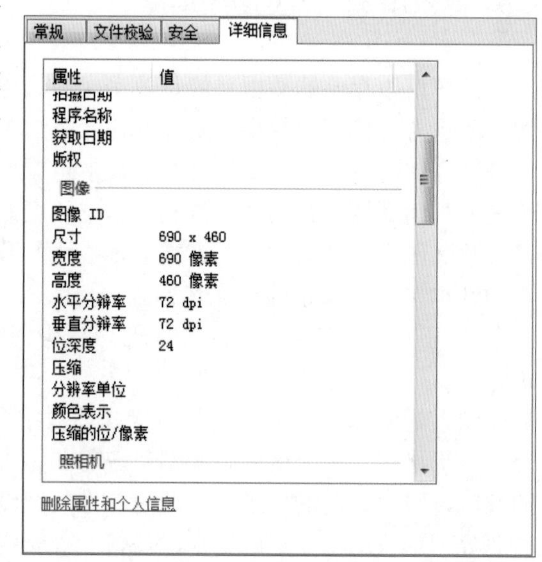

图 3-3　Windows 操作系统中的图像属性

常见的图像文件为 bmp、jpg、jpeg、png 等格式。其中，bmp 为未经压缩的图像格式，图像文件较大；jpg、jpeg 和 png 均为经过压缩技术处理后的图像格式，也是大多数手机、相机、扫描仪等设备支持的数据存储格式，可以满足日常分析需要。

3.3 图像分类

3.3.1 图像分类的基本概念

图像分类是计算机视觉的核心任务之一，在生活中得到广泛使用。比如我们在郊游的时候

看到不认识的花朵，就可以调用手机中百度App的“识万物”功能进行拍照，App会给用户返回一个结果。这就是生活中图像分类的例子。严格来说，图像分类就是对一个输入图像进行整体分析，识别图像中主要内容的类别并给出对应的名称。这个名称就是图像的类别，相当于给此图像贴上了一个标签。

这个功能背后的魔力来源于新一代人工智能中的深度学习技术。深度学习是一种“端到端”（end to end）的处理技术，即数据从输入端进入，可以直接给出结果到输出端。与之形成鲜明对比的是，在传统图像分析和识别技术中，需要将识别任务分解为特征提取、特征统计、特征比对等多个步骤，每个步骤均为一个独立的子任务，这是非端到端的方式。

大量应用证明，深度学习使用的端到端的处理方式可以有效提高识别效果。但世上本无两全法，与传统的图像分析方法相比，深度学习需要使用更多的数据、更强的算力（计算能力）和算法。百度公司的EasyDL平台内置了大量成熟而有效的算法，并提供了充足的算力。用户只需要将数据上传到EasyDL平台，即可创作个性化的人工智能模型。

3.3.2 图像分类问题处理流程

EasyDL平台充分考虑了用户的可操作性，对处理流程进行了简化。图3-4所示的流程图是作者总结出的基于EasyDL平台图像分类问题的通用处理流程，对图像分类问题甚至物体检测问题和图像分割问题都适用，用户还可以根据自己的个性化需求对流程中的步骤进行删减和修改。接下来以水杯等生活常见物品的图像分类为例，带领大家利用EasyDL平台创作自己的第一个人工智能模型。

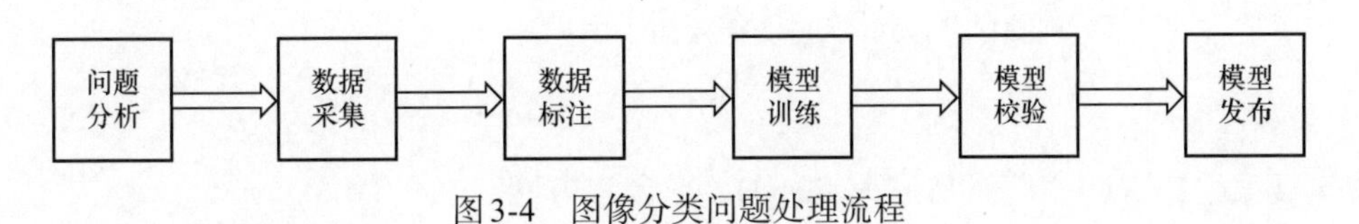

图3-4 图像分类问题处理流程

3.3.3 静态物品图像分类的问题分析和数据采集

1. 问题分析

生活中每个人都难免会丢失物品，之后自然希望能够找回这些物品。即使有人将捡到的物品交到失物招领处，失主也要前往失物招领处，从大量物品中寻找。假设失物招领处具备了良好的服务意识，为这些物品拍照，然后上传到网上供大家查找。为了提高失主的查找效率，考虑建立常见静态丢失物品的图像分类模型（以下简称“静物识别”），便于失主按照类别属性进行分类查找。

静物识别模型的大致过程如下。

- 输入数据：用户上传一张图像。
- 输出结果：图像中主体内容对应的一个类别标签，如“水杯”“钥匙”等。
- 可识别类别：钥匙、钱包、手机、水杯、包5类。

2. 数据采集

数据是创建人工智能模型的要素之一。数据的数量和质量都对模型的识别效果有巨大影

响。这里之所以选取静物分类模型作为案例进行讲解，是因为考虑到读者可以自行拍摄图像数据，便于亲自动手进行图像分类模型创作。

对于图像分类任务，EasyDL 平台建议每类图像数据的数量在 20 张以上。为了保证静物识别模型的分类效果，在数据采集中应遵循以下原则。

- 采集工具：采用手机进行拍摄（手机型号不限）。
- 拍摄距离：30 ～ 50 cm。
- 拍摄角度：与水平面角度大于 60°。
- 拍摄背景：背景尽量单一。
- 物品数量：每类物品包含多个实例，如在拍摄“水杯”类别的物品时，需要准备多个不同的水杯进行拍摄。
- 图像要求：一张图像仅包含一个物品，且为图像的主体。
- 图像数量：每类 20 张以上，物品放在不同位置、方向进行拍摄。
- 数据大小：确保每张图像小于 14 MB。
- 数据尺寸：长宽比小于 3:1，其中最长边需要小于 4096 像素，最短边需要大于 30 像素。

考虑到图像分类问题的特点和 EasyDL 平台的操作要求，建议新建 5 个文件夹，每类图像放在一个文件夹中。对于图像分类任务，EasyDL 平台最多支持 1000 种物品分类，一个用户账号下图像数据集大小限制为 10 万张图像，可以满足常见的应用要求。如果需要提升数据额度，可以在平台提交工单（工作单据），工作人员会联系用户进行处理。

3.3.4　基于 EasyDL 平台的图像分类模型训练

1. 用户注册

用户搜索“EasyDL”，然后进入 EasyDL 平台官方网站，使用其中任何一项功能都会提示登录，可以使用百度账号或者百度云账号登录。若无对应账号，可以免费注册成为百度公司的 EasyDL 平台的开发者，注册之后即可登录，注册界面如图 3-5 所示。

图 3-5　注册界面

2. 选择产品模块

本节任务为图像分类。将鼠标指针移至“操作平台”，在弹出的菜单中单击“图像分类”，操作界面如图 3-6 所示。

3. 创建模型

单击左侧导航栏中“模型中心”组的“我的模型”，然后在右侧单击“创建模型”按钮，如图 3-7 所示，进入图 3-8 所示的创建模型详情界面。

创建模型时需要填写模型名称、邮箱地址、联系方式、业务描述等信息，其中标星号的部分表示必填信息。模型名称要避免过于简略，这样便于后期区分自己创建的多个模型。业务描述部分需要超过 10 个字，建议认真填写设计功能。邮箱地址、联系方式是为了使用邮箱或手机及时通知用户模型训练和使用情况。填写之后单击“完成”按钮，右侧出现下一个界面，如图 3-9 所示，平台已经自动为常见静态物品识别模型创建了一个 ID，即模型的编号，该编号用来唯一确定模型。模型训练需要数据，根据图 3-9 中的提示（模型创建成功，若无数据集请先单击左侧导航栏中的“数据总览”进行创建，上传训练数据训练模型后，可以在此处查看模型的最新版本）确定是否需要先创建数据集。若已有可用于训练的数据集，可单击“训练”；若无可用数据集，可单击“创建”，创建用于模型训练的数据集。

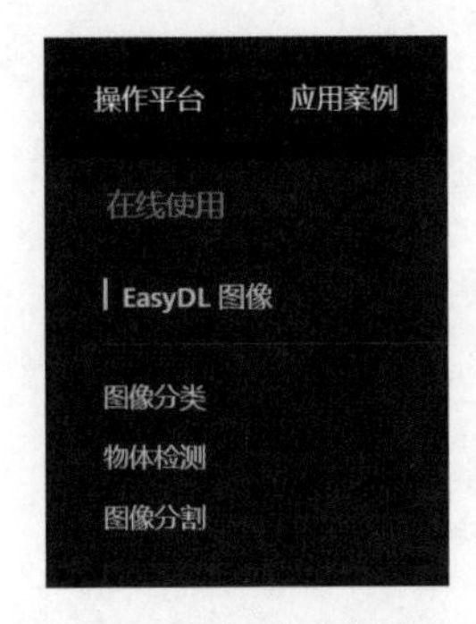

图 3-6 单击“图像分类”

图 3-7 单击“我的模型”

图 3-8 创建模型详情界面

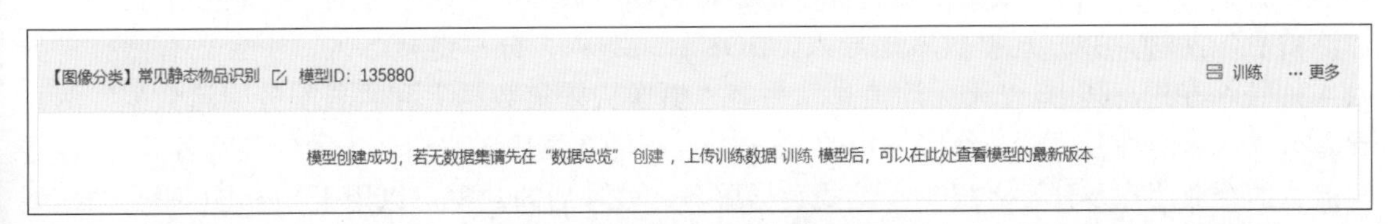

图 3-9 模型创建与数据集选择

4. 创建数据集

因为还没有数据集，所以要先创建。可以单击左侧导航栏中的“数据总览”，在右侧出现的界面中单击“创建数据集”按钮，弹出创建数据集的详情界面，在“数据集名称”文本框中填入对应的数据集名称。需要注意的是，这里的“数据类型”为“图片”，“数据集版本”为“V1”，“标注类型”为“图像分类”，如图 3-10 所示。单击“完成”按钮后进入图 3-11 所示的数据集详情界面。注意，此时平台已经为数据集分配了一个 ID，即数据集的编号。

图 3-10　创建数据集

创建数据集　　我的数据集　输入数据集名称或ID

静态图像分类数据集　数据集组ID：357194　　新增版本　全部版本　删除

版本	数据集ID	数据量	最近导入状态	标注类型	标注状态	清洗状态	操作
V1	1110579	0	已完成	图像分类	0% (0/0)	-	多人标注　导入　删除　共享

图 3-11　数据集详情界面

5. 导入数据

单击图 3-11 中右下角的“导入”，开始导入数据。导入数据的目的是将图像上传到百度公司的服务器上，利用服务器的算力进行模型训练。数据导入界面如图 3-12 所示。

在导入数据之前，平台会给出数据集的基本信息。EasyDL 平台提供了多种数据导入方式，详情如表 3-1 所示。根据数据是否含标注信息，可以将数据标注状态分为“无标注信息”和“有标注信息”两种，并分别提供本地导入、BOS 目录导入、分享链接导入、平台已有数据集导入 4 种导入方式，其中，“无标注信息”另有“摄像头采集数据”和“云服务回流数据”两种导入方式，这两种方式源于百度公司的 EasyData 智能数据服务平台，为面向各行各业有 AI 开发能力的企业用户及开发者提供一站式数据服务，处理后的数据可以用于 EasyDL 平台的模型训练。

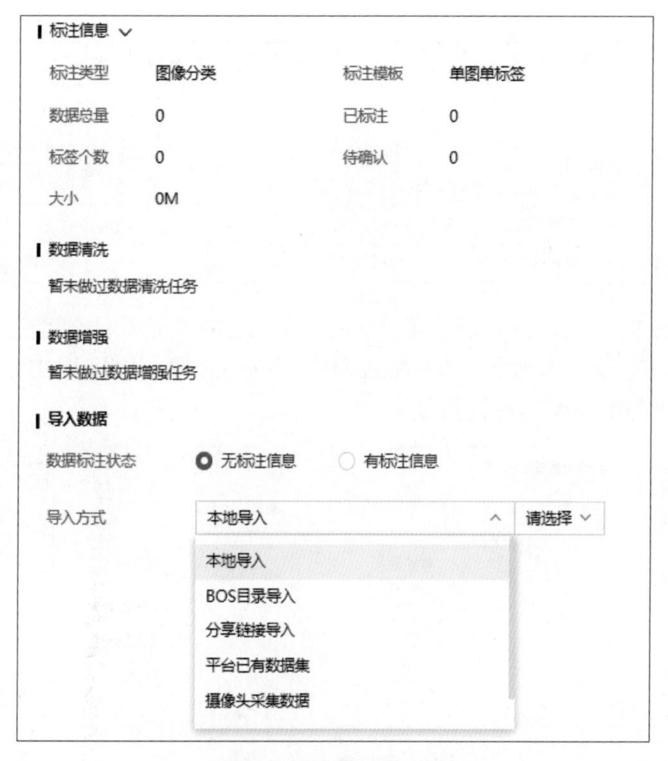

图3-12 数据导入界面

表3–1 图像分类数据导入方式

数据标注状态	导入方式	导入一级选项	导入二级选项
无标注信息	本地导入	上传图片	无
		上传压缩包	无
		API 导入	无
	BOS 目录导入	Bucket 地址	无
	分享链接导入	链接地址	无
	平台已有数据集	导入该数据集	全部数据（不带标注）
			未标注数据
	摄像头采集数据	本地软件安装	无
	云服务回流数据	从云服务获取调用数据	无
有标注信息	本地导入	上传压缩包	无
		API 导入	无
	BOS 目录导入	标注格式	json（平台通用）
			xml（特指 voc）
			json（特指 coco）
		Bucket 地址	无
		文件夹地址	无

续表

数据标注状态	导入方式	导入一级选项	导入二级选项
有标注信息	分享链接导入	标注格式	json（平台通用）
			xml（特指 voc）
			json（特指 coco）
		链接地址	无
	平台已有数据集	选择数据集	选择标签

对本节的图像分类问题，具体设置参见图 3-13，选中“无标注信息”单选按钮，在“导入方式”下拉列表中选择“本地导入”。在后面的下拉列表中可以根据实际情况选择“上传图片”“上传压缩包”“API 导入”进行数据导入。

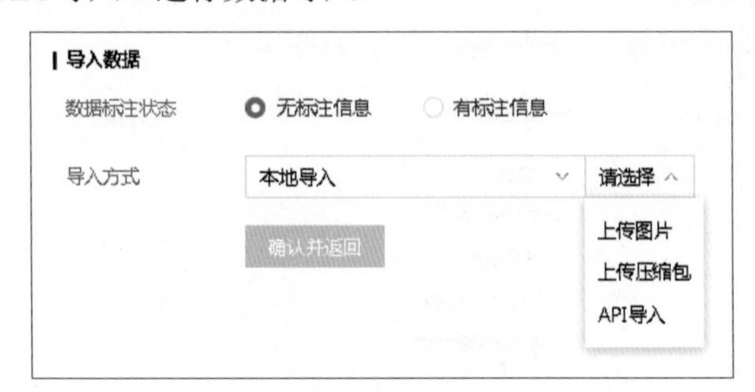

图 3-13　导入数据设置

此处我们选择“上传图片”，此时下方出现“上传图片”按钮，单击此按钮会弹出“上传图片”对话框，其中包括上传图片的注意事项，如图 3-14 所示。单击图中的两个“添加文件”按钮均可上传图片数据，每次可以上传 100 张图片。

图 3-14　“上传图片”对话框

上传图片可以采用直接上传和按类别标签上传两种方法。方法一是直接上传 100 张图片后再在系统中进行标注。这里采用方法二，它包含两个步骤。

步骤 1：为每个类别上传一张图片，然后为这些图片添加类别标签。

步骤 2：按照类别标签信息，为每个类别批量导入图片。

接下来按照方法二的思路操作。首先添加 5 类图片、每类 1 张，共计 5 张图片，然后单击“开始上传”按钮，上传图片，如图 3-15 所示。上传完成，返回图 3-12 所示界面，单击“确认并返回”按钮等待导入。导入数据是将本地数据上传到百度公司的服务器上，因此会耗费一定的时间，时间长短取决于图像大小、图像数量和网速。

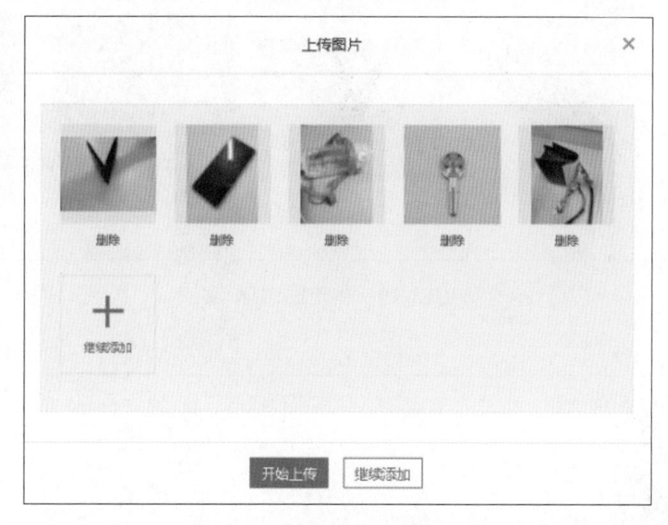

图 3-15　按类别标签添加图片

6. 添加标签

导入数据后即可查看数据集状态，如图 3-16 所示，其中包括版本、数据量、最近导入状态、标注类型、标注状态、操作等信息。

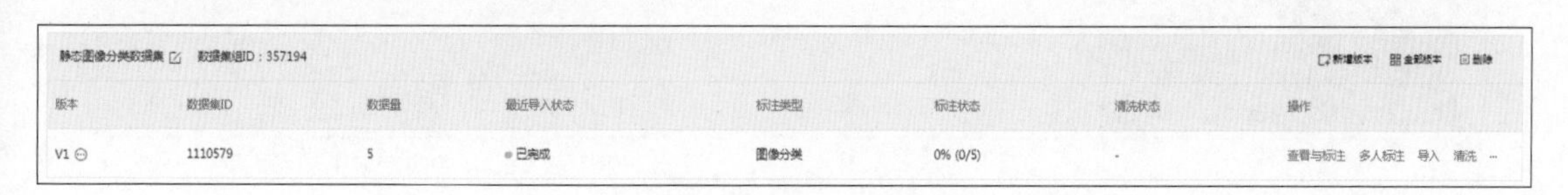

图 3-16　数据集状态

注意到数据并未进行标注，这意味着计算机并不知道上传的是哪类数据。为告知图片的类别信息，需要单击“操作”列中的“查看与标注”，在弹出的界面中单击“添加标签”按钮，如图 3-17 所示，输入标签名称，然后单击“确定”按钮，如图 3-18 所示。注意：标签名称可以为英文或中文。

图 3-17　添加标签

图 3-18　设置标签名称

添加完所有标签后，接下来建立图像和标签之间的对应关系。单击图像下面的图标，如图 3-19 所示，进入标注页面，在右侧选择相应标签即可对图像进行标注。标注过程需要不断移动并单击鼠标，因此耗时且枯燥。EasyDL 平台设置了数字作为快捷键，以方便用户操作，用户可以在键盘上按 1、2 等数字键进行快捷标注，标注结果如图 3-20 所示。

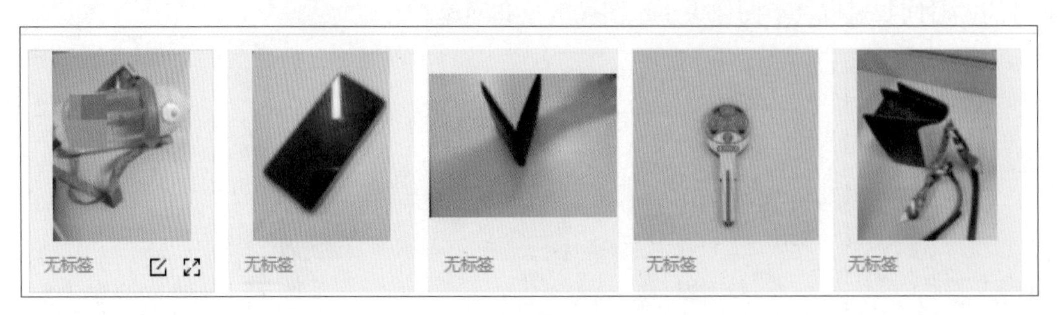

图 3-19　单击图标

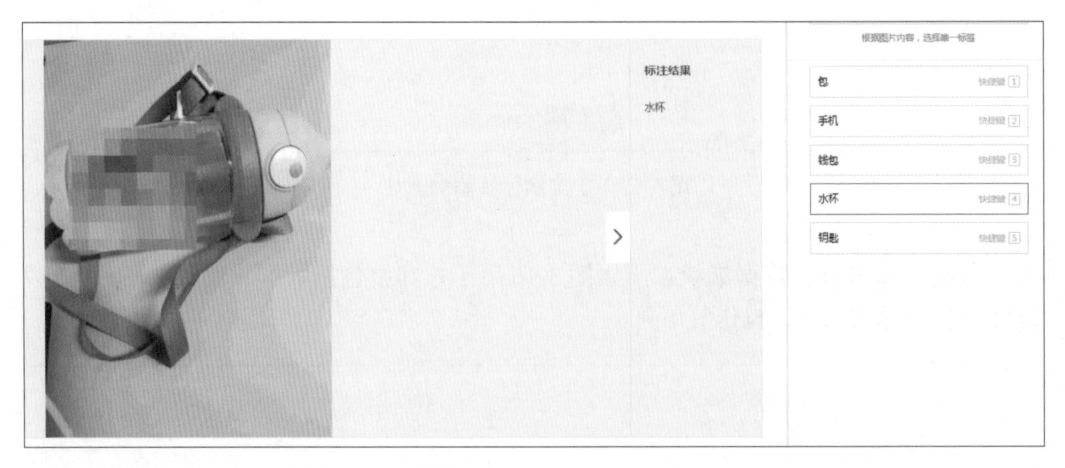

图 3-20　图片标注结果

5 张图片标注完毕后，需要按照每类图像的属性继续导入图片。再次回到添加标签的界面，将鼠标指针放在“钥匙”标签上，然后单击右侧的图标，如图 3-21 所示，在弹出的“按标签导入图片”对话框中导入新的图片（每次限制导入 20 张，注意避免与前面导入的图片重复）。

图 3-21　单击图标

按照上述操作，可为包、手机、钱包、水杯、钥匙 5 个标签共导入 105 张训练图片，每类 21 张，结果如图 3-22 所示。若希望继续添加图片，可以单击界面右上角的“导入图片”按钮，添加图片并标注。

7. 模型训练

导入数据后即可开始训练。训练配置和添加数据如图 3-23 所示，用户可以设置模型名称、部署方式、训练方式、数据增强策略、训练环境等选项。这里先介绍其中的一部分，部署方式等内容放在后面讲述。

图 3-22 训练图片导入完成

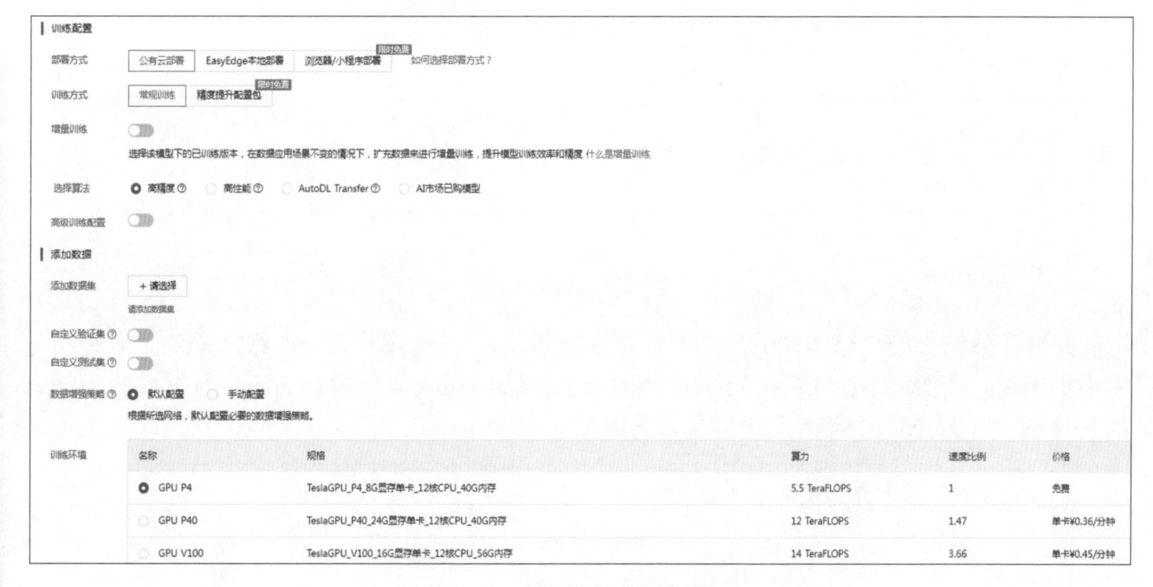

图 3-23 训练配置和添加数据

训练环境中的名称“GPU P4”表明了训练所用的设备 GPU 型号为 P4。GPU 又称显卡芯片，是专门在 PC、工作站、游戏机和一些移动设备（如平板电脑、智能手机等）上做图像和图形相关运算工作的微处理器。GPU 使显卡减少了对 CPU 的依赖，且可以大幅加快模型训练速度。

GPU 的规格是 P4，配置为 8GB 显卡、12 核 CPU、40GB 内存，其功耗为 75 W，能耗较低。GPU 的生产商主要有 NVIDIA 和 ATI，其价格较为昂贵。由于人工智能需要强大的算力，因此很多服务商在云端提供算力并进行付费使用。百度公司限时免费提供 P4 GPU 供用户使用。若用户希望提高训练速度，可以选择付费 GPU 进行训练。

单击“添加数据集”后的“请选择”按钮，在弹出的“添加数据集”对话框中单击➕图标，即可选择自己的数据集和标签，如图 3-24 所示。单击“确定”按钮，返回上一级页面，在该页面中单击“开始训练”按钮，系统就可以开始训练，并跳转到模型训练的页面。在这个页面中可以查看训练状态以及训练进度。由于训练会耗费一定的时间（时间长短视数据数量、图像大小、GPU 规格等因素而定），因此可以勾选“完成后短信提醒”复选框（鼠标指针放到“训练状态”列中的！图标上即显示该复选框）。模型训练结束后会发送短信提醒用户查看。

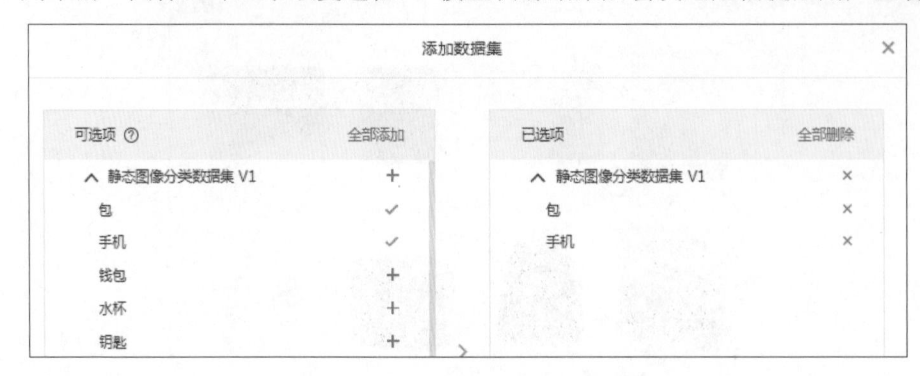

图 3-24　“添加数据集”对话框

8. 训练结果分析

训练完成后，在“我的模型”页面可以看到模型训练的结果，如图 3-25 所示，单击“模型效果”列的“完整评估结果”，可以查看完整评估结果。

【图像分类】常见静态物品识别　模型ID：135880　免训练迭代模式 new　训练

部署方式	版本	训练状态	服务状态	模型效果	操作
公有云API	V3	训练完成	已发布	top1准确率：93.10% top5准确率：100.00% 完整评估结果	查看版本配置　服务详情　校验　体验H5

图 3-25　训练完成

完整评估结果的“整体评估”部分如图 3-26 所示。训练图片为 105 张，采集了多个型号的手机图片，图像大小在 0.5 ~ 14 MB，训练时间为 4 min，训练轮次 epoch 为 50。模型训练的 F1-score 为 92.7%，精确率为 93.1%，召回率为 93.5%。

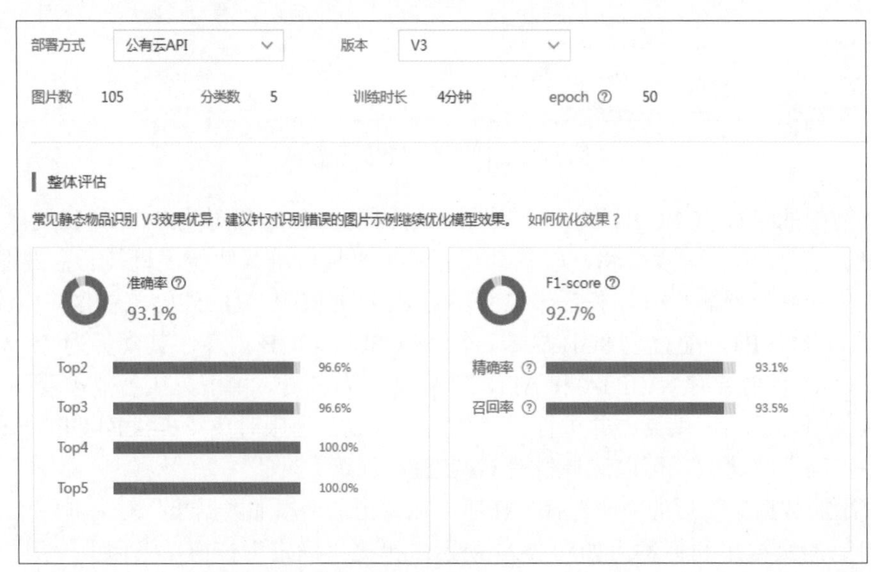

图 3-26　整体评估

完整评估结果的“详细评估”部分的“按分类查看错误示例”和“定位易混淆分类”分别如图 3-27（a）和图 3-27（b）所示，不仅给出不同分类的 F1-score、精确率、测试集数量、召回率等客观评价指标，而且给出“误识别标签 TOP5 及其数量”。

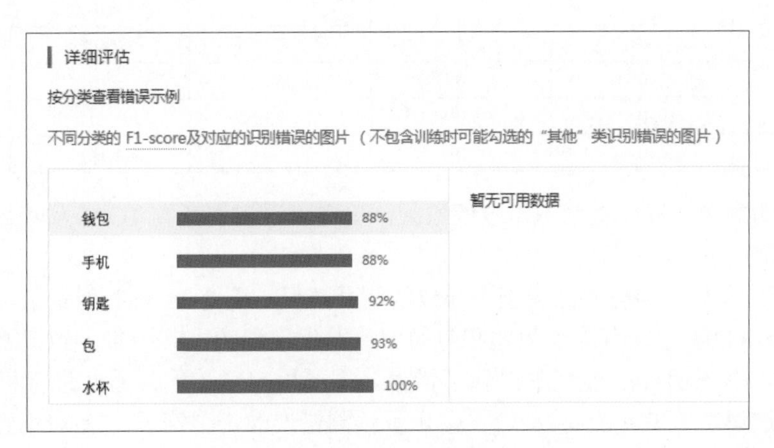

（a）按分类查看错误示例

定位易混淆分类

下方是常见静态物品识别 V3模型的混淆矩阵 ，每一个橙色的方格都对应一组易混淆的分类（最多展示10个易混淆的分类），点击方格即可进一步分析模型在识别该组分类时，依据的关键特征。

展示了数据标注与模型预测不符数量前10的标签，点击标签可在下方查看示例图，帮助您有针对性地设计特征，使得类别更具区分性。

下载完整混淆矩阵

序号	标签名称	误识别标签TOP5及其数量	精确率	测试集数量	召回率	f1-score
1	钱包	[1] 手机	100.0%	5	80%	89%
2	手机	[1] 钱包	80.0%	4	100%	89%
3	钥匙	[1] 包	85.7%	6	100%	92%
4	包	[1] 钥匙	100.0%	8	88%	93%

（b）定位易混淆分类

图 3-27　详细评估

EasyDL 平台提供了以 CSV（Comma-Separated Value，逗号分隔值，CSV 文件以文本形式存储表格数据，可以用计算机自带的记事本或Excel程序打开）格式给出的混淆矩阵，单击“下载完整混淆矩阵”即可将其保存到本地计算机。混淆矩阵展示了测试集中每个分类下的数据被预测为各个分类的次数，可以用于定位易混淆的分类。混淆矩阵的表现方式非常直观，其中每一列代表了预测类别，每一列的总数表示预测为该类别的数据的数目；每一行代表了标注类别，每一行的数据总数表示该类别的数据实例的数目。

表 3-2 给出了本例对应的混淆矩阵。为了查看方便，在原始混淆矩阵的上方和左侧添加了类别信息，其中上方给出预测的类别信息，左侧给出标注的类别信息。矩阵中的每个数值同时表达了标注和预测信息，在矩阵对角线上的数量表明标注类别与预测类别一致的样本数量，非对角线上的非 0 元素表明标注类别与预测类别不一致，需要重点关注。如矩阵中第 1 行第 1 列对应的数字为 4，表示有 4 个标注为钱包的实例被预测为钱包。如矩阵中第 1 行第 2 列对应的数字为 1，表示有 1 个样本标注类别为钱包但预测类别为手机。

表 3-2　混淆矩阵

标注类别	预测类别				
	钱包	手机	钥匙	水杯	包
钱包	4	1	0	0	0
手机	0	4	0	0	0
钥匙	0	0	6	0	0
水杯	0	0	0	6	0
包	0	0	1	0	7

为分析预测类别与标注类别不一致的原因，单击“误识别标签 TOP5 及其数量”列的相应项即可显示详细信息。

图 3-28 给出预测类别与标注类别不一致的两种情况。图 3-28（a）展示了标注错误的一个例子。EasyDL 平台提示：有 1 个钥匙和包的图片发生了混淆，其中包分到钥匙为 1 张。真实情况也是如此，这表明标注过程中出现了错误，需要用户对该图片重新进行标注，以便在下一次训练中改进识别效果。图 3-28（b）给出了预测错误的一个例子。EasyDL 平台提示：有 1 个钱包和手机的图片发生了混淆，其中钱包分到手机为 1 张。观察图片后发现真实情况并非如此，而是由于该图片中的钱包与手机较为相似，因此被误认为是手机类别，这表明模型尚不具备对二者进行正确分辨的能力，出现了预测错误。为了提高模型识别能力，需要增加数据或者在训练模型时选择“精度提升配置包”选项。

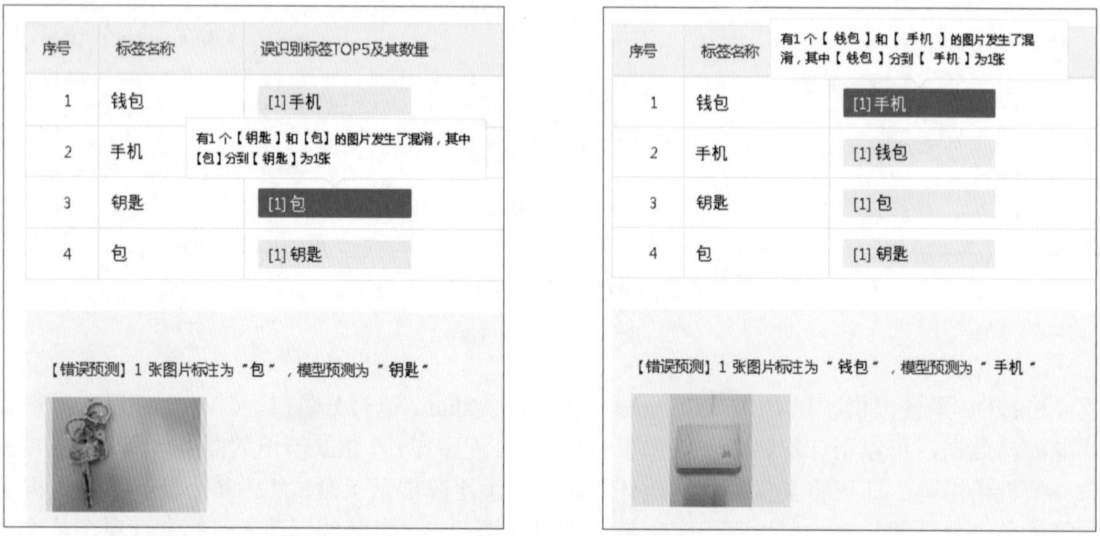

（a）标注错误

（b）预测错误

图 3-28　预测类别与标注类别不一致情况分析

图 3-28 本质上是表 3-2 所示混淆矩阵包含信息的语言描述和可视化显示，图中方括号内的数字信息与混淆矩阵非对角线上的非 0 元素信息一致。

3.3.5　模型校验

模型训练完毕后，需要用新的数据进行测试，以确定模型的有效性，此过程称为模型校验。校验采用的数据必须与训练集数据不同，但应用场景和拍摄环境要求一致。在模型发布之前，需要使用大量数据检验模型的识别效果。单击左侧导航栏中的“校验模型”，右侧将显示“校验模型”界面，如图 3-29 所示。在模型训练中若产生了多个版本，可以根据需要选择合适的版本进行校验。单击“启动模型校验服务”按钮唤醒并使用百度公司的服务器，因此需要耗费数分钟的时间。

图 3-29　校验模型界面

唤醒服务器后即可添加图片进行校验，如图 3-30 所示。

图 3-30　上传校验图片

服务器在远程处理后会迅速返回图像校验结果。图 3-31 展示了一个钱包的图像校验结果，并给出归属为某个类别的置信度。置信度是一个统计学名词，也叫可靠度、置信水平或置信系数，它指的是特定个体对待特定命题真实性相信的程度，可以通俗理解为“可能性”。该图像被认为是“钱包”类别的概率为 99.78%，基于如此高的概率基本可以认定其类别为钱包，但依然会有 0.22% 的可能性被认为是其他类别。注意到页面有“调整阈值”滑块，通过该滑块可以设置置信度阈值，低于此阈值的分类不予显示。当前页面设置的阈值为 0.03，因此只显示“钱包”类别。

图 3-32 展示了一个有带子的水杯的图像校验结果，表明该张图像为“水杯”类别的概率最高，为 86.16%，为“包”类别的概率为 7.61%，为“手机”类别的概率最低，为 3.34%，综合考虑可以将其认定为“水杯”类别。

需要注意的是，模型的识别能力是有限制和边界的。图 3-33 展示了一个笔筒的图像校验结果，模型认为可能是钱包、包或者水杯等。产生这种问题的原因是训练数据中不包含此类数据，因此，对于没有见过、没有学过的物品就“不认识”，得到错误的识别结果。这个特性与人的认知能力是一致的。为了解决这个问题，可以增加数据类型和数量，重新训练模型。

图 3-31　钱包的图像校验结果

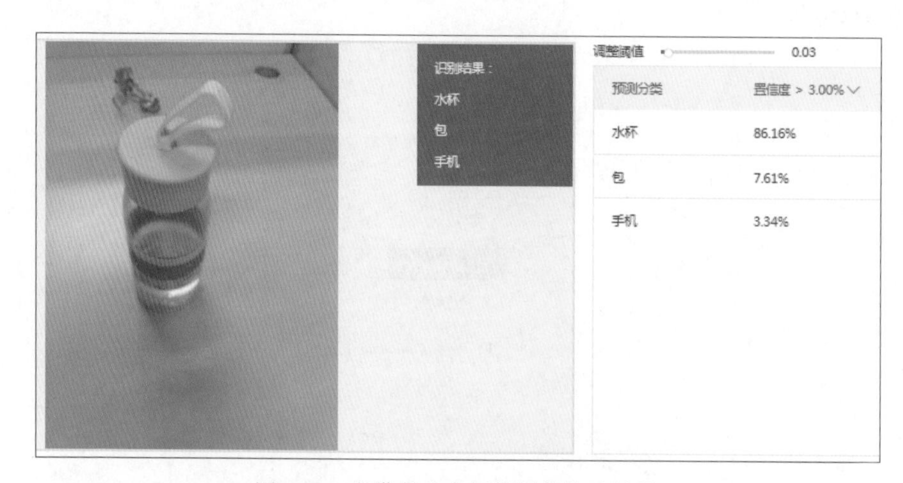

图 3-32　有带子的水杯的图像校验结果

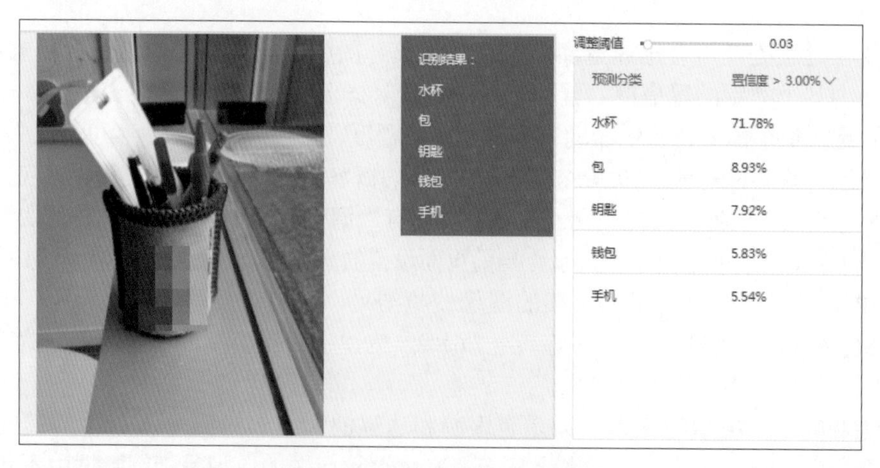

图 3-33　笔筒的图像校验结果

图 3-34 展示了一个包含水杯和钥匙的图像校验结果，模型认为该图像为钥匙的概率最大，其次为水杯，也有一定可能为手机和钱包。校验结果似乎与图像内容吻合，因为设计模型之初考虑的是单个物品识别，所以即使看起来“似乎吻合”，也是不可用的。该例子并不能表明模型是错误的，反而说明模型是正确的，原因在于模型设计之初就是为了对包含单个目标的图像进行分类。

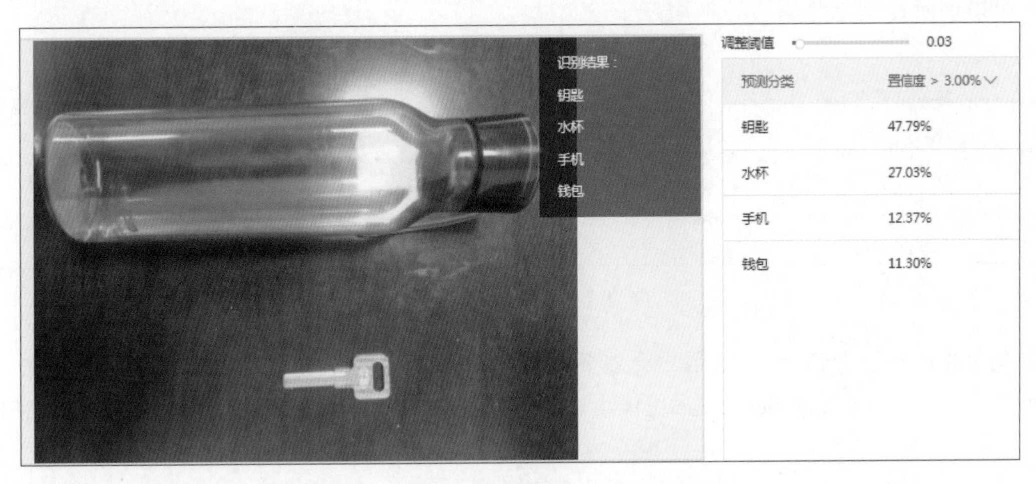

图3-34　包含水杯和钥匙的图像校验结果

人工智能能否处理包含两个甚至多个物体的图像呢？答案是肯定的，那么该如何处理呢？下面给出两个方案供参考。

方案一：在现有的单个物品分类之外增加一个组合的类别。这样的做法适合类别比较少的情况。当类别比较多时，各种物品的组合可能性不断增加，甚至可能包含 3 个或更多物品的组合，此时，使用物品组合就需要更多的类别标签，这样的处理方式显然是不够“智能”的。

方案二：可以采用物体检测（详见 3.4 节）的方法进行识别，即直接检测出图像中包含的所有物品的种类和位置。

3.3.6 模型发布

训练好的模型只能供开发者使用，若校验效果良好，可以发布模型以供更多用户使用。单击左侧导航栏中的“发布模型”，在打开的“发布模型”页面中输入服务名称、补充接口地址后即可单击“提交申请”按钮，如图 3-35 所示。EasyDL 平台允许用户选择不同的部署方式和模型版本。此处选取公有云方式进行部署。接口地址需要用户自己定义并填写，建议不要过于简单，以避免与其他用户已经指定的地址冲突。若填写的地址与现存地址冲突，系统会给出提示对话框，返回之后需要重新定义地址。

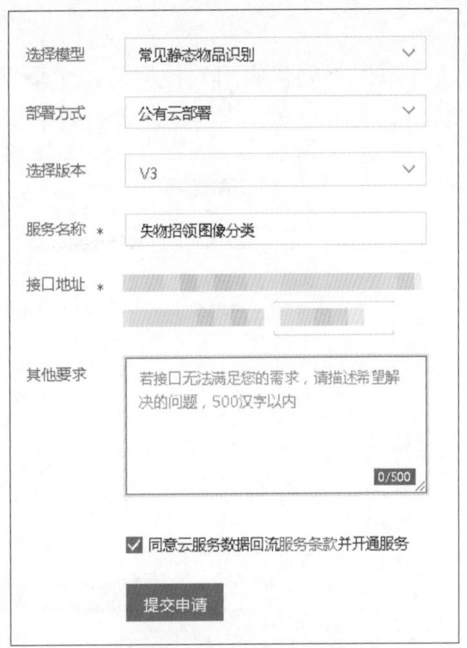

图3-35　模型发布详情

模型发布需要等待服务器生成相关文件。EasyDL 平台支持手机扫描二维码调用模型的功能，为用户提供极佳的使用和传播体验。接下来介绍发布和使用方法。

当服务状态变为“已发布”时，即可单击“操作”列中的“体验 H5”进入下一步，如图 3-36 所示。H5 是 HTML5 的缩写，是构建网站内容的一种语言描述方式。H5 可以包括文本、图片、音视频、二维码等多种格式的文件，给用户带来更好的体验。扫描 H5 页面中包含的二维码，用户可以展示模型并分享给其他用户。

【图像分类】常见静态物品识别　模型ID：135880　　免训练迭代模式 new　训练

部署方式	版本	训练状态	服务状态	模型效果	操作
公有云API	V3	训练完成	已发布	top1准确率：93.10% top5准确率：100.00% 完整评估结果	查看版本配置　服务详情　校验　体验H5

图 3-36　模型已发布

在单击“体验 H5”后，新用户会看到“体验 H5”对话框，提示“目前您账号下还未创建 EasyDL 应用，请前往 Console 创建后可体验 H5”，如图 3-37 所示，其中 Console 的中文意思为控制台。

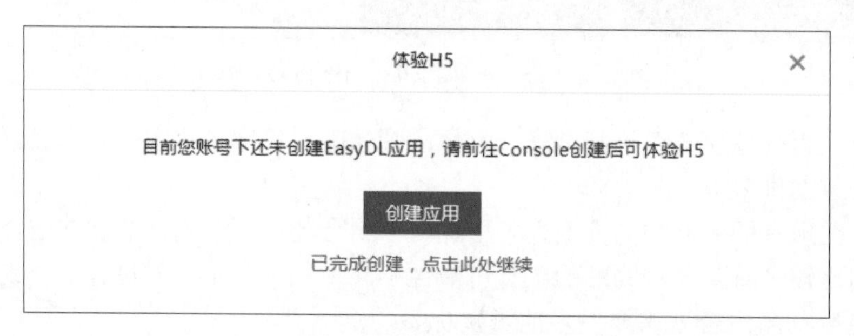

图 3-37　准备创建应用

单击“创建应用”按钮后，页面跳转到百度云网页创建应用，如图 3-38 所示。填写应用名称、应用归属、应用描述等内容后即可完成创建过程，如图 3-39 所示。

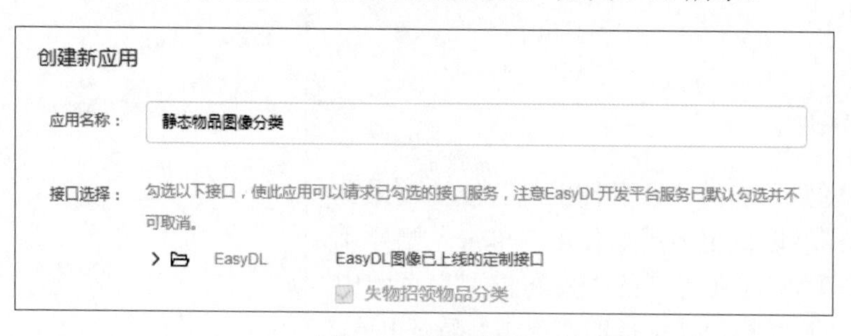

图 3-38　创建应用

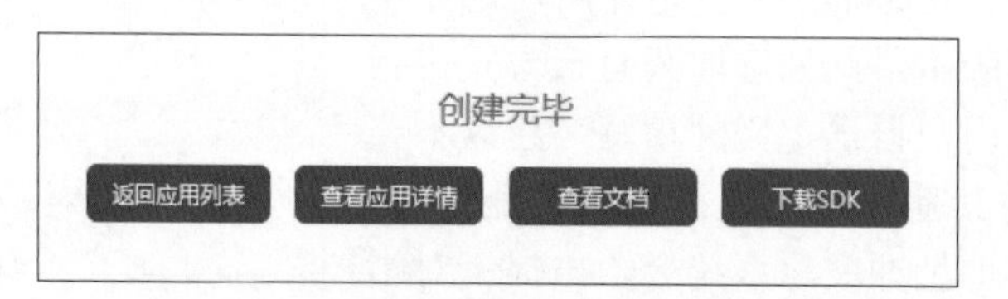

图 3-39　应用创建完毕

创建之后，返回图 3-37 所示页面，单击“已完成创建，点击此处继续”，然后选择要发布的 App 名称，对模型和 App 之间进行关联，如图 3-40 所示，接着单击“下一步”按钮，即可输入更多 H5 调用时展示给用户的信息——名称、模型介绍、开发者署名、H5 分享文案，如图 3-41 所示。

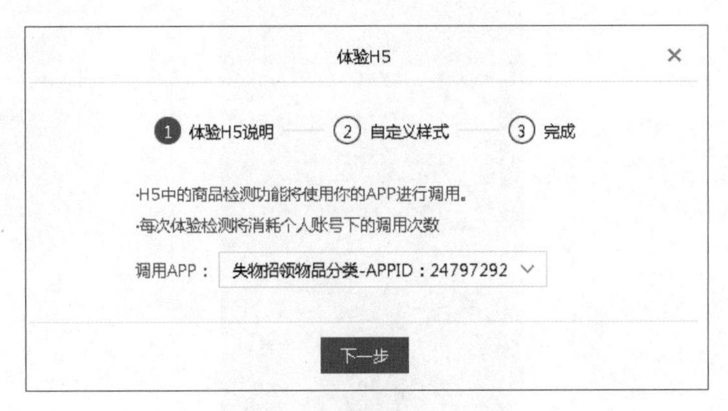

图 3-40 选择要调用的 App

图 3-41 设置 H5 调用时展示给用户的信息

上述内容填写完毕，单击“生成 H5”按钮即可生成二维码。通过百度 App 或者微信扫一扫功能，即可在手机端体验物体识别模型。

图 3-42 给出 H5 的封面、选择图像和识别结果。单击封面上的“识图一下”按钮，如图 3-42（a）所示，然后选择图像来源作为输入的待识别图像，可以选择调用手机上的相机拍摄图像，也可以调用手机相册中已有的图像，如图 3-42（b）所示。调用公有云算力进行识别后会返回识别结果，如图 3-42（c）所示。体验 H5 会耗费接口服务的调用量，调用量限额累计 1000 次，可以满足教学和展示需要。

以上介绍了如何将模型部署在公有云上，传统的部署方式需要将训练出的模型文件加入工

程化相关处理。通过使用EasyDL平台，可以便捷地将模型部署在公有云服务器或本地设备上，通过API或SDK集成应用，或直接购买软硬一体产品，有效应对各种业务场景，提供效果与性能兼具的服务。

（a）封面

（b）选择图像

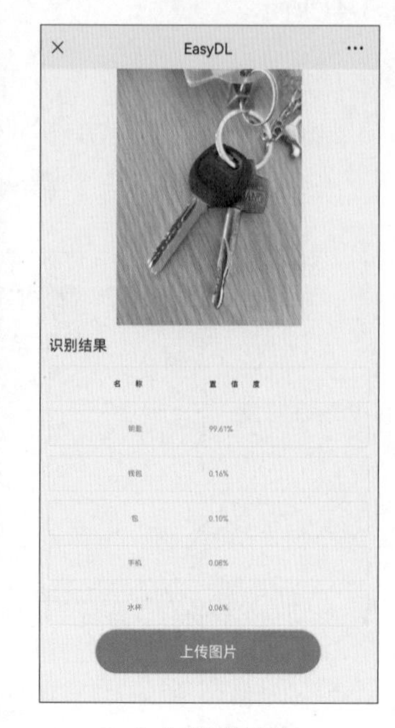

（c）识别结果

图3-42　手机端操作

3.4 物体检测

3.4.1 物体检测的基本概念

物体检测是人类日常生活中普遍发生的动作之一，是指人眼通过对图像中不同颜色、纹理、边缘模块的感知定位出目标物体。物体检测也是计算机视觉中的经典问题之一，其目的是用标识框标出图像中检测物体的位置，并给出物体的类别。物体检测在日常生活中比较常见。比如我们日常使用手机进行拍照的时候，手机软件能自动检测人脸并用标识框标出。

需要注意的是，3.3节讲解的图像分类是对一张输入图像进行整体分析，识别图像中主要内容的类别并给出对应的名称，而在本节中我们讨论的物体检测针对的是图像的局部信息，主要目的是识别图像中的特定物体，将待检测物体与复杂的背景信息区分开，物体检测是图像分类的升华，通俗点讲物体检测就是“我的眼里只有你”。

物体检测是计算机视觉中具有挑战性的问题之一，其核心任务包括3个部分——分类问题、定位问题和检测问题。分类问题要解决的是，这张图像中是否包含待检测的物体，也就是“What”；定位问题要解决的是，如果有待检测的物体，那么这个物体在图像中的什么位置，也就是“Where”；检测问题要解决的是，综合前面的两个问题标识图像中所有存在的待检测物体的大小、形状、位置等，返回结果，也就是“What & Where”。

从技术角度看，物体检测比图像分类复杂，通常需要解决 3 个问题：第一个是图像分类问题；第二个是待检测物体特征的设计问题；第三个是检测窗口的选择问题。在 3.3 节中，我们已经重点讨论过图像分类问题的解决方法，读者可以回顾一下。待检测物体特征设计对于物体检测尤其重要，好的特征能够提高检测的速度和精度。一般情况下，特征设计往往需要专家经验驱动并通过对不同的特征进行组合调优，从不同维度描述物体。检测窗口的选择是另一个重要的方面，窗口大小直接影响最终的识别精度和效率。候选区域大，可能将其他物体误判成待检测物体；相反，候选区域小，可能会丢失待检测物体的部分特征，形成错判。

大量应用领域的用户更关心如何快速和准确地得到最终的检测结果，而对上述讨论的技术问题往往并不关心。百度公司的 EasyDL 平台内置的物体检测模块可以快速地检测用户提交的图像中多个物体的位置并给出类别信息。

3.4.2 物体检测处理流程

使用 EasyDL 平台处理物体检测问题的流程与图 3-4 一样。我们仍然以水杯等生活常见物品为例，带领大家一步步利用 EasyDL 平台创建自己的第一个物体检测模型。

3.4.3 静态物品物体检测的问题分析和数据采集

1. 问题分析

我们仍然沿用 3.3 节的场景。学校的失物招领处为提高服务意识，建立了基于 EasyDL 平台的静态丢失物品的物体分类模型，便于失主分类查找。用户上传一张图片，然后系统能够快速地返回图片中主体内容对应的一个类别标签。但是这个图像分类的系统仅仅只能定性识别图像中包含某一类物体的属性，如水杯、钥匙等，而无法对图像中多类别物体进行识别和定位。本节我们将利用 EasyDL 平台构建一个检测模型来对图像中每个主体的位置、名称进行识别。

静态物品物体检测模型的大致过程如下。

- 输入数据：用户上传一张图片。
- 输出结果：图片中多个主体内容对应的类别标签、位置、数量。
- 可识别类别：钥匙、水杯两类。

2. 数据采集

数据仍然沿用 3.3 节图像分类里所使用的数据集，选取静态物品识别作为案例进行讲解，也方便读者自行拍摄图像数据亲自动手创建物体识别模型。

对于静态物品物体检测任务，EasyDL 平台建议每种要识别的物体在所有图片中出现的数量大于 50，如果某些要区分的物体具有相似性，需要增加更多图片，单张图片中的目标数不能超过 500。为了保证静态物品识别模型的分类效果，在数据采集时遵循以下原则。

- 采集工具：采用手机进行拍摄（手机型号不限）。
- 拍摄距离：30 ～ 50 cm。
- 拍摄角度：与水平面角度大于 60°。

- 数据大小：确保每张图像小于 4 MB。
- 数据尺寸：长宽比小于 3:1，其中最长边需要小于 4096 像素，最短边需要大于 30 像素。
- 训练图片和实际场景要识别的图片拍摄环境一致，例如，如果实际要识别的图片是摄像头俯拍的，那么训练图片就不能用网上下载的目标正面图片。
- 每个标签的图片需要覆盖实际场景里面的可能性，如拍照角度、光线明暗的变化，训练集覆盖的场景越多，模型的泛化能力越强。

3.4.4　基于 EasyDL 平台的物体检测模型训练

1. 平台登录

访问 EasyDL 平台官方网站，使用百度账号或者百度云账号直接登录。

2. 选择产品模块

本节任务为物体检测。将鼠标指针移至“操作平台”，在弹出的菜单中单击“物体检测”，操作界面如图 3-43 所示。

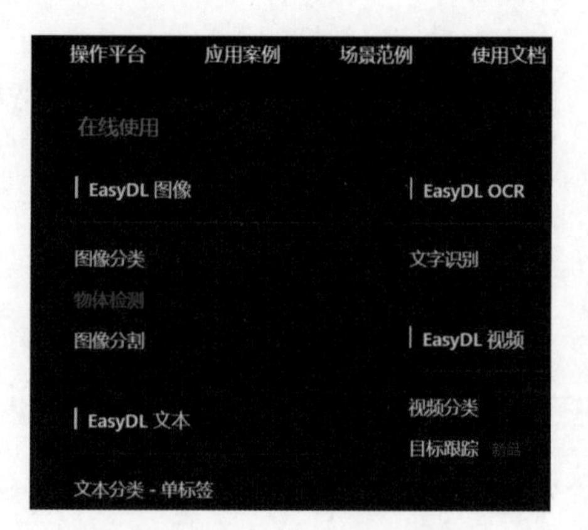

图 3-43　单击“物体检测”

3. 创建模型

单击左侧导航栏中“模型中心”组的“我的模型”，然后在右侧界面中单击“创建模型”按钮，如图 3-44 所示，进入图 3-45 所示的创建模型详情界面。

图 3-44　单击“创建模型”按钮

图 3-45　创建模型详情界面

与图像分类相似，创建模型时需要填写标注模板、模型名称、模型归属、邮箱地址、联系方式、业务描述等信息。填写之后单击“完成”按钮，进入下一个界面，如图3-46所示，平台已经自动为静态物品目标检测模型创建了一个ID。

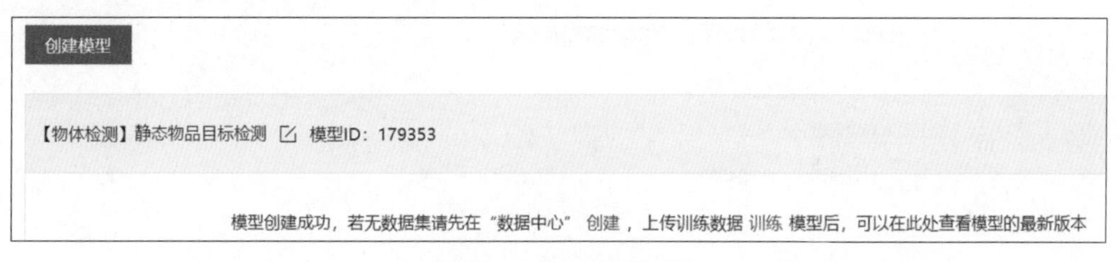

图3-46 模型创建完成

4. 创建数据集

因为还没有数据集，所以要先创建。单击左侧导航栏中的“数据总览”，在右侧出现的界面中单击“创建数据集”按钮，打开创建数据集的界面，如图3-47所示，在“数据集名称”文本框中填入对应的数据集名称。

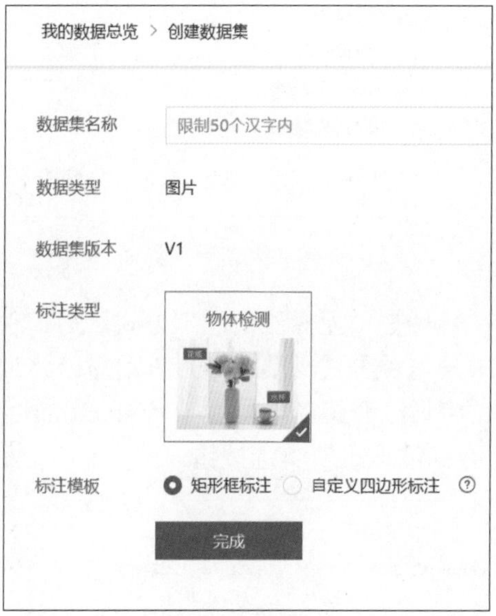

我的数据总览 > 创建数据集

数据集名称 限制50个汉字内

数据类型 图片

数据集版本 V1

标注类型 物体检测

标注模板 矩形框标注 自定义四边形标注

完成

图3-47 创建数据集

需要注意的是，这里的“数据类型”为“图片”,“数据集版本”为“V1”,“标注类型”为“物体检测”。单击“完成”按钮后进入图3-48所示的数据集详情界面。注意，此时平台已经为数据集分配了一个ID，即数据集的编号。

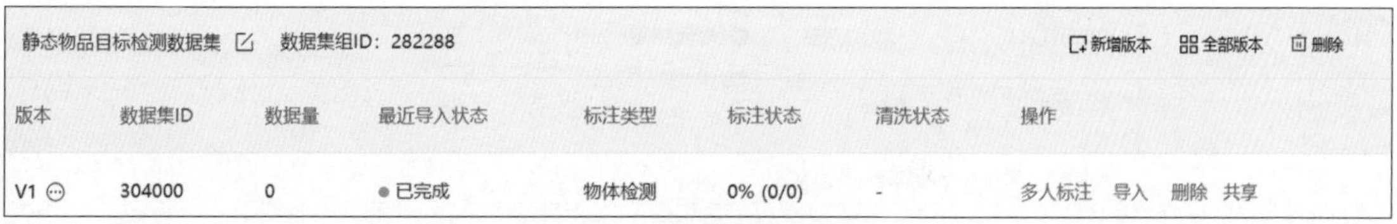

静态物品目标检测数据集 数据集组ID：282288 新增版本 全部版本 删除

版本	数据集ID	数据量	最近导入状态	标注类型	标注状态	清洗状态	操作
V1	304000	0	已完成	物体检测	0% (0/0)	-	多人标注 导入 删除 共享

图3-48 数据集详情界面

5. 导入数据

单击图3-48右下角的“导入”，开始导入数据。导入数据的目的是将图像上传到百度公司的服务器上，利用服务器的算力进行模型训练。数据导入界面如图3-49所示。

图3-49 数据导入界面

本例介绍两种导入方式：一种是“无标注信息”方式，另一种是“有标注信息”方式。这里先介绍“有标注信息”方式。这种方式需要在导入以前对即将训练的物体图像进行标注，常用的软件是labelImg。附录C将详细介绍图像标注工具labelImg的使用方法。

如图3-50所示，选中“有标注信息”单选按钮。

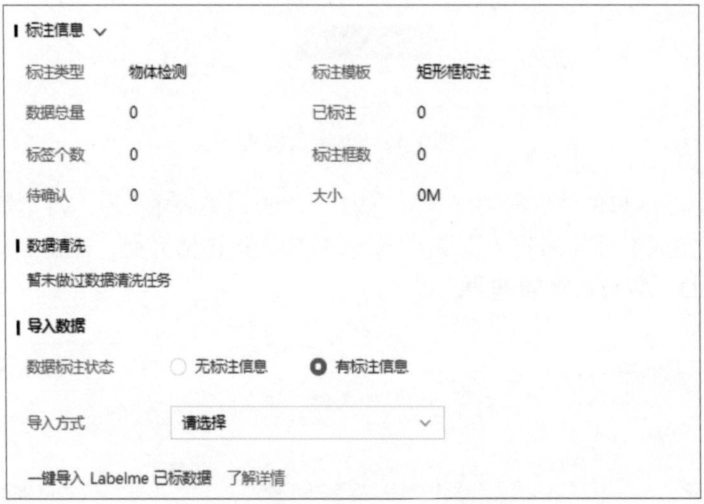

图3-50 选中“有标注信息”单选按钮

然后在“导入方式”下拉列表中选择“本地导入”，在后面的下拉列表中选择“上传压缩包”（此处上传的是有标注的数据），“标注格式”选择 xml，如图 3-51 所示，上传完后，单击“确认并返回”按钮，等待导入数据。

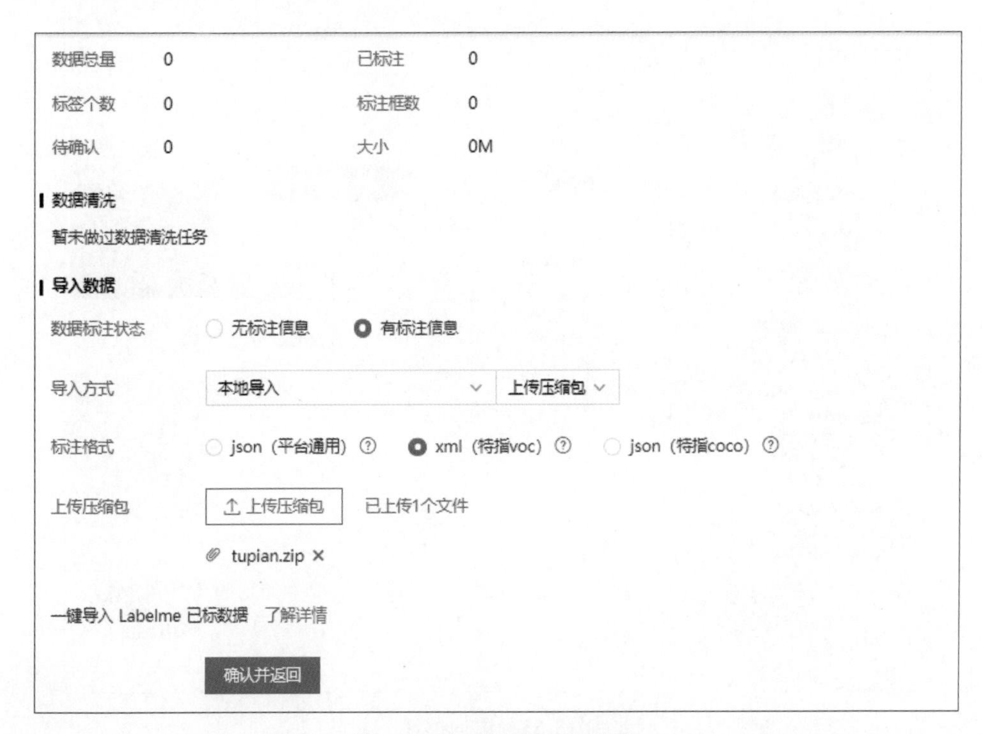

图 3-51 导入有标注的数据

“无标注信息”方式与 3.3.4 节介绍的类似，这里不再赘述。

6. 添加标签

因为前边导入的数据是有标注数据，不用再添加标签，所以我们以一个新数据集（数据集 ID 为 304171，版本为 V2）为例介绍此部分内容。导入数据后即可查看版本、数据集 ID、数据量、最近导入状态、标注类型、标注状态、操作等信息，如图 3-52 所示。

静态物品目标检测数据集 数据集组ID：282288 新增版本 全部版本 删除

版本	数据集ID	数据量	最近导入状态	标注类型	标注状态	清洗状态	操作
V2	304171	74	已完成	物体检测	95% (71/74)	-	查看与标注 多人标注 导入 清洗 ···

图 3-52 数据集状态

在图 3-52 中可以看到“标注状态”为 95%(71/74)，这表明并未全部标注。接下来单击“操作”列中的“查看与标注”，在打开的图 3-53 所示的界面中单击“添加标签”按钮，输入标签名称，然后单击“确定”按钮。

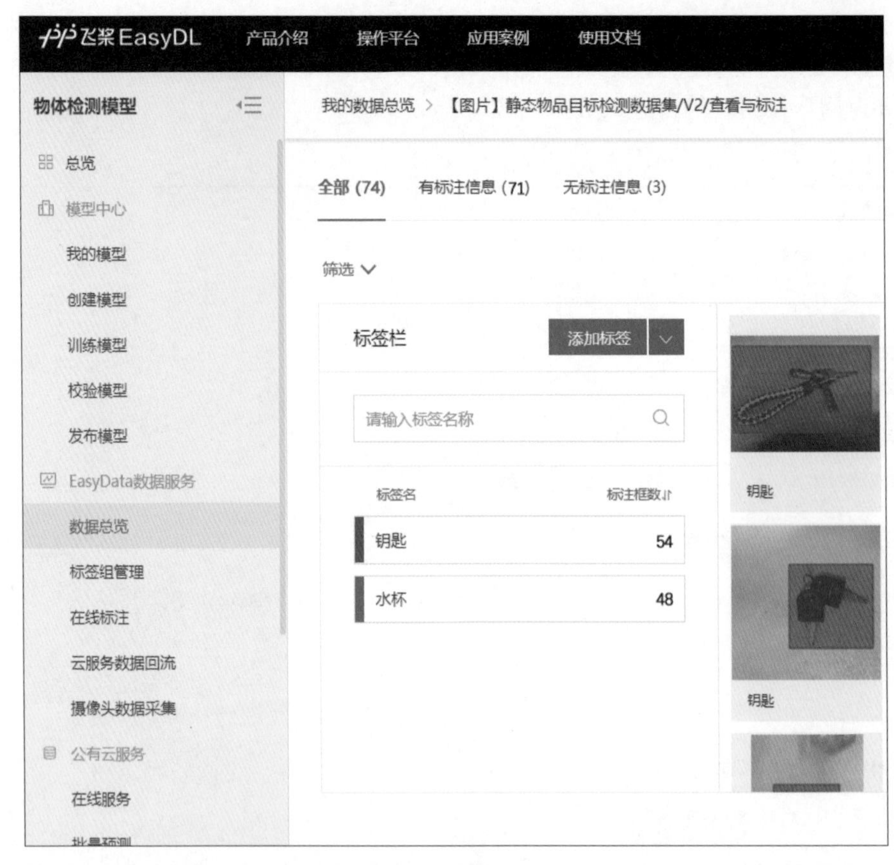

图 3-53　添加标签

单击页面右上角的“标注图片”按钮，对图片进行标注，如图 3-54 所示。

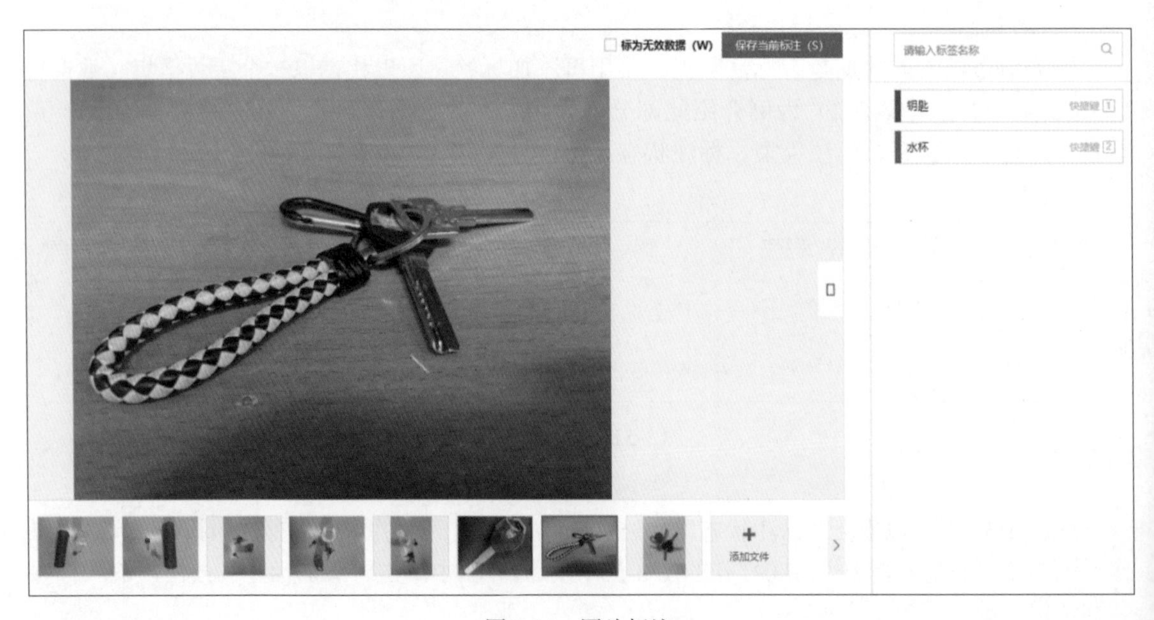

图 3-54　图片标注

在对要标注的图片进行标注时，待标注图片的右上侧会自动出现选择标签的浮动框，用户可以选择标签名称，此时标注框会自动变成标签所示颜色，并自动加上标签名称。为了方便标注，EasyDL 平台设置了数字作为快捷键，用户可以在键盘上按 1、2 等数字键进行快捷标注。标注结果如图 3-55 所示。

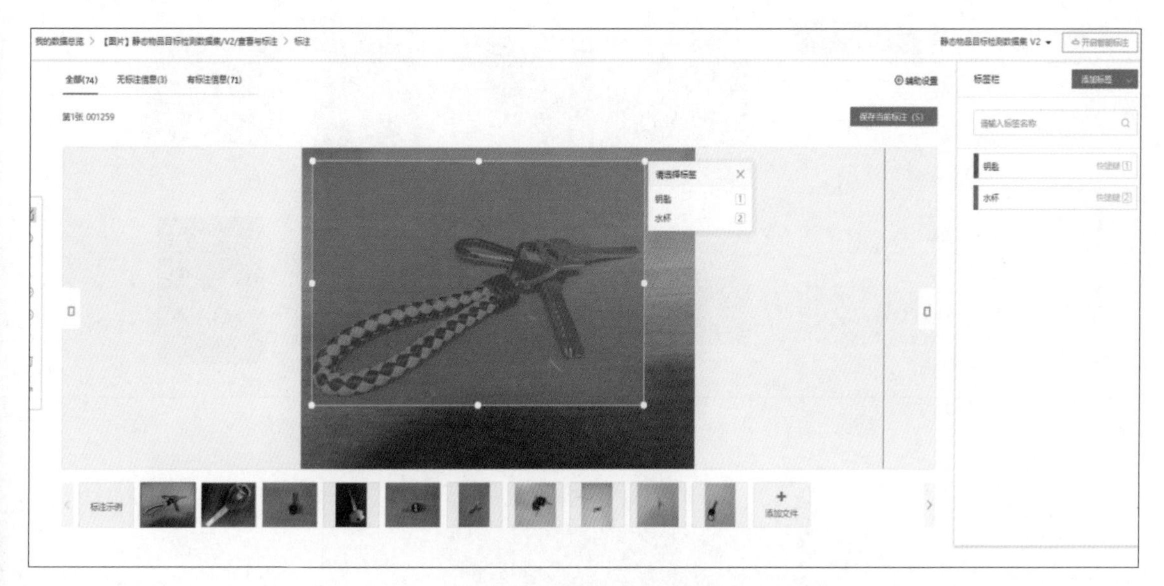

图 3-55　图片标注结果

为了增加标注速度，单击每个标签右侧的图标可以对多张图片进行同一标签标注，如图 3-56 所示。

标签栏　添加标签
请输入标签名称
钥匙
水杯
连续标注
激活后可以使用该标签快速绘制多个检测框
不再提示

图 3-56　快速图片标注

选择该选项后，每次单击要标注的图像，系统都将使用默认的标签进行标注，快速图片标注结果如图 3-57 所示。

若数据数量不足或者分布差异比较大，可以单击图 3-52 中的“导入”，适量添加图片并按照 3.3 节介绍的方式进行标注。

导入图像后，单击“无标注信息”标签，然后选中“本页全选”复选框并单击“编辑图标”按钮，即可进行标注。如果此时某类标签仍然比较少，可以单击“添加文件”按钮导入新的图像。

值得注意的是，物体检测输入的标注数据还可以是混合标签图片，即一张图片中可以有几种不同的标签，如图 3-58 所示。

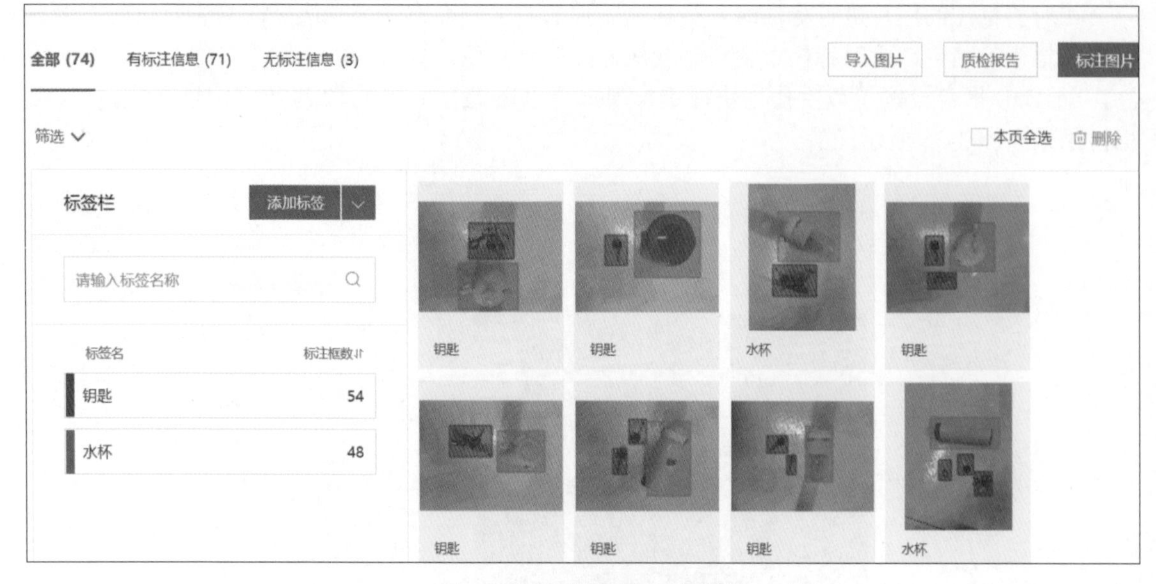

图 3-57　快速图片标注结果

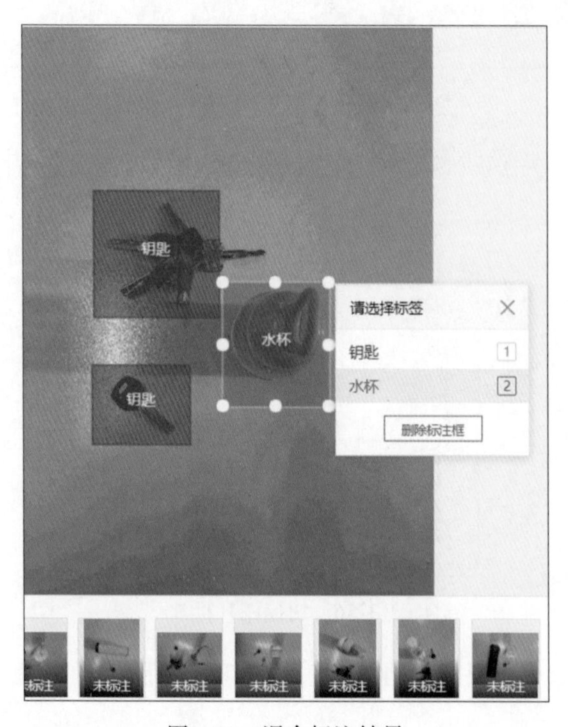

图 3-58　混合标注结果

导入数据后即可单击左侧导航栏中的“训练模型”，对训练过程进行设置。重复上述步骤，为每类标签导入训练图片，如图 3-59 所示。

一共创建了两个标签，标签名分别为“钥匙”和“水杯”。每个标签对应的训练数据分别为 54 张和 48 张图像。

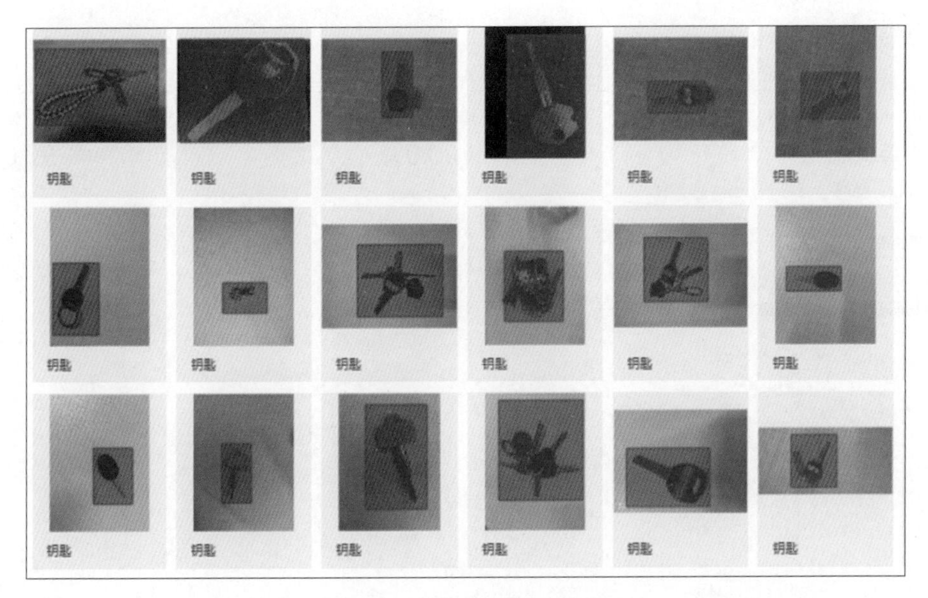

图 3-59　训练图片导入完成

7. 模型训练

导入数据后即可开始训练。训练模型的设置与 3.3 节类似。

单击“选择数据集”后的“请选择”按钮，在弹出的“添加数据集”对话框中单击➕图标，即可选择自己的数据集和标签，如图 3-60 所示。单击“确定”按钮，返回上一级页面，在该页面中单击“开始训练”按钮，系统开始训练，并跳转到模型训练的页面。在这个页面中可以查看训练状态以及训练进度。

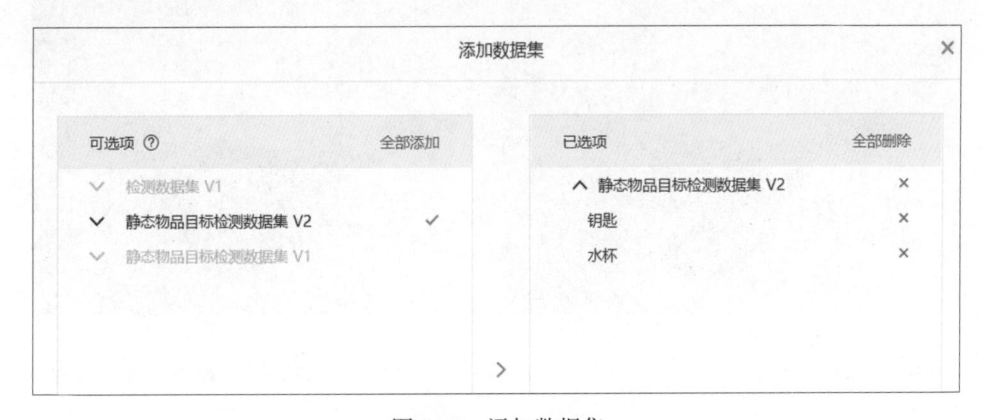

图 3-60　添加数据集

8. 训练结果分析

训练完成后，在“我的模型”页面可以看到模型训练的结果。单击“模型效果”列的“完整评估结果”，可以查看完整评估结果。本次训练结果如图 3-61 所示（只截取了一部分），采集源于多个型号的手机图片，图像大小在 0.5 ～ 14 MB，训练时间为 29 min，训练轮次 epoch 为 266。模型训练的 mAP 为 100%，精确率为 100%，召回率为 96%。

向下滚动该页面，可以看到“不同标签的 mAP 及对应的识别错误的图片”。单击错误结果示例中的图片，打开“错误详情”界面，如图 3-62 所示。认真寻找原因，发现物体检测与图像质量有重要的关系。

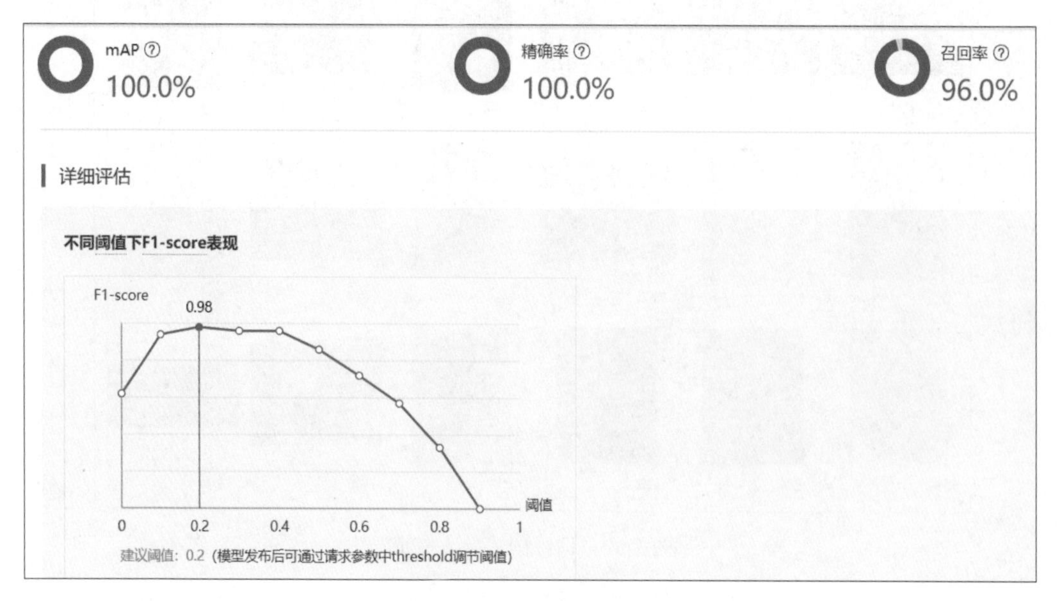

图3-61　完整评估结果

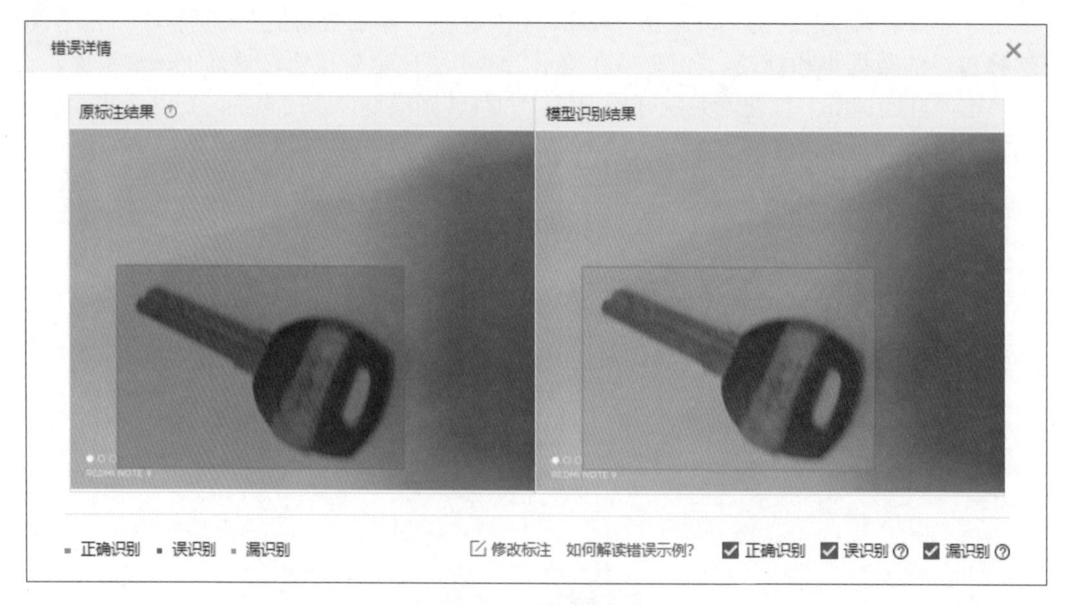

图3-62　错误详情

EasyDL平台也为物体检测提供了以CSV格式给出的混淆矩阵。单击“下载完整混淆矩阵”即可将其保存到本地计算机，可以用系统自带的记事本或Excel程序打开以便进一步分析。

3.4.5 模型校验

为检验模型的识别效果，单击左侧导航栏中的“校验模型”，此时右侧显示“校验模型”界面，如图3-63所示。

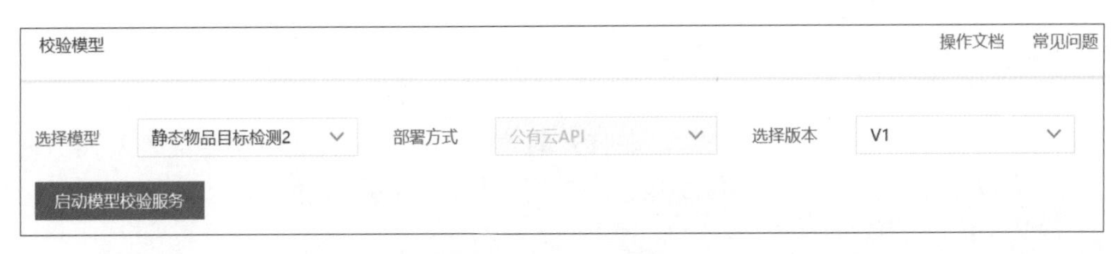

图 3-63 校验模型界面

与 3.3 节类似，单击“启动模型校验服务”按钮唤醒服务器后可添加图片进行校验。服务器在远程处理后会迅速返回校验结果。图 3-64 给出了物体检测的校验结果，该物品被检测是“钥匙”类别的概率为 99.76%。

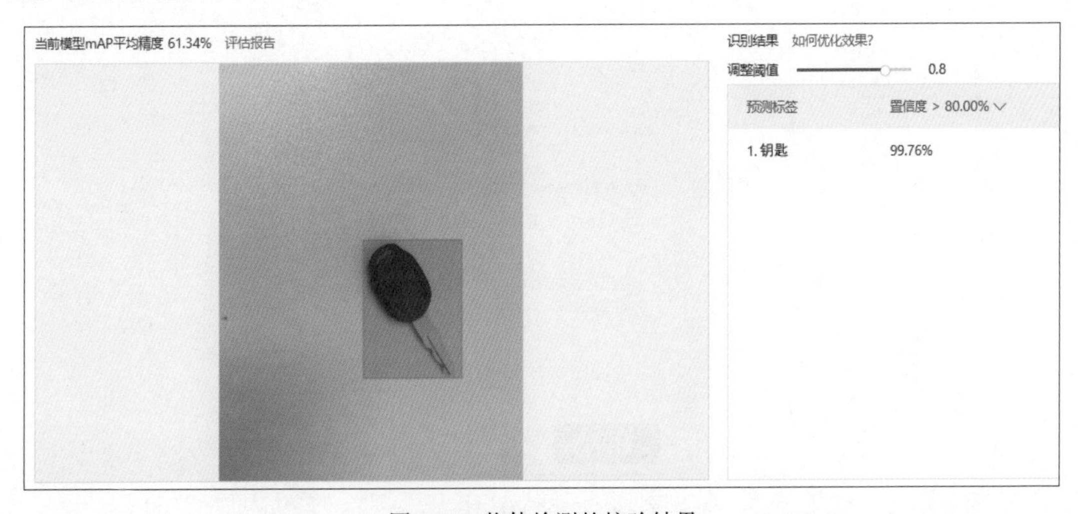

图 3-64 物体检测的校验结果

需要注意的是，模型的识别能力是有限制和边界的，特别是在图片中存在混合物体的情况下，如图 3-65 所示。此时校验精度偏低，原因是样本数据太少，模型检测能力有限。对一般问题而言，若想提升识别精度，则需要不断增加样本数量、丰富样本采集环境、提高标注精度。

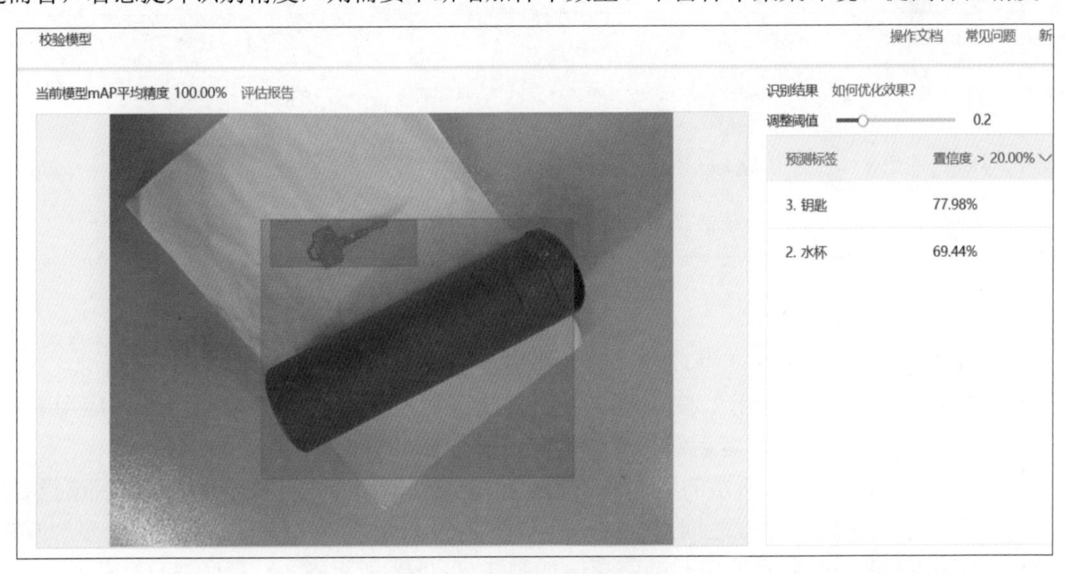

图 3-65 混合物体检测结果

3.4.6 模型发布

单击左侧导航栏中的“发布模型”，在打开的“发布模型”页面中设置部署方式、版本信息、服务名称等信息，然后单击“提交申请”按钮，如图3-66所示。

发布模型
选择模型
静态物品目标检测2
部署方式
公有云部署
选择版本
V2
* 服务名称
静态物品目标检测
* 接口地址
ww15670993
其他要求
若接口无法满足您的需求，请描述希望解决的问题，500汉字以内
0/500
提交申请

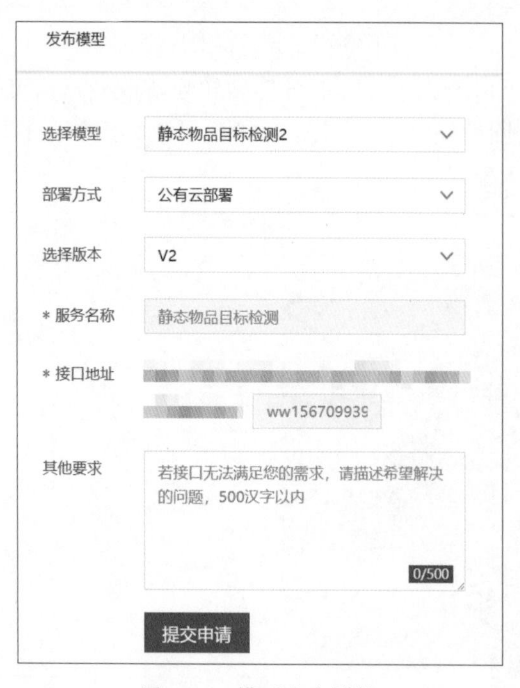

图3-66 模型发布详情

模型发布需要等待服务器生成相关文件，当服务状态变为“已发布”时，即可单击“体验H5”进入下一步，如图3-67所示。

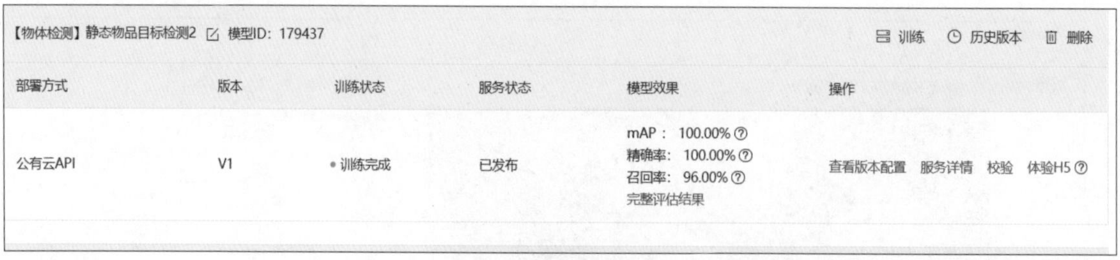

【物体检测】静态物品目标检测2 模型ID: 179437
训练 历史版本 删除
部署方式 版本 训练状态 服务状态 模型效果 操作
公有云API
V1
训练完成
已发布
mAP： 100.00%
精确率： 100.00%
召回率： 96.00%
完整评估结果
查看版本配置 服务详情 校验 体验H5

图3-67 模型已发布

在单击“体验H5”后，老用户可以直接创建应用，新用户会看到图3-37所示的“体验H5”对话框。单击“创建应用”按钮后，页面跳转到百度云网页创建应用。填写应用名称、应用归属、应用描述等必选内容后即可完成创建，如图3-68所示。

创建之后，返回图3-37所示的界面，单击“已完成创建，点击此处继续”，然后选择要发布的App名称，对模型和App之间进行关联，如图3-69（a）所示，然后单击“下一步”按钮，即可输入更多H5调用时展示给用户的信息，如图3-69（b）所示。

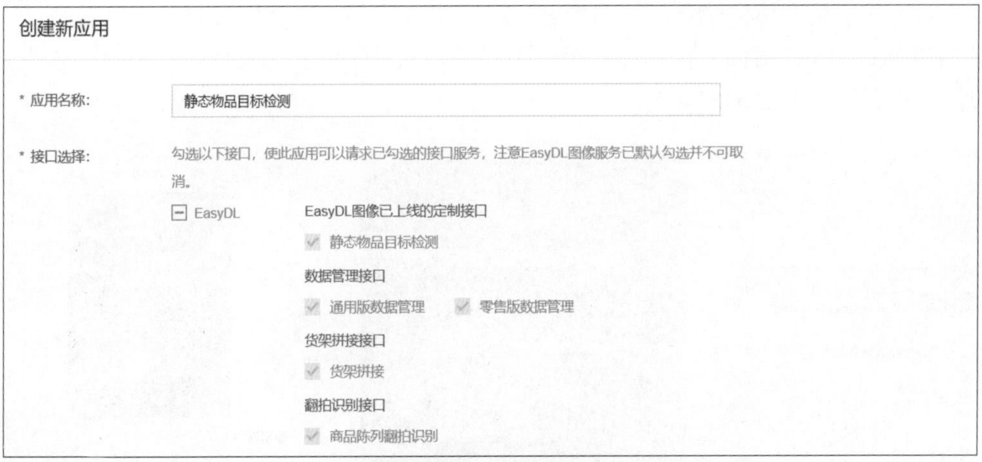

创建新应用
* 应用名称:
静态物品目标检测
* 接口选择:
勾选以下接口，使此应用可以请求已勾选的接口服务，注意EasyDL图像服务已默认勾选并不可取消。
EasyDL
EasyDL图像已上线的定制接口
静态物品目标检测
数据管理接口
通用版数据管理
零售版数据管理
货架拼接接口
货架拼接
翻拍识别接口
商品陈列翻拍识别

图3-68 应用创建详情

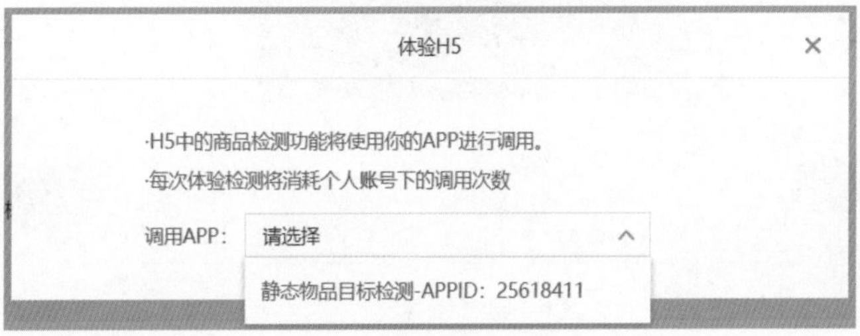

体验H5
·H5中的商品检测功能将使用你的APP进行调用。
·每次体验检测将消耗个人账号下的调用次数
调用APP:
请选择
静态物品目标检测-APPID: 25618411

（a）选择要调用的App

体验H5
1 体验H5说明
2 自定义样式
3 完成
静态物品检测
静态物品检测模型v2
识图一下
名称
静态物品检测
模型介绍
静态物品检测模型v2
开发者署名
河南理工大学
H5分享文案
静态物品检测模型v2
10/50
生成H5

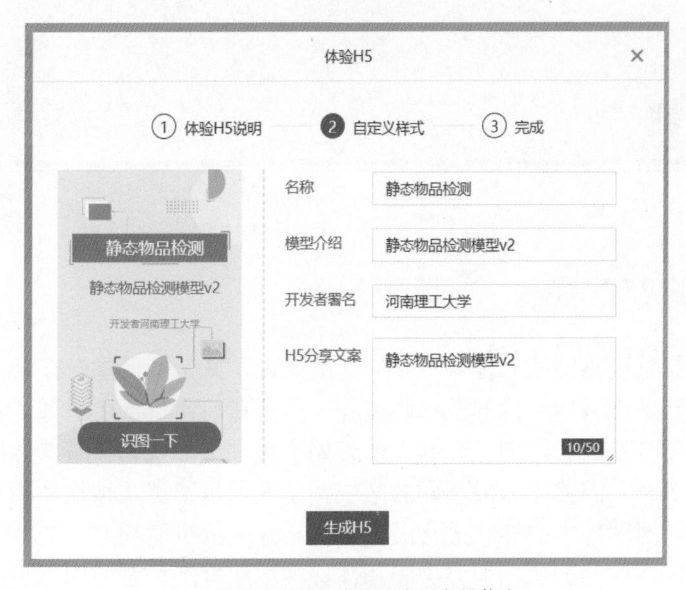

（b）设置H5调用时展示给用户的信息

图3-69 生成H5

上述内容填写完毕，单击“生成H5”按钮即可生成二维码。通过百度App或者微信扫一

扫功能，即可在手机端体验物体检测模型。

图3-70给出H5的封面、选择图像和识别结果。从结果中可以发现，模型对于较为复杂背景中的目标也有较好的检测效果。

（a）封面

（b）选择图像

（c）识别结果

图3-70 手机端操作

3.5 图像分割

3.5.1 图像分割的基本概念

图像分割是计算机视觉的核心任务之一，简单来说，就是把图像分成若干个特定的、具有独特性质的区域并提出感兴趣目标的技术和过程。虽然在日常生活中普通人对分割好像没有什么印象，但是在许多专业领域里图像分割技术无处不在，比如我们在查看导航地图时，卫星图像将建筑、道路、森林、湖泊等分成不同的区域，使人一目了然，再比如现代医学图像处理软件中，系统能够自动对图像中的病灶进行区域定位划分、测量面积等。

从技术角度看，图像分割比图像分类和物体检测更加复杂，是前面二者的升级技术，图像分割不但要将图像中的物体识别出来，而且要将每个识别出的物体分离并提取，也就是说，图像分割像用“一把剪刀”，将图像中识别出的物体一个一个地裁剪出来。

从理论角度看，图像分割需要大量的数学理论来支撑，比如聚类分析、阈值分析、边缘分析、模糊集理论等，代码实现需要有一定的数学理论和语言基础，对一般用户要求较高，不利于广泛应用。

百度公司的 EasyDL 平台内置图像分割的功能，并提供充足的算力，全程可视化简易操作，可实现零代码应用，用户只需要将数据上传到 EasyDL 平台，即可实现对数据的图像分割应用。

3.5.2 静态物品图像分割的问题分析和数据采集

1. 问题分析

本节将标准苹果叶片的分割作为例子对图像分割问题进行介绍，叶片是植物进行光合作用、蒸腾作用和合成有机物质的主要器官，叶片的生长发育状况直观反映植物生长情况和营养状况。准确快速地分割植物叶片并提取其面积、周长等几何参数值，可以预测植物的生长模型，监测病虫害，为合理栽培管理提供重要的数据支撑。

传统的测量植物叶片几何参数的手段有叶面积仪法、称重法、方格纸法等。叶面积仪法使用专业的叶面积测量设备，这种方法精确率较高、使用方便、速度快、操作简单，但价格较为昂贵、成本较高、开发难度大、维修不便。称重法使用称重工具对叶片质量进行称重，根据单位面积叶片质量和叶片密度指数计算叶片面积。该方法操作较复杂，测量大量叶片时效率较低，并且叶片的厚度不一致，密度不同，测量正确率受客观自然条件限制，无法测量除叶片面积外的其他参数信息。这些方法都需要专业人员经过长时间培训才能掌握，而且对专业设备要求较高，成本投入也较高。

基于 EasyDL 平台的苹果叶片分割可以克服以上问题，特别是不需要专业的仪器设备和专业的人员培训，大大提高了应用的效率。

标准苹果叶片图像分割模型的大致过程如下。

- 输入数据：用户上传的一张苹果叶片图像。
- 输出结果：图像中的叶片主体。

2. 数据采集

这里选取标准苹果叶片图像分割作为案例进行讲解，所用数据源自《中国科学数据》期刊 2016 年第 1 卷第 1 期文章《苹果品种标准叶片图像和光谱数据集》所提供的数据集。该数据集为公开数据集，包含 174 个品种，共 14.5 GB 的苹果叶片图像数据，数据采集规范，数量大。读者可访问《中国科学数据》期刊的官方网站下载数据并合理选择图像数据进行训练和测试。

苹果品种标准叶片图像数据集采集和制作详情如下。

- 采集工具：尼康 D90 型数码相机。
- 拍摄高度：40 cm。
- 拍摄角度：与水平面平行。
- 拍摄背景：蓝色标尺平板。
- 图像数量：8184 张，作为示例仅使用 40 张。
- 数据尺寸：4288 像素 ×2848 像素。

EasyDL 平台对数据大小和尺寸有如下要求。

- 数据大小：确保每张图像都小于 14 MB。
- 数据尺寸：长宽比小于 3:1，其中最长边需要小于 4096 像素，最短边需要大于 30 像素。

● 由于苹果叶片图像数据集中的图片尺寸较大，超过了 EasyDL 平台的限制，因此需要前期将所用苹果叶片图片缩小尺寸到 1200 像素 ×800 像素。

3.5.3 基于 EasyDL 平台的图像分割模型训练

1. 平台登录

访问 EasyDL 平台官方网站，使用百度账号或者百度云账号直接登录。

2. 选择产品模块

本节任务为图像分割。将鼠标指针移至“操作平台”，在弹出的菜单中单击“图像分割”，操作界面如图 3-71 所示。

3. 创建模型

单击左侧导航栏中“模型中心”组的“我的模型”，然后在右侧单击“创建模型”按钮，如图 3-72 所示，进入图 3-73 所示的创建模型详情界面。

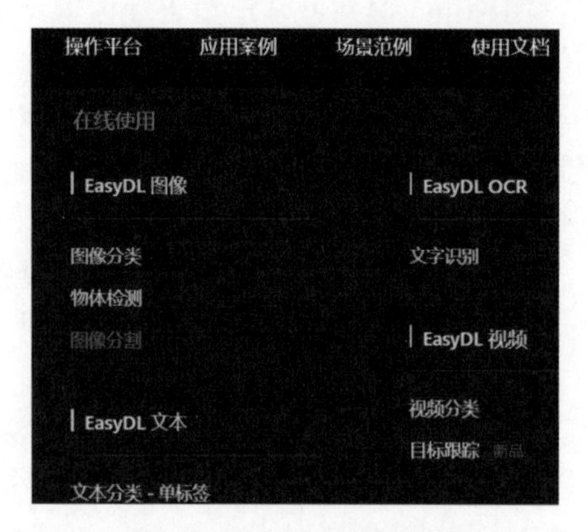

图 3-71　单击“图像分割”

图 3-72　单击“创建模型”按钮

图 3-73　创建模型详情界面

填写模型名称、邮箱地址、联系方式、业务描述等信息之后单击“完成”按钮，右侧出现下一个界面，如图 3-74 所示，EasyDL 平台自动为苹果叶片分割模型创建了一个 ID。

模型列表
创建模型
【图像分割】苹果叶片分割
模型ID：202643

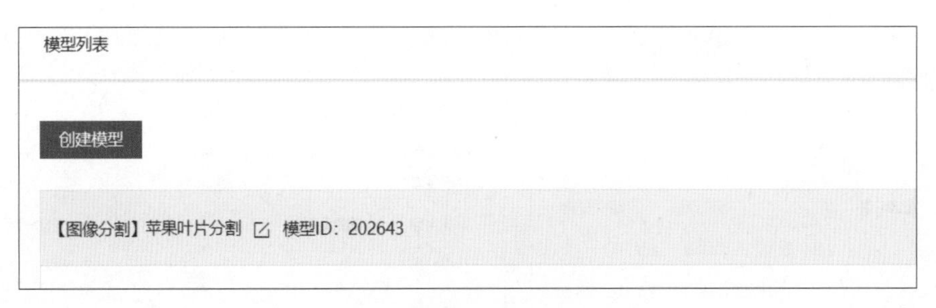

图 3-74 模型创建完成

4. 创建数据集

单击左侧导航栏中的“数据总览”，在右侧出现的界面中单击“创建数据集”按钮，打开创建数据集界面，如图 3-75 所示，在“数据集名称”文本框中填入对应的数据集名称。

我的数据总览 > 创建数据集
数据集名称
苹果叶片分割
数据类型
图片
数据集版本
V1
标注类型
图像分割
标注模板
实例分割
语义分割
完成

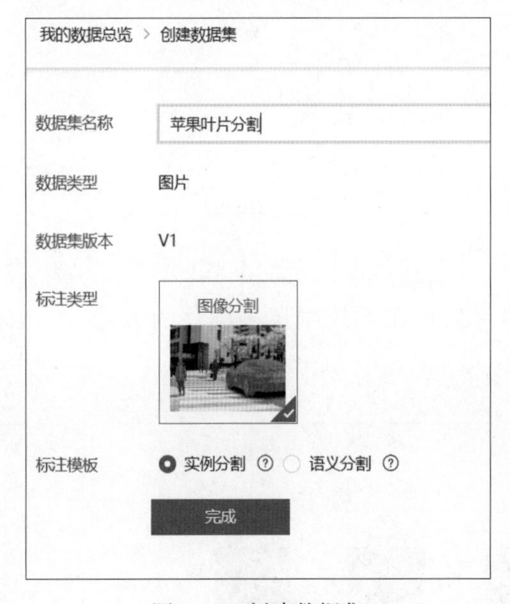

图 3-75 创建数据集

需要注意的是，这里的“数据类型”为“图片”,“数据集版本”为“V1”,“标注类型”为“图像分割”。单击“完成”按钮后进入图 3-76 所示的数据集详情界面。

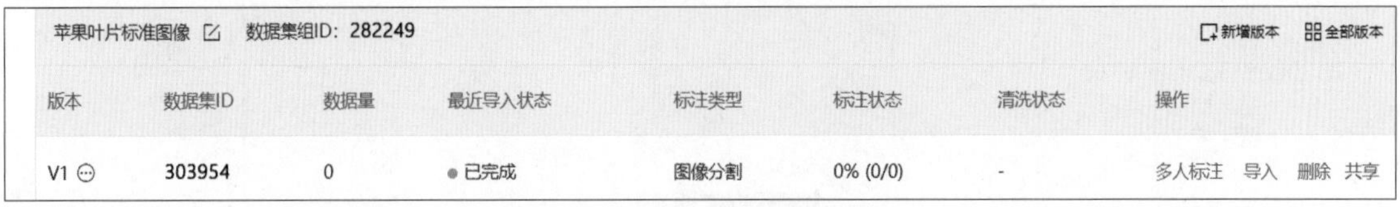

苹果叶片标准图像
数据集组ID：282249
新增版本
全部版本
版本
数据集ID
数据量
最近导入状态
标注类型
标注状态
清洗状态
操作
V1
303954
0
已完成
图像分割
0% (0/0)
-
多人标注
导入
删除
共享

图 3-76 数据集详情界面

5. 导入数据

单击图 3-76 右下角的“导入”，开始导入数据。数据导入界面如图 3-77 所示。

这里的数据导入方式与 3.3 节和 3.4 节介绍的类似，具体设置如图 3-78 所示，选中“无标注信息”单选按钮，在“导入方式”下拉列表中选择“本地导入”，在后面的下拉列表中选择“上传图片”。

图3-77　数据导入界面

图3-78　导入设置

本节采用直接上传图片后再在系统中逐一标注的方法。“上传图片”对话框如图3-79所示。

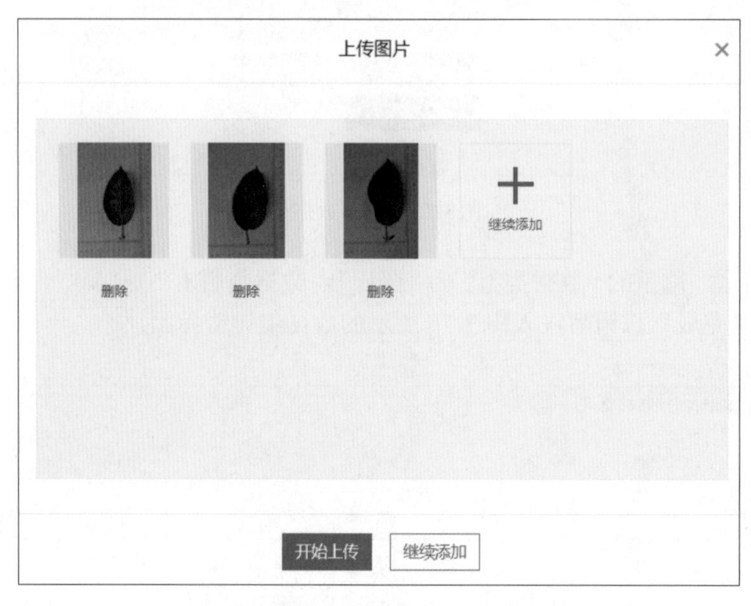

图3-79　“上传图片”对话框

6. 添加标签

上传数据后即可查看数据集状态，如图3-80所示。

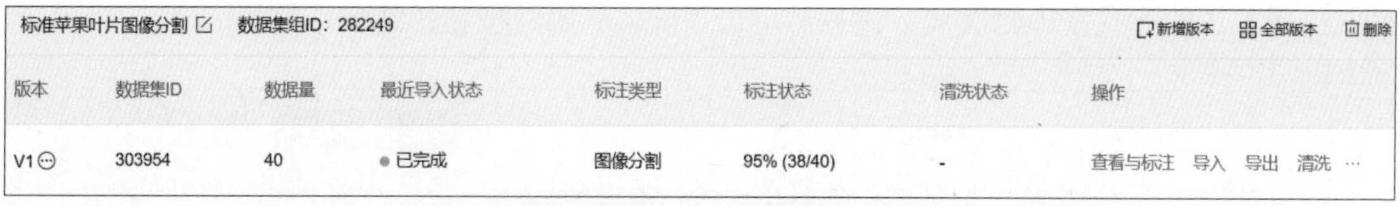

标准苹果叶片图像分割 数据集组ID：282249
新增版本 全部版本 删除
版本 数据集ID 数据量 最近导入状态 标注类型 标注状态 清洗状态 操作
V1 303954 40 已完成 图像分割 95% (38/40) - 查看与标注 导入 导出 清洗 …

图 3-80　数据集状态

由于上传的是无标注信息的图片，还需要借助平台对图片进行标注。添加标签的步骤可参考 3.3 节。添加标签的界面如图 3-81 所示。

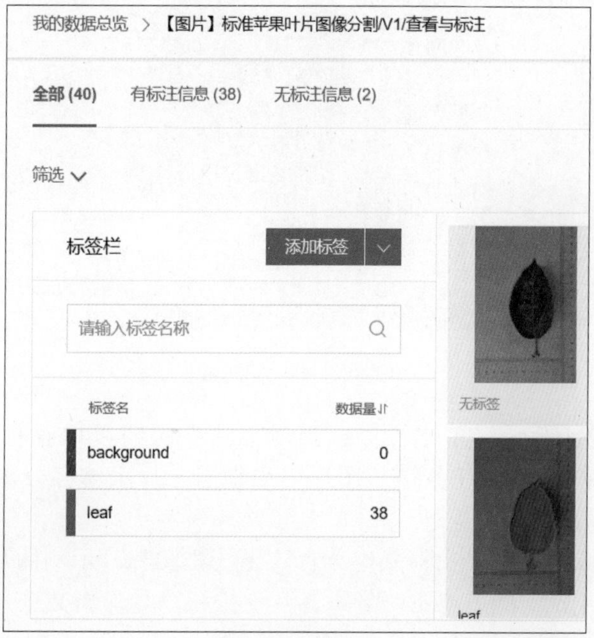

我的数据总览 > 【图片】标准苹果叶片图像分割/V1/查看与标注
全部 (40)
有标注信息 (38)
无标注信息 (2)
筛选
标签栏
添加标签
请输入标签名称
标签名
数据量
background 0
leaf 38
无标签
leaf

图 3-81　添加标签

接下来对图片进行标注。单击图片下面的☑图标，如图 3-82 所示，进入标注页面。

标签栏
添加标签
请输入标签名称
标签名
数据量
background 0
leaf 38
leaf
leaf
单击【编辑icon】即可进入"单张图片标注模式"
leaf
leaf

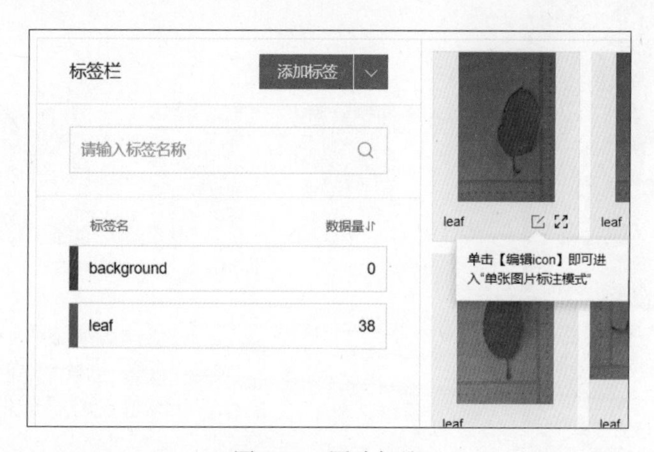

图 3-82　图片标注

标注过程如图 3-83 所示。按照悬浮的使用说明勾勒叶片主体。标注过程中可分别采用鼠标左击或右击的方式修饰轮廓线，满意后单击“确认轮廓”按钮，选择标签“leaf”。

图 3-83　图片标注过程

标注结果如图 3-84 所示，单击“保存当前标注”按钮以保存标注结果。需要注意的是，标准苹果叶片分割的主要任务是从图片中识别出叶片主体部分，因此可不做标注标签“background”，从而简化标注过程。

当前图片标注完成后，可单击箭头继续标注下一张图片。示例图片标注完成之后，属于“leaf”标签的图片有 4 张。然后单击“导入图片”按钮以导入新数据（共 36 张），如图 3-85 所示。

图 3-84　图片标注结果

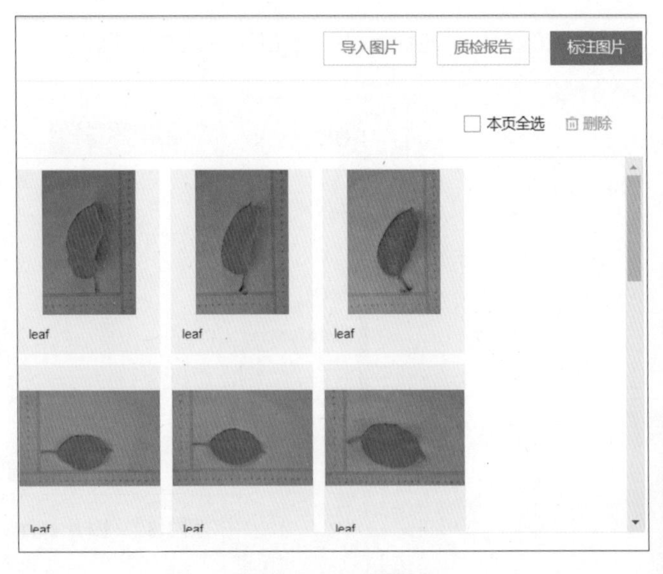

图 3-85　导入新数据

所有图片标注完成后回到“数据总览”页面，如图 3-86 所示。可见此时数据集内包含 40 张图片，为了方便实验，标注了 38 张，剩余 2 张未标注。

版本	数据集ID	数据量	最近导入状态	标注类型	标注状态	清洗状态
V1 ⊙	303954	40	● 已完成	图像分割	95% (38/40)	-

图 3-86　数据总览

7. 模型训练

导入数据后即可开始训练。训练配置和添加数据如图 3-87 所示。

图 3-87　训练配置和添加数据

单击“添加数据集”后的“请选择”按钮，在弹出的“添加数据集”对话框中单击＋图标，即可选择自己的数据集和标签，如图 3-88 所示，单击“确定”按钮，返回上一级页面，在该页面中单击“开始训练”按钮，系统开始训练，并跳转到模型训练页面，用户只需要等待模型训练完毕即可。

8. 训练结果分析

训练完成后，在“我的模型”页面可以看到模型训练的结果，如图 3-89 所示，单击“模型效果”列的“完整评估结果”，可以查看完整评估结果。

完整评估结果如图 3-90 所示。训练图片为 40 张，训练时间为 4 min，训练轮次 epoch 为 8，mAP、精确率和召回率均为 100%。

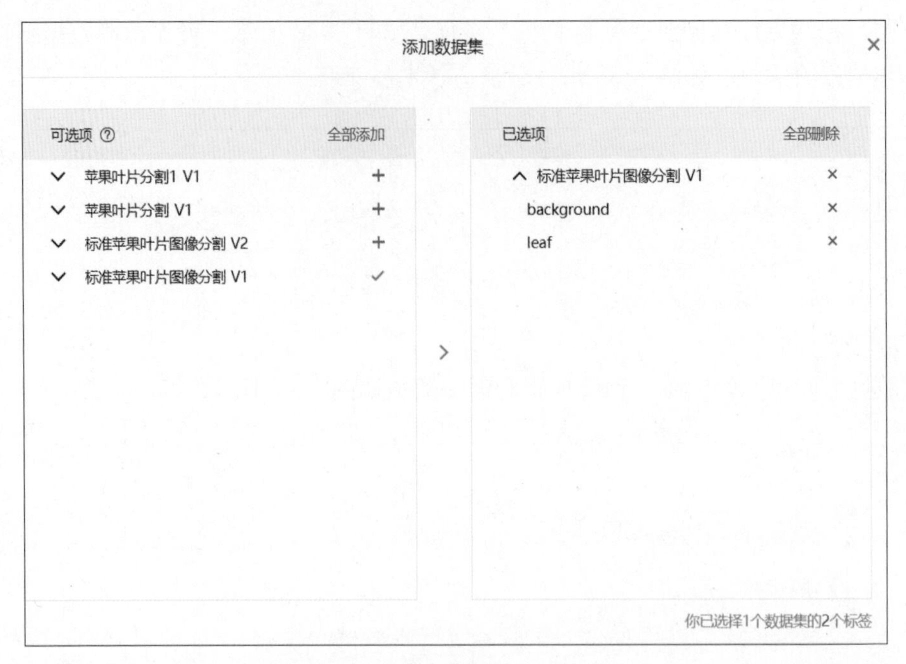

图 3-88 “添加数据集”对话框

【图像分割】标准苹果叶片图像分割 模型ID：179344 训练 历史版本 删除

部署方式	版本	训练状态	服务状态	模型效果	操作
公有云API	V1	训练完成	已发布	mAP：100.00% 精确率：100.00% 召回率：100.00% 完整评估结果	查看版本配置 服务详情 校验 体验H5

图 3-89 训练结果

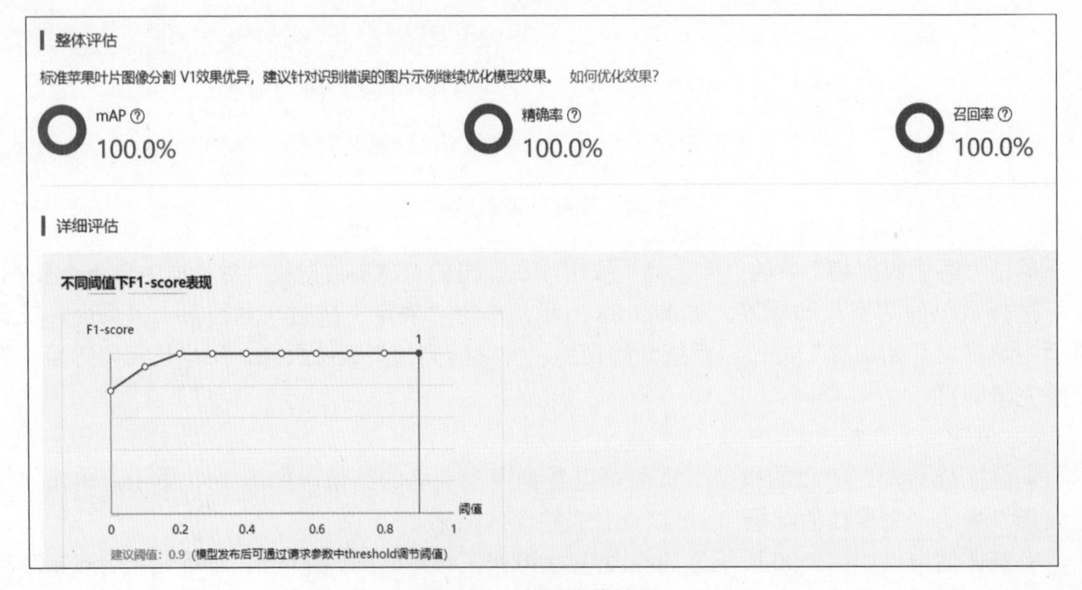

图 3-90 完整评估结果

3.5.4 模型校验

单击左侧导航栏中的“校验模型”，右侧显示“校验模型”界面，如图 3-91 所示，单击“启动模型校验服务”按钮唤醒服务器。

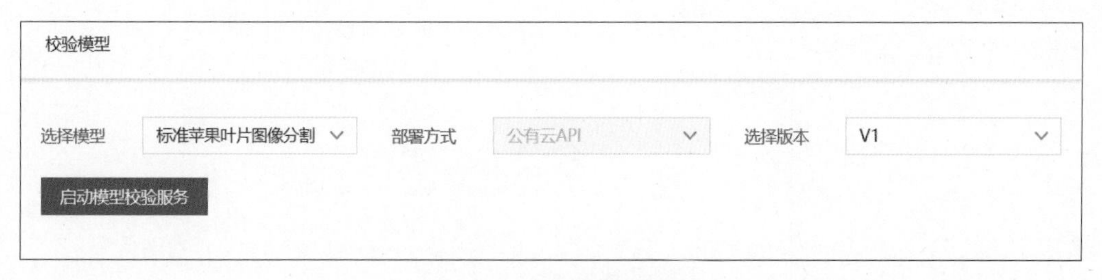

图 3-91　校验模型界面

若在模型训练过程中生成了多个版本，可以根据需要选择合适的版本进行校验。唤醒服务器后即可添加图片进行校验。服务器在远程处理后会迅速返回校验结果。

图 3-92 给出了标准苹果叶片分割的结果，其中包括识别区域归属为某个类别的置信度。该图像中的识别区域被认为是“leaf”标签的概率为 99.55%，如此高的概率就可以认定该区域就是苹果叶片的主体部分而不是背景部分。

图 3-92　校验结果

3.5.5 模型发布

单击左侧导航栏中的“发布模型”，在打开的“发布模型”界面中填写信息，完成后单击“提交申请”按钮，如图 3-93 所示。

发布模型
选择模型
标准苹果叶片图像分割
部署方式
公有云部署
选择版本
V1
服务名称 *
苹果叶片图像分割
接口地址 *
leafsegmentat
其他要求
若接口无法满足您的需求，请描述希望解决的问题，500汉字以内
0/500
提交申请

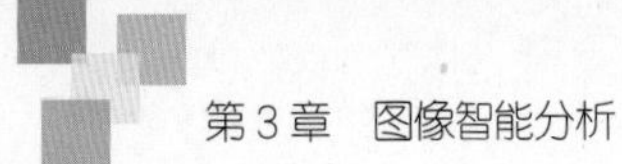

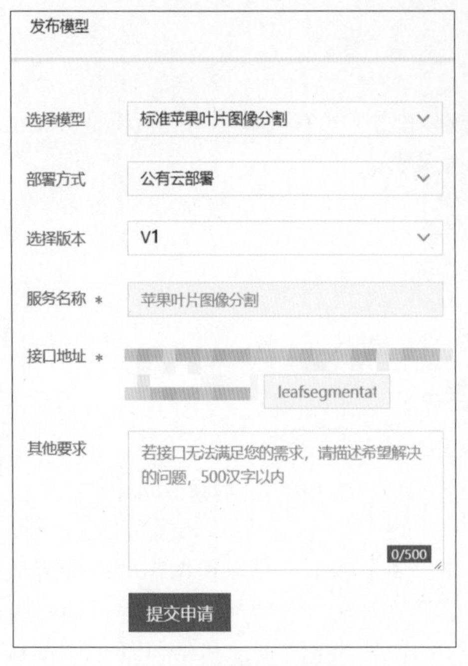

图 3-93　模型发布详情

模型发布需要等待服务器生成相关文件。当服务状态变为“已发布”时，即可单击“服务详情”，如图 3-94 所示，出现图 3-95 所示的“服务详情”对话框。单击“立即使用”按钮后登录百度智能云控制台创建应用，如图 3-96 所示。

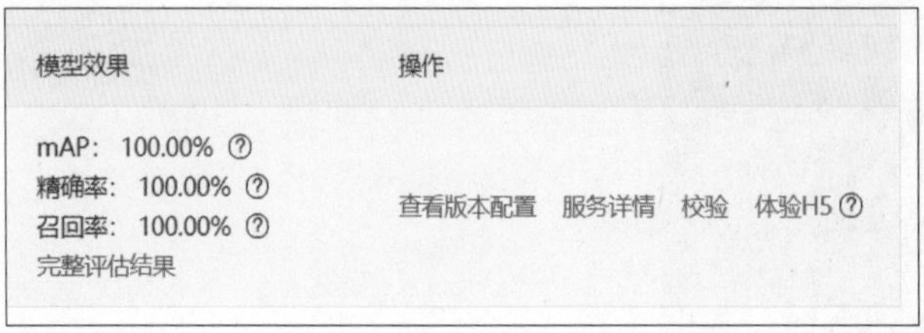

模型效果
操作
mAP：100.00%
精确率：100.00%
召回率：100.00%
完整评估结果
查看版本配置　服务详情　校验　体验H5

图 3-94　单击“服务详情”

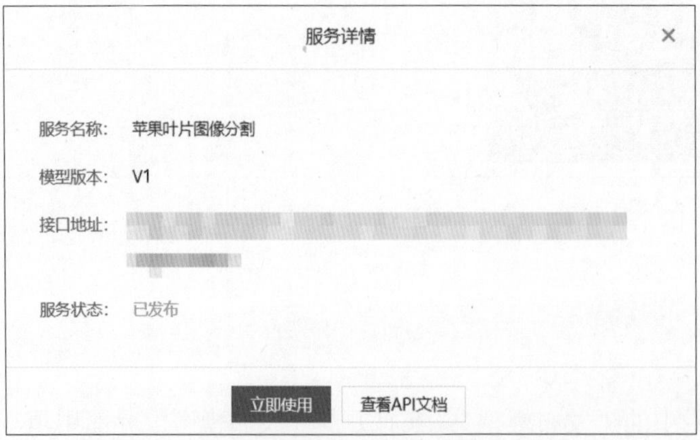

服务详情
服务名称：苹果叶片图像分割
模型版本：V1
接口地址：
服务状态：已发布
立即使用
查看API文档

图 3-95　“服务详情”对话框

+创建应用

	应用名称	AppID	API Key	Secret Key	创建时间	操作
1	苹果叶片图像分割	25595199	GbDdhnP3U24MMbeCwAjHWws6	******* 显示	2022-02-11 10:50:26	报表 管理 删除

图 3-96 创建应用

单击“创建应用”按钮，打开创建应用详情界面，如图 3-97 所示，填写应用名称、应用归属、应用描述等内容。

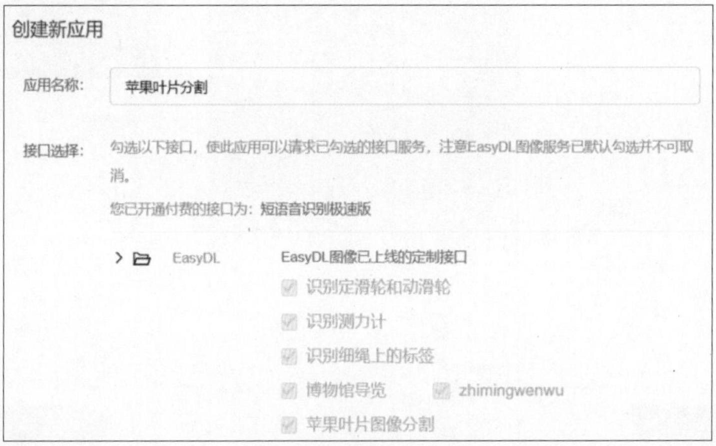

创建新应用

应用名称: 苹果叶片分割

接口选择: 勾选以下接口，使此应用可以请求已勾选的接口服务，注意EasyDL图像服务已默认勾选并不可取消。

您已开通付费的接口为：短语音识别极速版

EasyDL　EasyDL图像已上线的定制接口

识别定滑轮和动滑轮

识别测力计

识别细绳上的标签

博物馆导览　zhimingwenwu

苹果叶片图像分割

图 3-97 创建应用详情

创建之后，返回图 3-94 所示界面，单击“体验 H5”，打开“体验 H5”对话框。然后选择要发布的 App 名称，对模型和 App 之间进行关联，接着单击“下一步”按钮，即可输入更多 H5 调用时展示给用户的信息——名称、模型介绍、开发者署名和 H5 分享文案，如图 3-98 所示。

体验H5

① 体验H5说明　② 自定义样式　③ 完成

标准苹果叶片图像分割

分割叶片主体部分

开发者goAI

识图一下

名称: 标准苹果叶片图像分割

模型介绍: 分割叶片主体部分

开发者署名: goAI

H5分享文案: 用于分割出标准叶片图像中的叶片主体部分　19/50

生成H5

图 3-98 “体验 H5”对话框

上述内容填写完毕，单击“生成H5”按钮即可生成二维码。通过百度App或者微信扫一扫功能，即可在手机端体验分割模型。

图3-99给出H5的封面、选择图像以及标准苹果叶片图像分割结果。

（a）封面

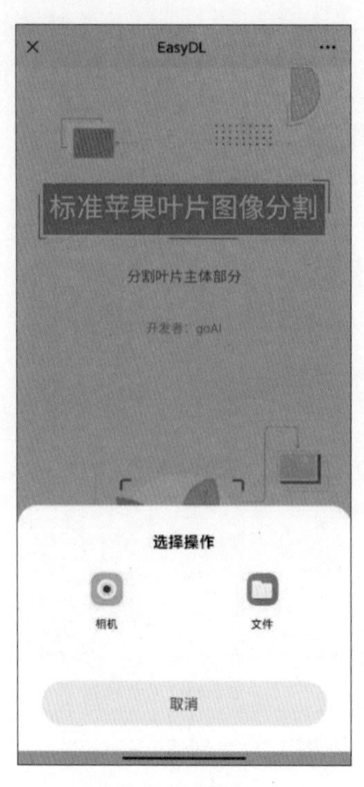

（b）选择图像

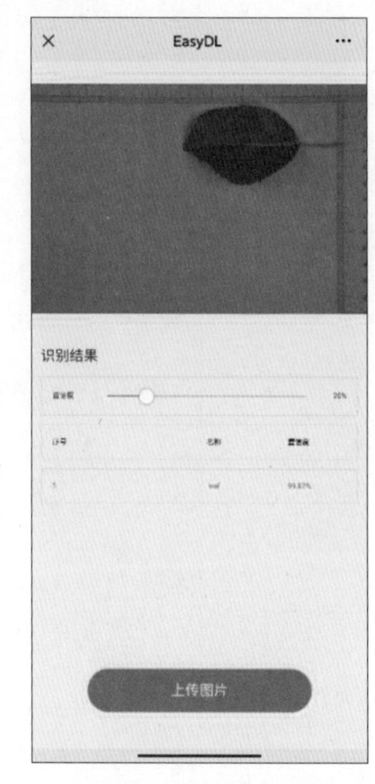

（c）标准苹果叶片图像分割结果

图3-99　手机端操作

小结

本章以图像分类、物体检测和图像分割为基础介绍了图像智能分析的基本概念和应用方法，并选取典型应用问题，利用EasyDL平台详细说明了具体操作流程。由于篇幅所限，内容仅限于平台的基本操作方法。图像分析的应用领域非常广泛，涵盖了从日常生活、商品零售到工业质检、遥感图像分析等多种场景，读者可以发挥自己的想象力和创造力，创作图像分类、物体检测和图像分割模型及其组合，推动人工智能产品的落地与应用，并充分考虑法律、道德、伦理、社会等因素，构造和谐的智能化社会。

数据标注对于图像处理模型训练而言是非常重要的。EasyDL平台提供智能标注服务，百度AI市场也提供标注服务。本书附录C介绍了使用专业标注软件labelImg进行物体检测的线下标注和上传到EasyDL平台的操作方法，读者可以根据实际情况灵活选择数据标注方式。

练习

1. 对于本章中的苹果叶片图像分割任务，增加苹果叶片种类，验证并分析分类效果。

2. 对于本章中的物体检测任务，自己使用手机拍摄，将每个种类的数据集增至每类100张图片，训练新模型，对比新旧模型的检测效果，并给出5个检测失败的例子。

3. 对于本章中的物体检测任务，使用他人手机采集的数据进行校验，验证模型对于跨设备、跨数据库的检测效果，并给出10个检测失败的例子，分析拍摄工具、图像大小、角度、光线等因素对模型的影响。

4. 讨论在校园失物招领场景中，如何处理身份证、银行卡、校园卡等带有个人隐私信息的物品。

5. 以2～4人一组展开分组讨论，自拟题目、自己定义应用场景并自己采集数据（部分数据可以来源于网络），综合使用两种或两种以上的图像分析模型，发布模型并请他人进行调用。

第4章　文本智能分析

文本智能分析就是利用计算机完成对文本中的字、词、句、篇章进行识别、分析、理解、生成等操作。文本智能分析可帮助人们高效完成文本分类、归纳、提炼、校验审核、关键信息提取、搜索、翻译、自动问答等工作。

本章介绍 EasyDL 平台的文本智能分析功能。

4.1 自然语言处理与文本

自然语言处理（Natural Language Processing，NLP）是人工智能和语言学领域的一个重要分支，其目的在于通过使用计算机工具代替人工的方式进行大规模自然语言信息的处理，主要研究计算机与人类语言之间的相互作用，特别是如何设计计算机程序以高效理解、处理和运用大量的自然语言数据。

在大数据时代的今天，通过互联网超文本链接的交流方式，众多的个人、团体、公司、政府等不同组织形态的主体均深深嵌入互联网世界中，在此过程中产生大量的文本信息，涉及社会、工业、管理、经济、营销和金融等不同学科领域。那么如何在这些领域中借助计算机和相应的方法有效且快速地进行文本整理、理解、分析和运用，充分发挥文本数据的内在价值，显得尤为重要。

就文本处理过程而言，主要涉及两类主体——文本生产者和文本消费者。文本生产者是产生文本的主体，进行内容的传递；文本消费者是阅读文本的主体，进行内容的理解和使用，进而指导认知活动。典型的使用场景包括：电商评论中，用户意见分析，如评论分类、观点抽取与分析、用户情感分析等；商品推荐中，商品信息分类和相似商品推荐等；媒体工作中，新闻分类、审核与优化，如多标签分类、关键内容抽取、内容审核、摘要 / 标题生成、标题相似度分析、读者评论分析、兴趣画像匹配等；金融领域中，文档处理、不良信贷风控等。

EasyDL 平台采用百度大脑文心的语义理解技术，通过集成先进的预训练模型、全面的 NLP 算法集、端到端开发套件和平台化服务于一体，为企业和开发者提供了一整套 NLP 的定制与应用能力，具体表现为在自然语言处理方向上支持灵活、简单、高效的文本模型定制方式，具备可视化的全流程技术引导、序列化的全功能服务衔接、多样化的结果运用等特点，适合零基础代码和追求高效率开发的企业用户和个人开发人员。目前 EasyDL 平台提供的模型主要包括如下 4 种。

- 文本分类：二分类、多分类、单文本多标签，常用于推荐、质检、内容分类等需求。
- 短文本相似度：语义的相似度计算，常用于对话、推荐、知识构建等需求。
- 序列标注：通过训练模型可实现定制化的基础文本处理功能，如分词、实体识别、实体关系识别等，同时在快递单自动抽取、合同信息抽取、信息结构化等方面有着广泛应用。
- 情感倾向分析：对包含主观信息的文本进行情感倾向性判断，情感极性分为积极、消极、中性，常应用于舆情分析、电商评论分析等需求。

用户在 EasyDL 平台上通过可视化的操作进行文本处理模型的开发，整个流程简单高效，利用 EasyDL 平台已经积累的成熟算法和技术可以快速生成和发布 AI 模型，一般流程如下。

（1）在使用 EasyDL 平台之前，明确研究的领域以及待解决的具体业务需求。

（2）访问 EasyDL 平台官方网站，平台首页如图 4-1 所示。

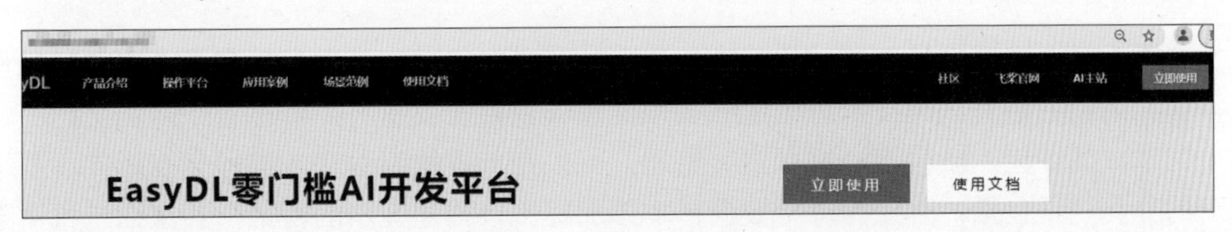

图 4-1　EasyDL 平台首页

（3）单击图 4-1 中的“立即使用”按钮，界面上会弹出“选择模型类型”窗口，其中列举了 EasyDL 平台支持的所有模型类型，并按类排列。用户可以根据任务需求选择相应的模型类型，如图 4-2 所示。

图 4-2　EasyDL 平台的模型类型

（4）按照数据准备、模型训练与校验、模型发布的顺序完成模型的训练，其中在给定数据后，训练与校验过程可以根据实验结果迭代优化。

本章将介绍文本分类、短文本相似度分析和情感倾向分析 3 类应用方向。

4.2 文本分类

文本分类是自然语言处理领域的基础任务之一，是自然语言处理中最容易开展实际操作的任务，其利用自然语言处理技术对给定的文本信息（包括长文本，如资讯、新闻、文档等，也包括短文本，如评论、微博等）进行归类整理，可以简单理解为对文本进行类别标注。基于机器学习的分类过程包括：首先为每个数据样本添加标签，构建文本的特征；其次通过机器学习方法来训练特征和标签之间的映射关系；最后对未知文本进行标签预测和关联。所以，本质上，文本分类问题是将一篇文档归入预先定义的几个类别中的一个或几个。

在实际使用场景中，文本信息的数据量大、时效性高，比如客服对话文本、消费者发表的口碑评价、每时每刻产生的海量新闻资讯等，传统的人为分析模式几乎不可能顺利完成任务，需要借助计算机对文本进行自动分类和标注标签。因为从应用角度看，文本标签是一类概括程度高、语义简明扼要、用户耳熟能详的词或短语，基于标签标注的文本表示可以很好地为后续的文本分类、分析、推荐等功能提供基础。

目前 EasyDL 平台上的文本分类模型包括文本分类 - 单标签和文本分类 - 多标签，可以根据具体的业务场景来选择合适的模型。例如，对于网络文章的审核，当需要进行舆情分析时，可能关注点在于舆情是正向评价还是负向评价，那么此问题属于单标签的文本分类场景；当进行文章的版块划分时，文章可能属于娱乐、科技、生活等多个标签，可以使用多标签的文本分类模型。

4.2.1 问题分析

在创建和训练模型之前，需要进行问题分析，即明确模型的使用场景和功能需求。现在有的企业为了提高新闻推荐的效率和智能化水平，提出了对新闻资源进行主题划分的初步需求，需要对已获取的新闻报道进行整理、匹配与归类。传统的人工审核方式在操作过程中需要阅读大量的文本数据进行主题判断，这极大地消耗了员工的时间和精力，有必要借助计算机和机器学习技术对新闻自动进行分类，以提高工作效率、节省成本。

2022 年 2 月—3 月发生了一些重大新闻事件，国际上有俄乌冲突局势，国内有北京冬奥会的举办。在此背景下，企业经分析认为多数用户可能比较关注军事（military）、金融（finance）、体育（sports）和农业（agriculture）领域的报道。因此任务是从新闻集中获取与军事、金融、体育、农业主题相关的报道文档，借助 EasyDL 平台的文本分类功能实现快速、准确的分类。

为此可以先利用爬虫工具或者文本复制等手段从新浪、腾讯、搜狐等众多大型媒体网站上获取一定数量的热点文章并以电子表格、文本或者压缩包的形式存储在本地计算机中，作为数据样本。关于存储的详细要求可查阅 4.2.3 节中的数据上传部分。然后对每篇文章逐个进行人工标注，即打上相应的标签，如果文章与这 4 个主题都不相关，则可以丢弃。假设决定采用电子表格存储文本数据。表 4-1 为一条已标注文本对应的表格格式，表中第 1 列为文本数据，第 2 列及后面的列都为标注信息列，标注信息只支持字母和数字。如果认为一篇报道属于多个类，则可以标上多个标签。当然也可以先不标注，而把标注工作放在 EasyDL 平台上在线进行。不过为了减少无关文章的数量，建议在上传数据前完成文本的标注。样本数据准备好后，下一步可以在 EasyDL 平台上创建模型。

表 4-1　文本分类数据的电子表格格式

文本	标签 1	标签 2
据农业农村部监测，2 月 25 日“农产品批发价格 200 指数”为 130.02，比昨天上升 0.38 个点，“菜篮子”产品批发价格 200 指数为 132.78，比昨天上升 0.43 个点。	agriculture	finance

4.2.2 模型创建

首先在 EasyDL 平台上选择“文本分类 - 多标签”模型或“文本分类 - 单标签”模型，进

入相应模型的“总览”界面。然后单击左侧导航栏中“模型中心”组的“我的模型”，查看已经建立好的模型。如果模型列表中没有满足需要的模型，则需要创建，通过单击右侧的“创建模型”按钮或者左侧导航栏中“模型中心”组的“创建模型”完成，如图4-3所示。

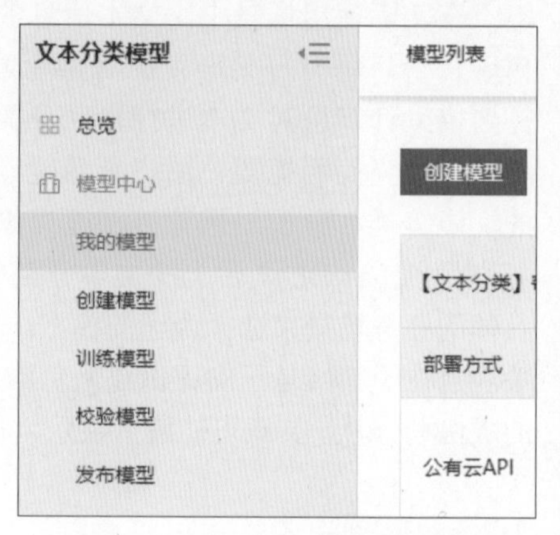

图4-3 准备创建文本分类模型

在创建模型时需要输入一些必要的信息，如图4-4（a）所示。该图是“文本分类-多标签”模型的创建窗口。首先填写模型名称，此处输入“新闻分类示例”。然后进行模型归属的选择。当选择身份为企业管理者或者企业员工时，还需要填写公司名称，选择所属行业和应用场景。当选择为学生或者教师时，则不需要考虑所属行业和应用场景的选择。最后输入邮箱地址、联系方式和业务描述，业务描述部分建议体现模型的主要功能，要求字数为10字以上，单击“完成”按钮进入下一个界面。模型创建成功后，可以单击左侧导航栏中的“我的模型”，在打开的“模型列表”界面中查看和修改。如果用户选择“文本分类-单标签”模型，则模型的创建窗口会有所不同，如图4-4（b）所示，其中增加了任务场景，用户可以根据文本中字符个数和语言进行选择，如短文本分类任务、长文本分类任务和多语种文本分类任务。考虑到本案例为多标签的新闻分类问题，因此选择模型类别为“文本分类-多标签”。

模型类别 文本分类-多标签
模型名称 * 新闻分类示例
您的身份 企业管理者 企业员工 学生 教师
学校名称 河南理工大学
邮箱地址 * 5**********@qq.com
联系方式 * 132*****799
业务描述 * 0/500
完成

（a）“文本分类-多标签”模型

（b）“文本分类-单标签”模型

图4-4 文本分类模型的创建窗口

4.2.3 数据准备

在模型开始训练前，需要先将样本数据上传到EasyDL平台，该过程主要涉及数据集的创建、数据上传、数据去重和数据标注。EasyDL 平台对训练数据的管理（增、删、改、查）有两种方式：一种是直接在界面内进行管理；另一种是使用数据集管理 API 通过调用服务接口进行管理。同时，EasyDL 平台提供了若干公开的案例数据集供用户学习。

1. 数据集的创建

数据集可以包含具有多个分类标签的文本数据，每个文本样本对应多个标签。在创建数据集之前，建议先设计整个数据集的分类体系，即抽象出文本所需识别的标签，同时标签也是期望识别出的类别结果。例如识别新闻的内容类型，可以将“军事”“金融”“体育”“农业”等作为一个分类标准；如果在审核场景中通过文本来判断是否出现广告，可以设计为“正常”“不正常”两类，或者“正常”“异常原因一”“异常原因二”“异常原因三”等多类。

数据集的具体创建过程如下。

（1）单击左侧导航栏中“EasyData 数据服务”组的“数据总览”，在打开的“我的数据总览”界面中可以查看到之前使用过的数据集。若需要上传新的数据则单击“创建数据集”按钮，弹出创建数据集的界面，如图 4-5（a）所示。如果创建的模型为单标签类型，那么创建数据集的界面与多标签类型对应的界面在“标注模板”上稍有不同，如图 4-5（b）所示。标注模板的选择将依据创建模型的类型而定。

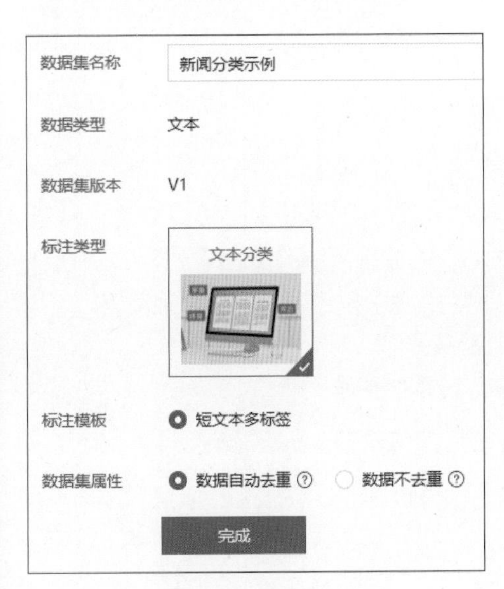

（a）“短文本多标签”模板

（b）“短文本单标签”模板

图 4-5　文本分类数据集创建

（2）在创建数据集的界面中，需要输入数据集名称，并选择标注模板和数据集属性。其中短文本和长文本的区别是文本所包含的字符个数不同，具体指短文本的字符个数范围为小于 512，长文本则为 512 ～ 10 000。关于是否对数据进行去重以及如何去重，详细方法见本节后面的介绍。如果待导入的数据集是中文简体 / 繁体，则选中“短文本单标签”单选按钮；如果待导入的数据集是非中文的其他语言，则选中“多语种文本单标签”单选按钮。

（3）单击“完成”按钮后，在“我的数据总览”界面中可以看到刚创建的空数据集，其中包括数据集的相关属性，如版本、数据集 ID、数据量、最近导入状态、标注类型、标注状态等，如图 4-6 所示。

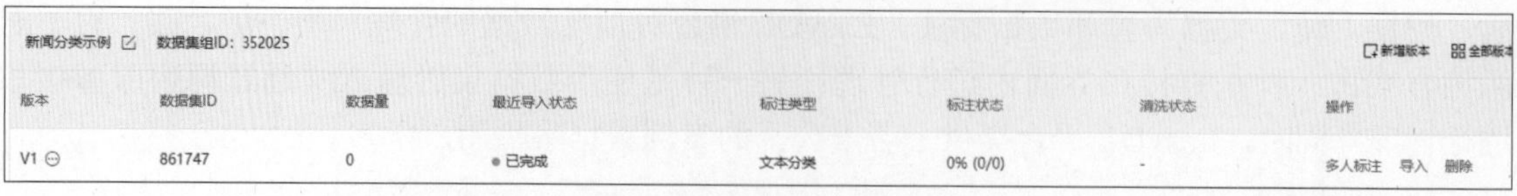

新闻分类示例　数据集组ID：352025　　新增版本　全部版本

版本	数据集ID	数据量	最近导入状态	标注类型	标注状态	清洗状态	操作
V1 ⊖	861747	0	● 已完成	文本分类	0% (0/0)	-	多人标注　导入　删除

图 4-6　刚创建的数据集

在基于分类标签准备文本数据时，针对每个标签，建议准备 50 个以上的文本数据；如果想获得较好的效果，建议文件数量在 1000 个以上；如果某些分类的文本具有相似性，则需要增加更多文本。

2. 数据上传

在“我的数据总览”界面中单击已创建的空数据集“操作”列的“导入”，进入数据导入设置界面，如图 4-7 所示。可以在这里上传有标注信息或无标注信息的文本数据。目前 EasyDL 平台支持的数据导入方式包括本地导入、BOS 目录导入、分享链接导入、平台已有数据集 4 种。当选择“本地导入”时，可以选择具体的数据存储文件格式，如 Excel 电子表格文件、txt 文本文件和压缩包，具体的文件格式说明见表 4-2。本案例中选择以 Excel 电子表格文件的形式上传数据。

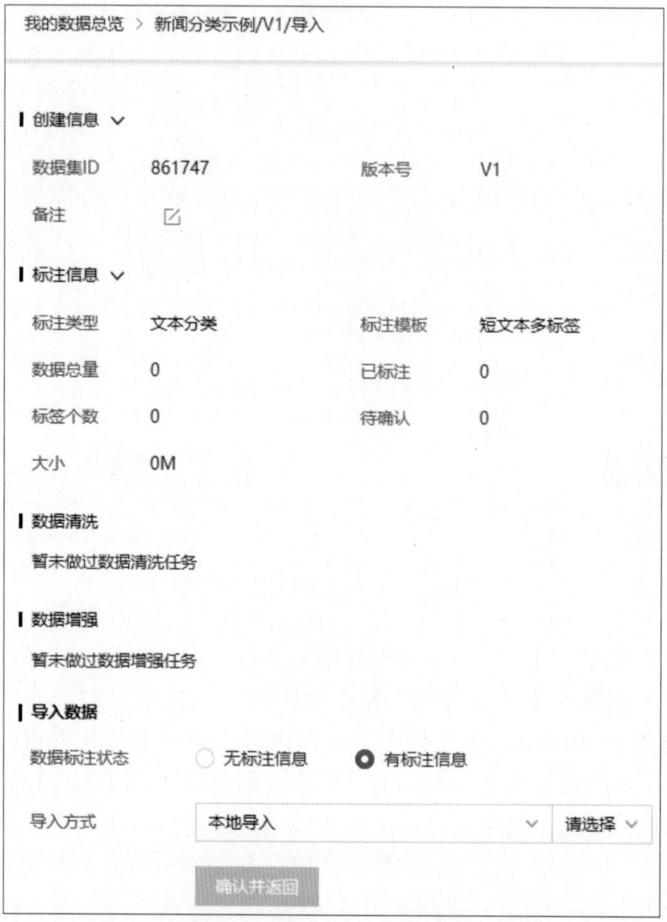

我的数据总览 > 新闻分类示例/V1/导入

创建信息

数据集ID　861747　　版本号　V1

备注

标注信息

标注类型　文本分类　　标注模板　短文本多标签

数据总量　0　　已标注　0

标签个数　0　　待确认　0

大小　0M

数据清洗

暂未做过数据清洗任务

数据增强

暂未做过数据增强任务

导入数据

数据标注状态　○ 无标注信息　● 有标注信息

导入方式　本地导入　请选择

确认并返回

图 4-7　数据导入设置界面

表 4-2 文本分类数据存储文件格式及说明

数据存储文件格式	具体说明	备注
Excel 电子表格文件	（1）有标注数据时，每行是一个样本，包含两列：第一列为文本内容，第二列为对应标签列或标签 （2）无标注数据时，每行的样本只包含一列	文件类型支持 xlsx 格式，单次上传文件个数上限为 100 个；每个样本的字符数不超过 4096；首行作为表头将被系统忽略
txt 文本文件	（1）无标注数据时，文本文件内数据格式要求为“文本内容 \n”（即每行一个未标注样本，使用回车键换行） （2）有标注数据时，文本文件内数据格式要求为“文本内容 \t 标签 \n”（即每行一个标注样本，使用 Tab 键将文本内容与标签分开，使用回车键换行）或“文本内容 \t 标注标签 \t…标注标签 \t\n”	文本文件类型支持 txt 格式，编码仅支持 UTF-8，单次上传限制 100 个文本文件
压缩包	（1）无标注数据时，压缩包就是上传的所有文本数据，每一个文本文件将作为一个样本上传 （2）有标注数据时，标注文件的命名方式包含两种：以文件夹命名，压缩包内按照文本类别数量分为多个文件夹，以文件夹名称作为文本类别标签，文件夹下的所有文本文件作为样本，如果一个样本有多个标签，则从属于多个文件夹；以 json 类型的文件名作为标签，压缩包内仅支持单个文本文件（txt 格式）及同名的 json 格式标注文件的上传，可传多组样本	压缩包为 .zip 格式，文本文件类型支持 txt 格式，编码仅支持 UTF-8

3. 数据去重

在样本数据中，不可避免地存在数据重复的情况。为此这里先给出重复样本的定义：上传的数据中若存在两个文本内容完全一致的样本，则判定这两个样本是重复样本。在表 4-3 中，3 个样本均为重复样本，后两个样本虽然标签不相同，但文本内容一致，也为重复样本。根据文本出现的顺序，最后一个重复样本将代替之前的重复样本。EasyDL 平台提供了可去重的数据集，即对上传的数据进行重复样本的去重。注意，当确定了数据集为去重或非去重的属性后，便不可修改。

表 4-3 样本示例

文本内容	标签
未来的学和教正在改变，学生将会在家里学习，机器人将走上讲台。	education/science
未来的学和教正在改变，学生将会在家里学习，机器人将走上讲台。	education/science
未来的学和教正在改变，学生将会在家里学习，机器人将走上讲台。	AI/robot

当创建了一个去重的数据集时，在后续上传数据的过程中，EasyDL 平台可检验当前上传的样本与已上传到该数据集中的样本是否相同，如果相同，则会使用新的样本替代旧的样本。此时分为 3 种情况。

- 数据集中有未标注样本，上传重复的已标注样本，此时未标注样本将被覆盖。
- 数据集中有已标注样本，上传重复的未标注样本，此时已标注样本将被覆盖。
- 数据集中有已标注样本，上传不同标注的已标注样本，此时已有的标注样本将被覆盖。

4. 数据标注

当上传的文本数据为未标注状态时，可以进行人工标注。在“我的数据总览”界面中单击

数据集“操作”列的“标注”，打开“标注”界面，如图 4-8 所示。从该图中可以看到，左边为数据样本显示区域，在该部分可以进行显示文本、删除文本、切换文本和标注文本的操作；右边为标签栏，支持标签的添加、删除、选择和重命名操作。

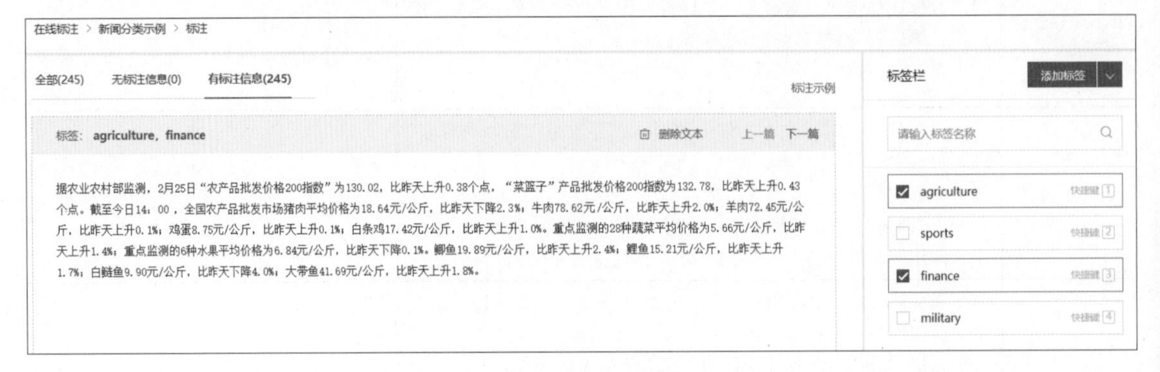

图 4-8　数据标注

当上传的文本数据为已标注状态时，也可以进入“标注”界面，进行标注信息的检查和修改，在模型训练前要保证每个数据样本都有标签。例如，对于图 4-8 中的新闻内容，如果用户觉得只打上“agriculture”标签就可以，则可以删除“finance”标签，如图 4-9 所示。

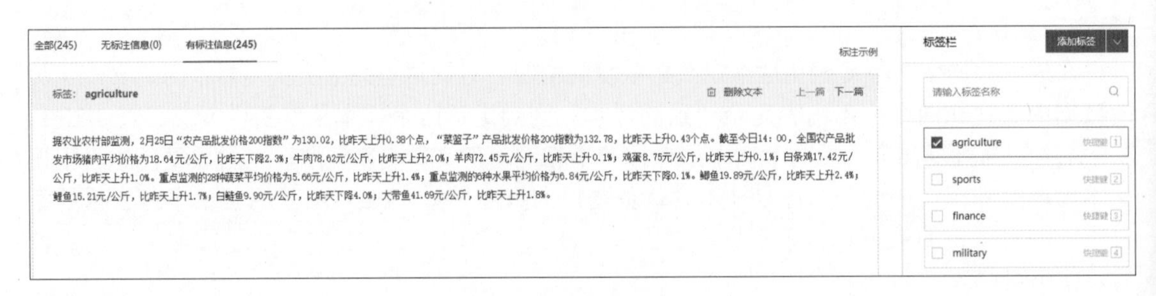

图 4-9　修改数据标签

4.2.4　模型训练

在完成数据准备后，接着进行模型训练。模型成功创建后，可以通过单击“模型中心”组中的“我的模型”，在“模型列表”界面中单击对应模型的“训练”按钮或者直接单击左侧导航栏中“模型中心”组的“训练模型”，即可打开模型训练前的参数配置窗口，如图 4-10 所示。首先选择训练对象，即被训练的模型，然后进行模型训练的参数配置。模型的部署方式包含“公有云部署”和“EasyEdge 本地部署”两种，其中公有云方式无须考虑硬件和软件的环境限制，而 EasyEdge 方式只支持 Linux 操作系统和特定的处理器。在训练算法选择上，有两个运算目标——高精度和高性能。如果标注的数据集样本数较少（例如少于 1000 条），建议选择“高精度”算法。使用高精度算法将会耗时更久，比如实验环境中有 1000 个样本，预计 20 min 左右完成训练，同时训练出的模型预测效果也会更佳。如果有充足的数据集，可选择“高性能”算法。在实验环境下，1 万个样本的数据集，预计 15 min 左右完成训练，同样数据量的情况下，效果比高精度的模型高 4.5%。模型筛选指标关系到训练过程中如何选出最佳模型，选择模型筛选指标时，如果没有特别要求，建议使用默认指标（模型兼顾 Precision 和 Recall）。下一步需要配置待训练的数据集，可通过单击“请选择”按钮，进入训练数据集添加的界面。

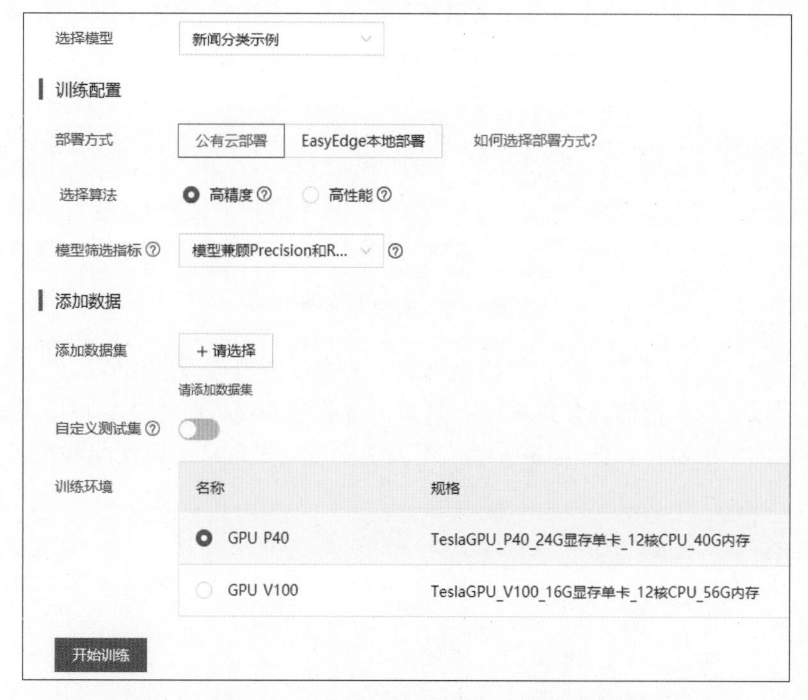

图4-10 文本分类模型训练的参数配置

图 4-11 为训练数据集添加的界面，用户可以从自己建立的数据集或者 EasyDL 平台自带的公开数据集中选择具体数据并关联到该模型，添加后会在相应的数据集后打对钩。

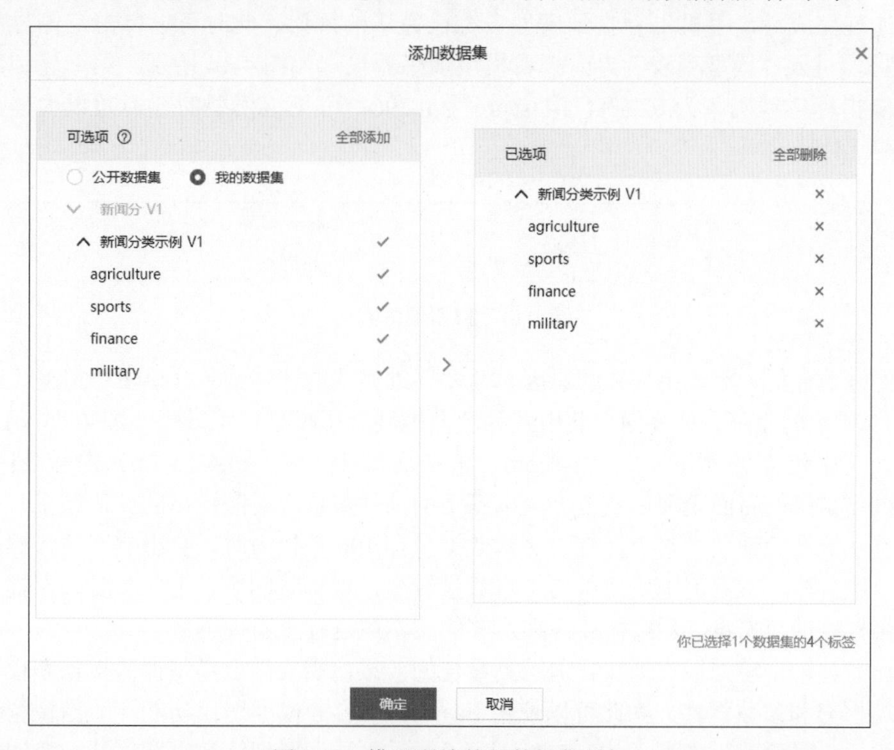

图4-11 模型训练前的数据集添加

最后进行硬件环境的配置，这里包含两个选项——限时免费的 GPU P40 和收费的 GPU V100。本案例中选择公有云部署方式，采用高精度算法和限时免费的 GPU。完成相关配置后，单击“开始训练”按钮，训练状态转变为“训练中”，如图 4-12 所示。

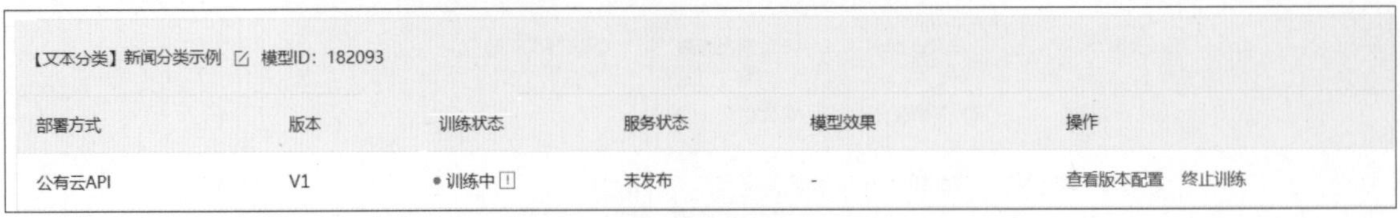

【文本分类】新闻分类示例　模型ID：182093

部署方式	版本	训练状态	服务状态	模型效果	操作
公有云API	V1	• 训练中	未发布	-	查看版本配置　终止训练

图 4-12　模型训练中

在训练过程中，用户可以随时在“模型列表”界面中查看模型的训练进度。将鼠标指针移至图标上，可以查看当前的具体进度，并且可以选择是否在训练完成后将已完成模型训练的短信发送到指定的手机号，如图 4-13 所示，本案例中选中复选框，以便能够及时查看结果。

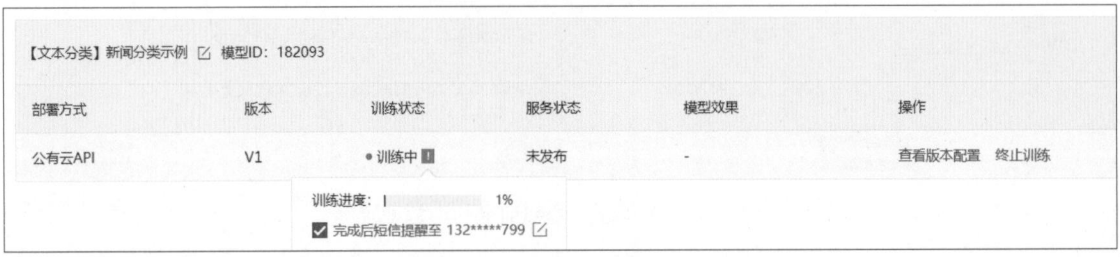

【文本分类】新闻分类示例　模型ID：182093

部署方式	版本	训练状态	服务状态	模型效果	操作
公有云API	V1	• 训练中	未发布	-	查看版本配置　终止训练

训练进度：　1%

完成后短信提醒至 132*****799

图 4-13　模型的训练进度

模型训练完成后，手机上会收到模型训练已完毕的短信。此时可以单击左侧导航栏中的“我的模型”，进入“模型列表”界面查看模型训练效果，如图 4-14 所示。第一轮训练时最终模型的性能指标中精确率为 62.5%，F1-score 为 0.296，可见该模型的分类效果欠佳，需要进一步训练和优化。

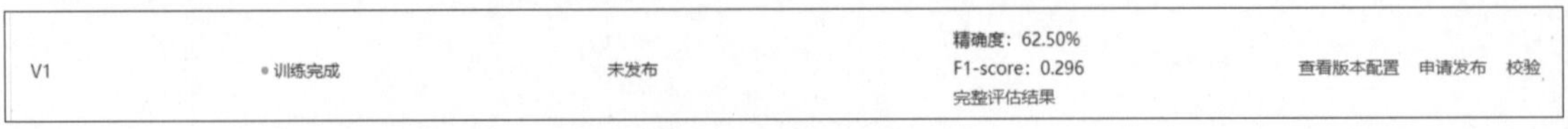

V1	• 训练完成	未发布	精确度：62.50% F1-score：0.296 完整评估结果	查看版本配置　申请发布　校验

图 4-14　模型训练完毕

为了更好地分析分类效果欠佳的原因，需要详细完整的评估结果。单击“完整评估结果”，进入图 4-15 所示的完整评估界面，其中较为全面地展示了模型训练效果。图 4-15（a）为整体评估部分，其中包含 3 个指标——F1-score、精确率和召回率。图 4-15（b）为详细评估部分，给出了随机测试集的召回表现以及各分类标签下的具体数值。对照模型的评估结果，整体效果欠佳，这也从侧面验证了当单个标签的文本数据量在 100 条以内时，会影响评估指标的科学性和有效性。经分析，本案例中所提供的文本数量较少，训练时间短，为此需要确保提交的训练数据中每个标签的数据量，后续需要添加足够的文本量进行重新训练。

一般而言，一个模型很难一次就训练到最佳的效果，需要结合模型评估报告和校验结果不断进行数据扩充和参数调优。为此可以使用 EasyDL 平台的模型迭代功能，即当模型训练完毕后，会生成一个最新的版本号（V1，V2，…）。通过不断调整训练数据和算法，多次训练，可以获得更好的模型效果。需要注意的一点是，如果模型已经是上线状态，依然支持模型迭代，只是需要在训练完毕后对线上服务接口进行更新，以便在接口地址不改变的情况下持续优化模型效果。

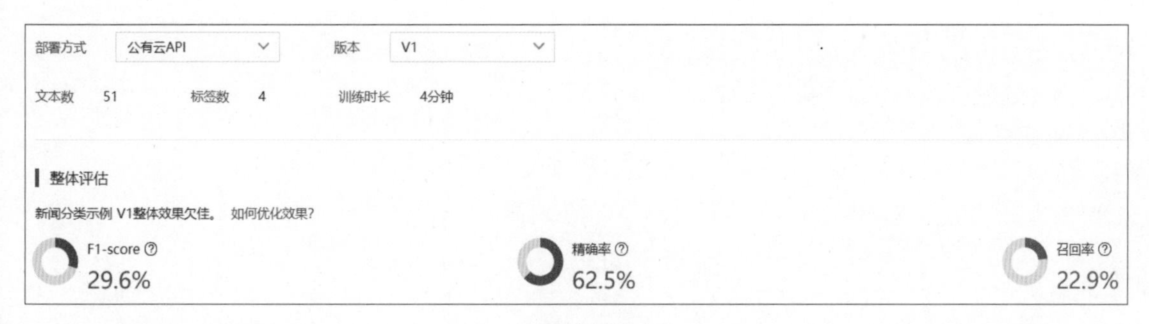

（a）整体评估效果

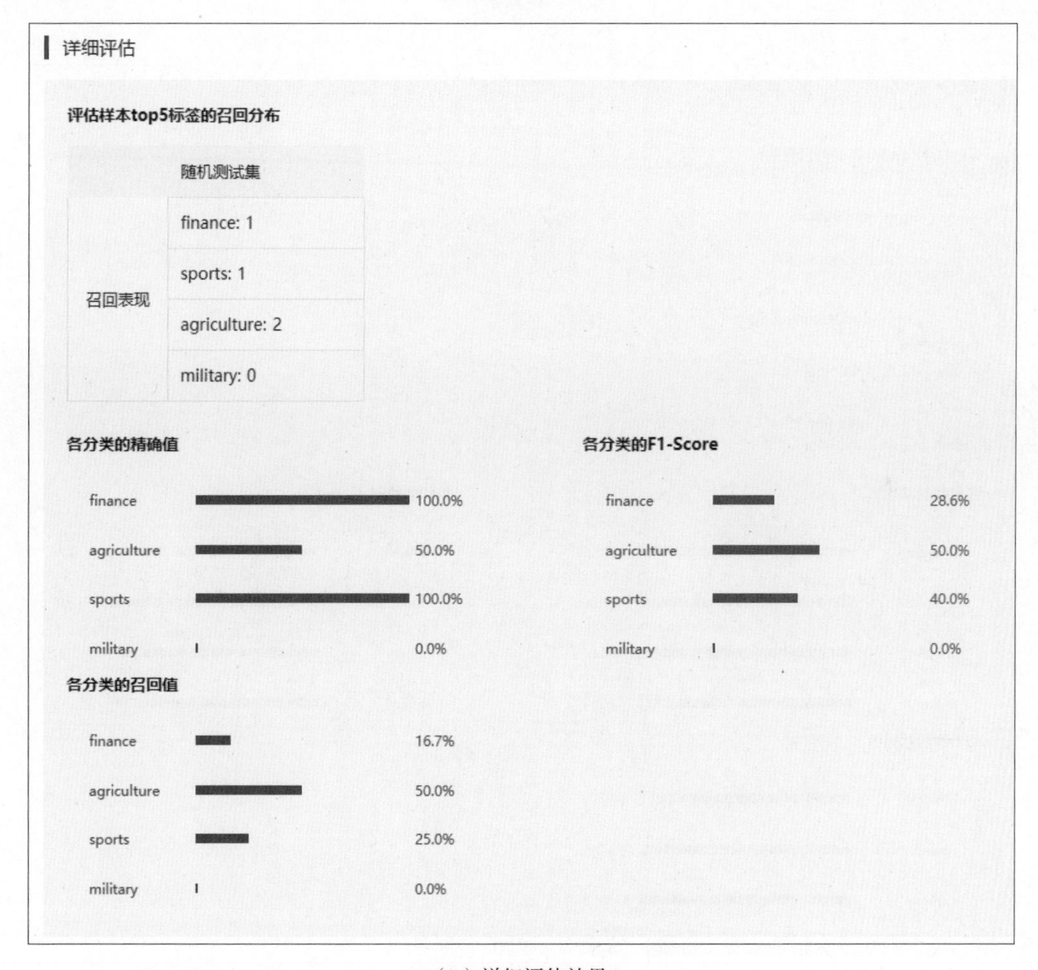

（b）详细评估效果

图4-15 详细的文本分类模型效果

因为模型分类效果欠佳，所以需要增加新的文本数据。在“我的数据总览”界面中，单击对应模型“操作”列的“导入”，继续上传新的文本数据。数据导入后继续进行多轮模型

训练。在进行第三轮训练时，由于人为终止了训练过程，因此第三轮的训练对应的版本号为V4。图4-16为第三轮训练后的模型效果，训练的文本数为245，标签数为4，训练时长为5 min，效果表现优异，对比前面的结果可以发现，模型性能指标有显著提升。

我的模型 > 新闻分类示例-V1模型评估报告
部署方式 公有云API 版本 V4
文本数 245 标签数 4 训练时长 5分钟
整体评估
新闻分类示例 V4效果优异。 如何优化效果？
F1-score 95.7%
精确率 98.2%
召回率 93.3%

（a）整体评估效果

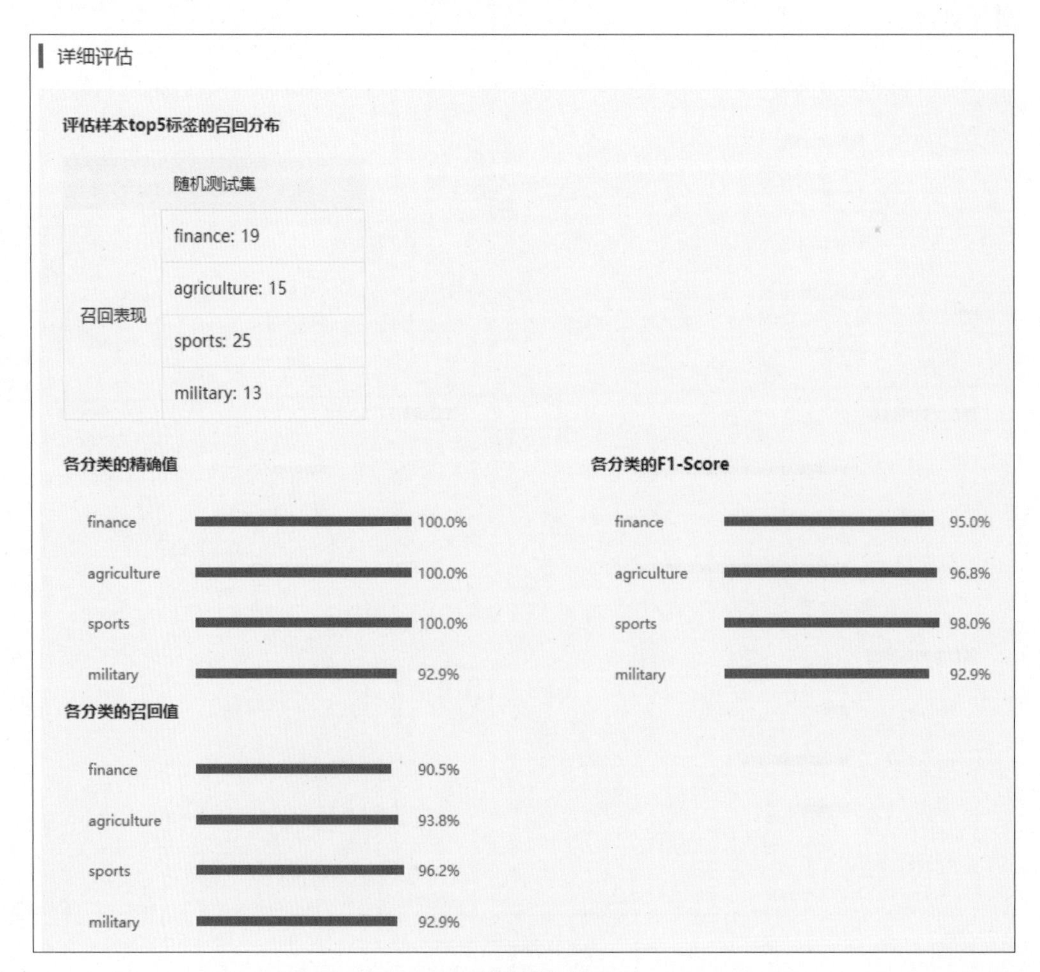

（b）详细评估效果

图4-16 第三轮训练后的文本分类模型效果

为了进一步评估模型效果，可以单击左侧导航栏中的“校验模型”，在右侧界面中选择指定的模型并单击“启动模型校验服务”按钮，打开图 4-17 所示的校验界面。从该图中可以发现，用户能在界面中的输入框内输入一段文字或者单击“点击上传文本”进行文本数据的导入，同时在识别结果部分可以根据具体需求灵活地调整阈值，即模型的置信度。

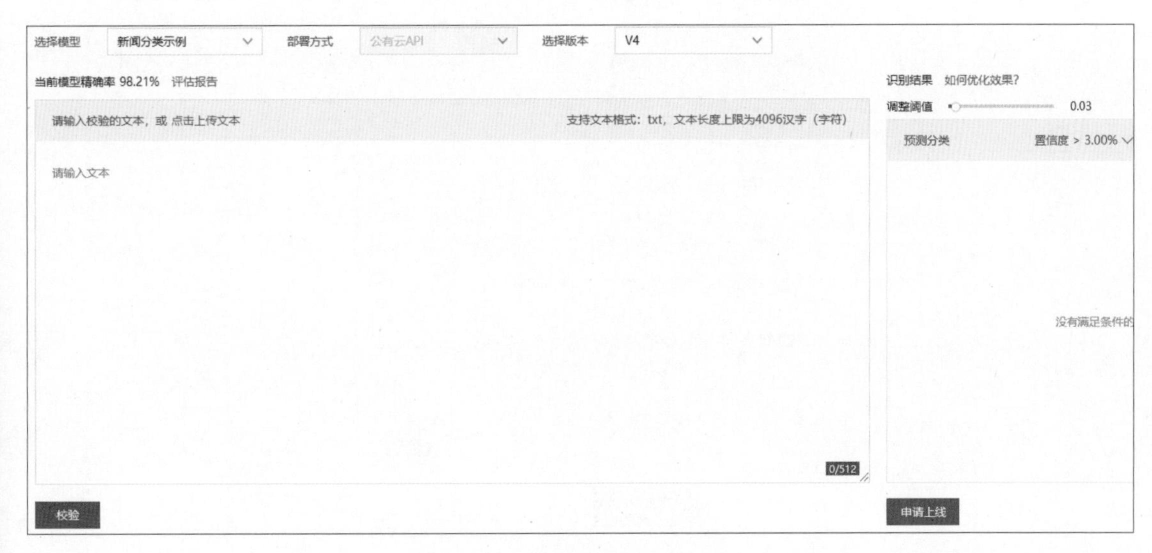

图 4-17　文本分类模型校验界面

图 4-18 为具体的模型校验示例，在输入框中输入一段文字后，单击左下角的“校验”按钮。识别结果表明该篇新闻属于军事类的置信度为 91.95%，分类正确。如果出现识别结果错误的情况，EasyDL 平台也支持人工纠正识别结果。

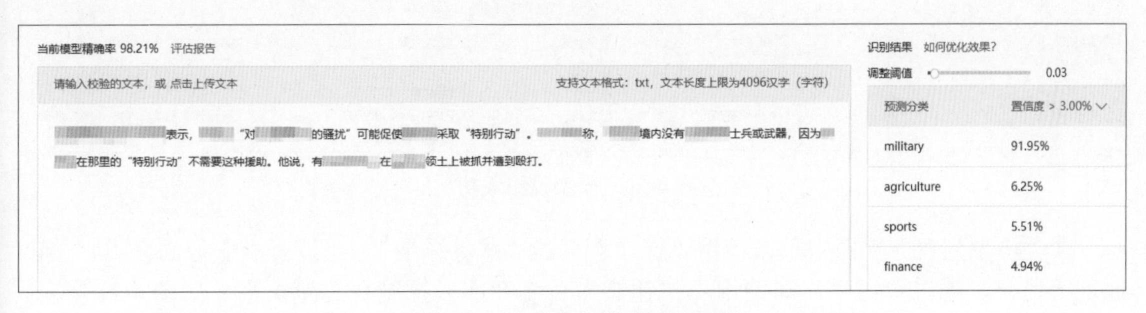

图 4-18　文本分类模型校验示例

4.2.5 模型发布

在模型训练完成后，如果认为模型效果达到期望要求，可以申请发布模型。在左侧导航栏的“模型中心”组中单击“我的模型”，找到满足要求的模型版本，单击“操作”列的“申请发布”，进入“发布模型”界面，如图 4-19 所示。也可以在左侧导航栏的“模型中心”组中单击“发布模型”，同样可以进入“发布模型”界面。在该界面中选择模型版本，输入自定义的服务名称和接口地址后缀，单击“提交申请”按钮后，在“模型列表”界面中可以看到模型状态转变为“发布中”，此时需要 EasyDL 平台工作人员审核。

发布模型
选择模型
新闻分类示例
部署方式
公有云部署
选择版本
V4
服务名称 *
新闻分类
接口地址 *
news_classify1
其他要求
若接口无法满足您的需求，请描述希望解决的问题，500汉字以内
0/500
提交申请

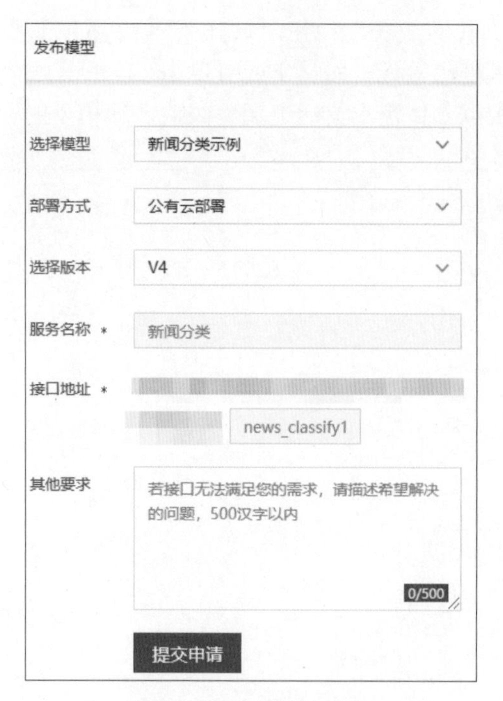

图 4-19　发布模型设置

在发布申请审核通过后，模型的服务状态转变为“已发布”，这标志着模型发布成功，可以使用，如图 4-20 所示。

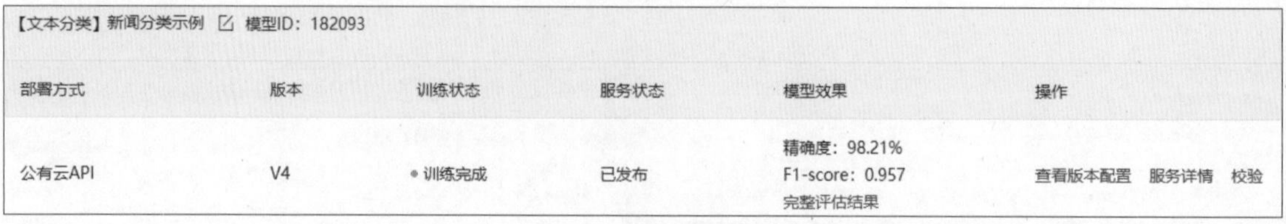
【文本分类】新闻分类示例　模型ID：182093
部署方式
版本
训练状态
服务状态
模型效果
操作
公有云API
V4
训练完成
已发布
精确度：98.21%
F1-score：0.957
完整评估结果
查看版本配置　服务详情　校验

图 4-20　模型发布成功

在“模型列表”界面中单击模型“操作”列的“服务详情”，可以查看服务的分类、接口地址等信息，通过单击“立即使用”按钮进入百度智能云控制台总览页面。如图 4-21 所示，在该页面的已上线的“定制服务列表”界面中，可以查看公有云部署方式下的 API、模型 ID 与版本、模型名称、调用单价等信息。

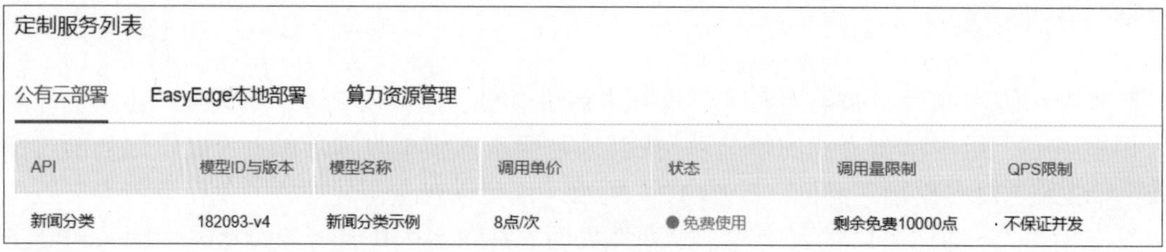
定制服务列表
公有云部署
EasyEdge本地部署
算力资源管理
API
模型ID与版本
模型名称
调用单价
状态
调用量限制
QPS限制
新闻分类
182093-v4
新闻分类示例
8点/次
免费使用
剩余免费10000点
不保证并发

图 4-21　“定制服务列表”界面

在正式调用服务之前，还需要创建服务的应用接口。在左侧导航栏中单击“公有云部署”

组的“应用列表”，出现“应用列表”界面。在该界面上单击“创建应用”按钮，输入应用名称、应用描述等信息，完成应用的创建。创建成功后可以在应用详情页获取对应的 API Key、Secret Key 等，如图 4-22 所示。

公有云部署

· 应用列表

	应用名称	AppID	API Key	Secret Key	创建时间	操作
1	新闻分类器	25674292	gvsz3keZ2fTEse03WwZUBdQS	******* 显示	2022-02-27 21:54:11	报表 管理 删除

图4-22 已创建的应用列表

当模型发布成为在线 restful API 后，可以通过 HTTP 请求的方式进行远程调用和二次开发，将该接口集成在自定义程序中进行使用。参考的 Python 语言代码框架如下。

```
#EasyDL平台文本分类多标签，调用模型公有云API的Python3实现
import json
import base64
import requests

TEXT_FILEPATH = "【测试文本数据地址，例如：./example.txt】"

#可选的请求参数，threshold：对识别的文本标签进行阈值条件的筛选
PARAMS = {"threshold": 0.9}

#服务详情中的接口地址
MODEL_API_URL = "【API地址】"

#调用API需要ACCESS_TOKEN。若已有ACCESS_TOKEN，则于下方填入该字符串
#否则，留空ACCESS_TOKEN，于下方填入该模型部署的API_KEY以及SECRET_KEY，会自动申请并显示新ACCESS_TOKEN
ACCESS_TOKEN = "【ACCESS_TOKEN】"
API_KEY = "【API_KEY】"
SECRET_KEY = "【SECRET_KEY】"

print("1. 读取目标文本 '{}'".format(TEXT_FILEPATH))
with open(TEXT_FILEPATH, 'r') as f:
    text_str = f.read()
print("将读取的文本填入 PARAMS 的 'text' 字段")
PARAMS["text"] = text_str

if not ACCESS_TOKEN:
    print("2. ACCESS_TOKEN 为空，调用鉴权接口获取TOKEN")
    auth_url = ******
               "&client_id={}&client_secret={}".format(API_KEY, SECRET_KEY)
    auth_resp = requests.get(auth_url)
    auth_resp_json = auth_resp.json()
    ACCESS_TOKEN = auth_resp_json["access_token"]
    print("新 ACCESS_TOKEN: {}".format(ACCESS_TOKEN))
else:
    print("2. 使用已有 ACCESS_TOKEN")

print("3. 向模型接口 'MODEL_API_URL' 发送请求")
request_url = "{}?access_token={}".format(MODEL_API_URL, ACCESS_TOKEN)
response = requests.post(url=request_url, json=PARAMS)
response_json = response.json()
response_str = json.dumps(response_json, indent=4, ensure_ascii=False)
print("结果:\n{}".format(response_str))
```

需要特别说明的是，当有保护数据隐私的需求时，可将训练完成的模型部署在私有 CPU/

GPU 服务器上，以支持私有 API 和服务器端 SDK 两种集成方式，从而保证用户在内网 / 无网环境下均能正常使用模型。EasyDL 平台定制化文本分类模型的本地部署可通过 EasyPack 软件实现，目前仅提供单机一键部署的方式。在 EasyDL 平台控制台上申请、下载部署包后，可以将软件包部署在本地服务器上。部署成功后，启动服务，即可调用与在线 API 功能类似的接口。训练完毕后可以在左侧导航栏的“模型中心”组中单击“发布模型”，进入“发布模型”界面，选择部署方式为“EasyEdge 本地部署”，集成方式为“API 纯离线部署”，完成模型的部署。

4.3 短文本相似度分析

日常生活中人们在比较事物时往往会用到“不同”“一样”“相似”等词语，这些词语背后都涉及一个动作——比较。只有通过比较才能得出是相同还是不同的结论。而如果想让机器进行比较判断，则需要运用文本的语义相似度评估方法。文本相似度评估是文本匹配任务或文本蕴含任务中的一种特殊形式，返回文本之间相似程度的具体数值。

EasyDL 平台支持对文本相似度的分析与处理，基于深度学习技术的短文本相似度模型可实现对两个文本进行相似度的比较计算，输出结果是一个 0 ～ 1 的实数值，输出数值越大，则代表语义间的相似程度越高。但对文本长度有条件要求，即限定短文本的最大长度为 512 字节，相当于 256 个汉字。适用的应用场景包括：搜索场景下的搜索信息匹配；新闻媒体场景下的新闻推荐、标题去重；客户场景下的问题匹配。

4.3.1 问题分析

随着信息广度、深度的不断扩展和信息更新速度的逐步加快，用户遇到困难或疑惑时往往会采用搜索方式去获取答案，即用户通过软件输入问题来查找对应的解决方案。问答系统就是其中的一类典型代表，该类系统以一问一答的形式精确地定位用户所需要的提问知识，通过与用户交互提供个性化的信息服务。要开发一套智能问答系统，主要包括 3 个步骤：问题分析、信息检索和答案抽取。作为信息检索的一种高级形式，要求系统能够准确地理解用户用自然语言提出的问题，并通过检索语料库、知识图谱或问答知识库等方式返回简洁、准确的匹配答案。

因此，第一步的问题分析非常关键。在问答过程中，如何保证问题的定位精度是要重点关注的方面，很少出现所提问题和已有数据完全匹配的情况，多数情况为所提问题和已有数据不完全相同，但在语义上具有相似性，如何根据相似性进行有效的问题识别是需要解决的问题。EasyDL 平台上的短文本相似度模型可以实现输入问题和参考问题间的相似度计算，并进行匹配判断。

为了保证数据集质量和减少数据采集工作，可以引用已有的相关知名数据集。EasyDL 平台内置了大规模中文问题匹配语料库（Large-scale Chinese Question Matching Corpus，LCQMC），该数据集为哈尔滨工业大学的自然语言处理研究团队在自然语言处理国际顶尖会议上发布的问题语义匹配数据集，可以适用的场景丰富，其目标是判断两个问题的语义是否相同。数据集分为训练集（含 238 131 条）和评测集（含 12 500 条）两部分，样本数据量充足。给定的输入是两个句子，输出结果是 0 或 1。其中，0 代表语义不相似，1 代表语义相似。

当然，如果用户有专业领域的需求，则需要自己构建对应的数据集，样本数据的内容为两段待比较的文本和待标注的相似度值。具体格式要求请参考 4.3.3 节。

4.3.2 模型创建

首先在 EasyDL 平台官网首页单击“立即使用”按钮，在弹出的“选择模型类型”窗口中选择“短文本相似度”模型，进入相应模型的“总览”界面。然后单击左侧导航栏中的“我的模型”，进入“模型列表”界面，单击“创建模型”按钮，也可以直接单击左侧导航栏中“模型中心”组的“创建模型”，进入“创建模型”界面，如图 4-23 所示。其中包含创建模型所需的特定信息，如模型名称、邮箱地址、联系方式、业务描述等。另外，可以根据模型归属情况决定是否需要选择模型所属行业和应用场景。单击“完成”按钮完成模型创建。可以单击左侧导航栏中的“我的模型”，查看刚创建的模型。

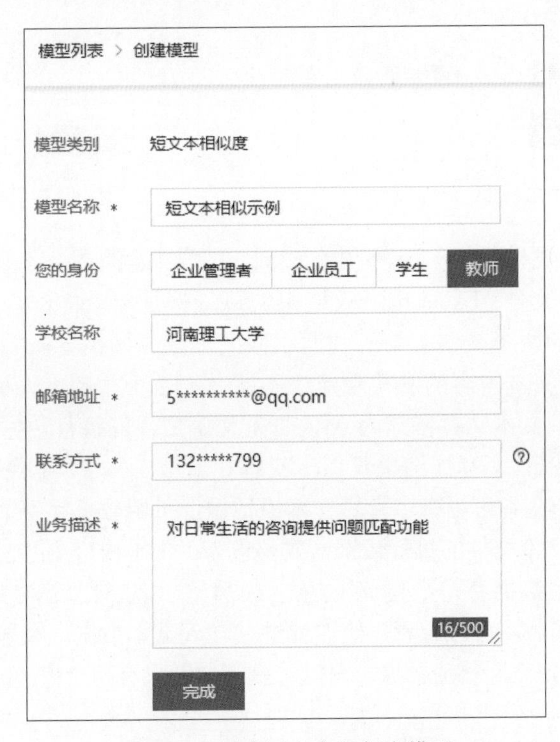

图 4-23 创建短文本相似度模型

4.3.3 数据准备

在模型训练前，建议将准备好的样本数据上传到 EasyDL 平台。同时，EasyDL 平台内置了 LCQMC 数据集供用户使用。如果需要创建新的数据集，可以单击左侧导航栏中“EasyData 数据服务”组的“数据总览”，进入“我的数据总览”界面，然后单击“创建数据集”按钮，进入“创建数据集”界面（如图 4-24 所示）。输入数据集名称后单击“完成”按钮，此时“我的数据总览”界面新增了一个数据集。

单击相应数据集“操作”列的“导入”可以进行数据导入操作，如图 4-25 所示。

我的数据总览 > 创建数据集
数据集名称
短文本相似示例
数据类型
文本
数据集版本
V1
标注类型
短文本相似度
相似度85%
标注模板
短文本相似度
数据集属性
数据自动去重
数据不去重
完成

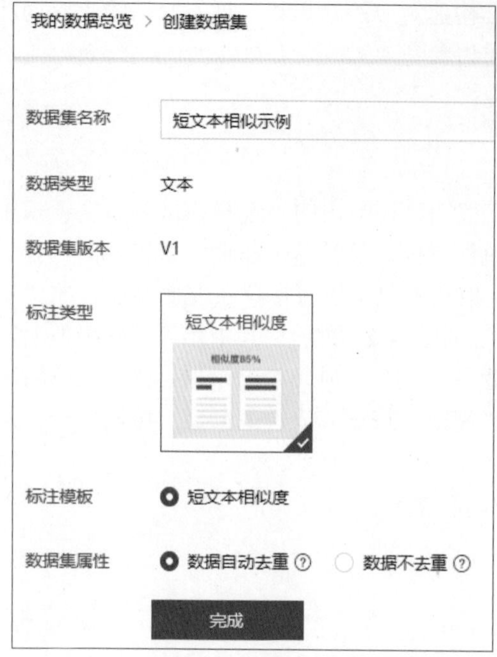

图 4-24　创建数据集

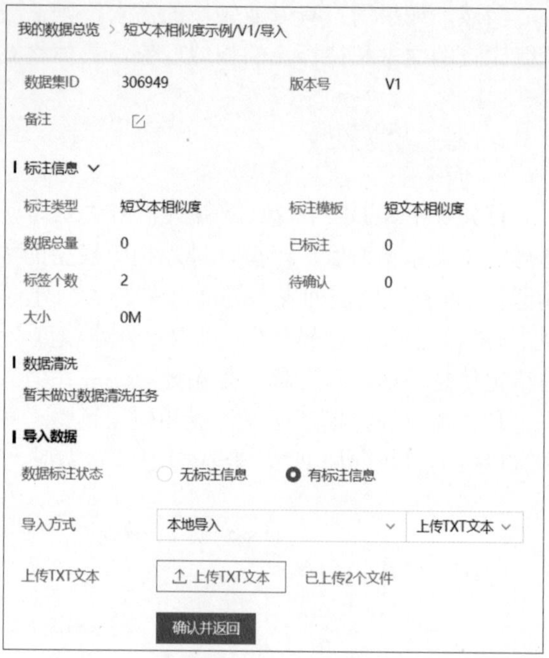

我的数据总览 > 短文本相似度示例/V1/导入
数据集ID
306949
版本号
V1
备注
标注信息
标注类型
短文本相似度
标注模板
短文本相似度
数据总量
0
已标注
0
标签个数
2
待确认
0
大小
0M
数据清洗
暂未做过数据清洗任务
导入数据
数据标注状态
无标注信息
有标注信息
导入方式
本地导入
上传TXT文本
上传TXT文本
上传TXT文本
已上传2个文件
确认并返回

图 4-25　导入数据

其中，数据的导入方式与文本分类模型中的类似。需要注意的是，格式要求不同，具体如下。

（1）Excel 电子表格文件：Excel 电子表格中的每一行是一个样本，使用第一列和第二列分别作为需要计算相似度的两个文本，第三列为相似度标签（如果导入无标注数据，则此列无数据）。第一列和第二列的文本内容的字符数建议不超过 512 个，超出将被截断。

（2）压缩包：包含的文本文件格式为 txt，每个文本文件的每行数据格式要求为"文本内容 1\t 文本内容 2\t 标注结果 \n"，标注结果仅用 1 或者 0 表示，其中，1 代表相似，0 代表不相似。一行表示一组数据，每个文本可以有多行短文本组数据，每组数据字符数建议不超过 1024 个。

（3）txt 文本文件：文本文件的每行数据格式要求为"文本内容 1\t 文本内容 2\t 标注结果 \n"，一行表示一组数据，每组数据字符数建议不超过 1024 个（约 512 个汉字）。

在完成数据导入操作后，可以查看、修改或继续导入文本数据。在导入两个文本文件后，单击"操作"列的"查看"以查看相应数据，可以看到相似度只有两个值（0 和 1），如图 4-26 所示。

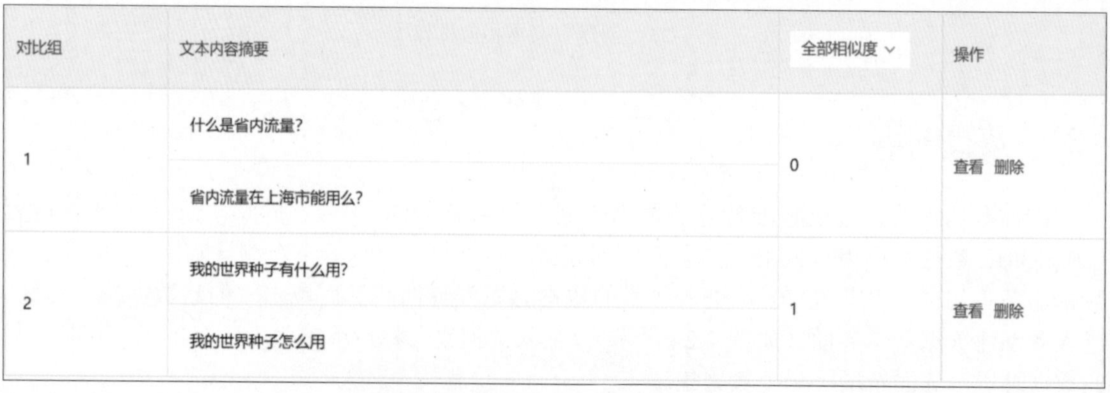

对比组	文本内容摘要	全部相似度	操作
1	什么是省内流量？ 省内流量在上海市能用么？	0	查看　删除
2	我的世界种子有什么用？ 我的世界种子怎么用	1	查看　删除

图 4-26　短文本相似度数据集示例

4.3.4 模型训练

数据准备完成后，开始进行模型训练前的参数配置工作。参数配置方式与文本分类模型的参数配置方式相同，如图 4-27 所示。本案例中采用的数据集是 EasyDL 平台提供的公开数据集“LCQMC- 语义匹配 - 训练数据集（公开数据）”。

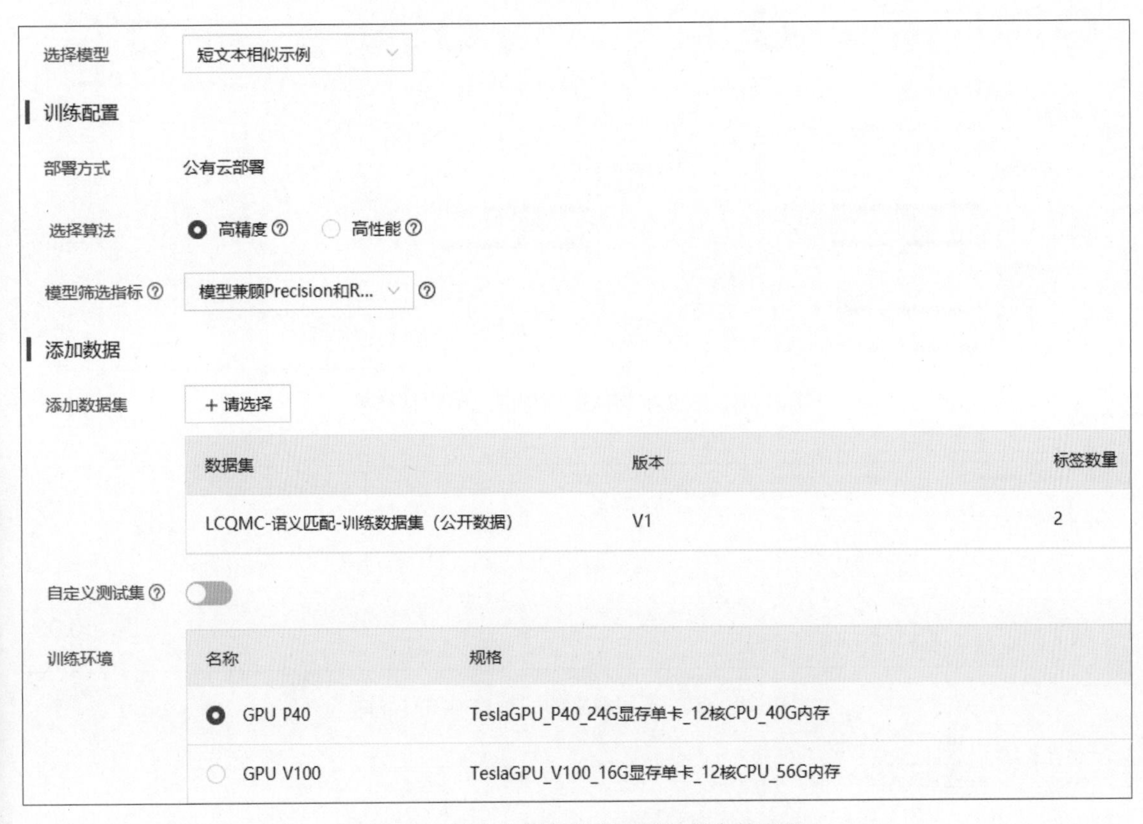

图 4-27 短文本相似度模型训练的参数配置

完成相应配置后，单击“开始训练”按钮，训练状态转变为“训练中”。模型训练总共耗时 16 h 13 min。单击左侧导航栏中的“我的模型”，在打开的“模型列表”界面单击相应模型的“模型效果”列的“完整评估结果”，以查看完整的模型效果。整体评估效果优异，准确率为 92.9%，F1-score 为 92.7%，精确率为 92.8%，召回率为 92.5%，同时还可以查看详细评估数据，即相似度为 0 和 1 时对应的具体性能数据，如图 4-28 所示。

在左侧导航栏中单击“校验模型”，选择指定的模型并单击“启动模型校验服务”按钮进行校验，或者在发布为服务接口后进行校验。图 4-29 为“校验模型”界面，用户可以在窗口的两个文本框中输入两段文本内容，单击“测试相似度”按钮进行相似度分析。

图 4-30 为校验模型后的结果，这里输入的两段文本内容是关于东单到北京火车站路线的提问，经过校验得到语义上的相似度结果为 99.37，满足语义理解的要求。

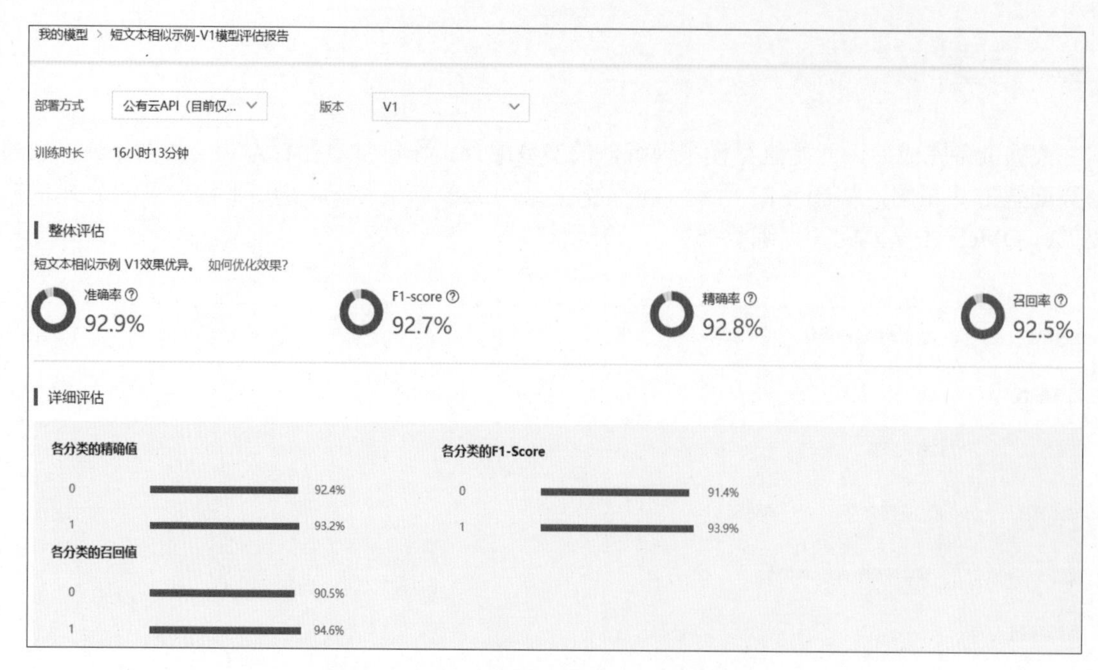

图 4-28　短文本相似度模型的完整评估结果

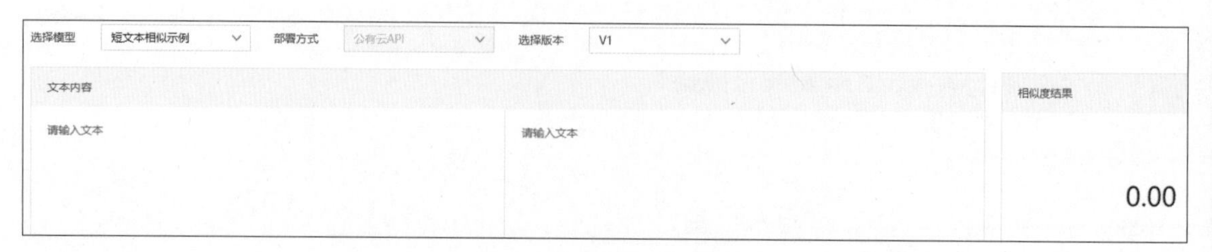

图 4-29　短文本相似度的"校验模型"界面

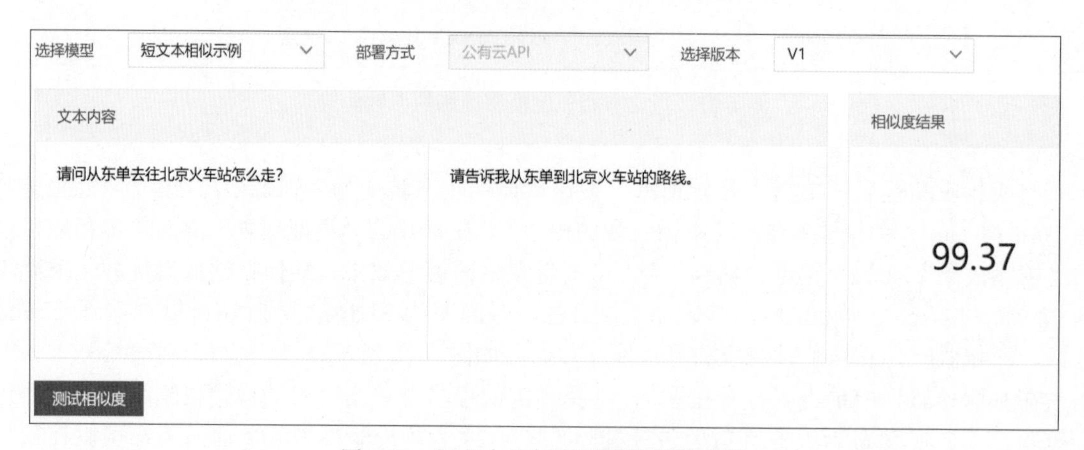

图 4-30　短文本相似度的校验模型示例

4.3.5　模型发布

当用户认为模型效果达到期望要求后，可以申请发布模型。发布的操作流程同文本分类模型的发布操作流程，这里不再赘述。

4.4 情感倾向分析

对文本内容的情感倾向分析是指使用自然语言处理、文本挖掘等方法对带有情感色彩的主观性文本进行分析、处理、归纳和推理的过程。针对提供的看法和评论数据判断用户对事物的态度是积极的还是消极的。定制情感倾向分析模型，可实现文本按情感的正向（positive）和负向（negative）自动分类。只须提供正向和负向标签对应的训练数据，即可训练获得情感倾向分析模型。主要的应用场景包括但不限于以下这些。

- 电商评论分类：可对商品的评论信息进行分类，将不同用户对同一商品的评论内容按情感极性予以分类展示。
- 商品舆情监控：通过对产品多维度评论观点进行倾向性分析，给用户提供该产品全方位的评价，方便用户进行决策。
- 舆情分类：通过对需要舆情监控的实时文字数据流进行情感倾向性分析，把握用户对热点信息的情感倾向性变化。

4.4.1 问题分析

在我国电子商务飞速发展和网上购物普及化的背景下，基本上所有的电子商务网站都支持消费者对产品的相关内容（商品、服务、卖家）进行打分和发表评论。商家想要提高店铺的销量和效益，除提高商品质量、增加商品优惠力度、转变销售模式以外，还需要尽可能多地了解消费者的使用体验和反馈。这些信息对店铺来说非常有价值，用户通过购物评价主观地表达对购物过程体验和商品性能的满意程度。这些评价信息经自然语言处理技术处理后可以进行情感分析，为其他购物者提供参考，或者获得购买者对商品的关注程度和情感倾向，以便商家能更好地提升商品及服务质量。

针对电商评论的应用需求，可以利用 EasyDL 平台上文本的情感倾向分析模型对带有主观描述的用户评价进行分析，自动判断该文本的情感极性类别。同时用户评价中可能存在高分差评（商品评分较高，但评价文字内容是差评）、低分好评（商品评分很低，但评价文字内容是好评）的情况，利用情感分析也可以将这类评价区分出来，将真正的“好评”升序，促进转化率。

为此需要从知名电商网站获取一定数量的用户评价，包括好评和差评，以 Excel 电子表格文件、文本文件等形式存放，建议按类存放，因为在后续的数据准备中需要分别上传正向文本和负向文本。也不需要再对文本进行标注，每个类别的数量建议 50 条以上。

4.4.2 模型创建

首先在 EasyDL 平台官网首页单击“立即使用”按钮，在弹出的“选择模型类型”窗口中选择“情感倾向分析”模型，进入相应模型的“总览”界面。然后单击左侧导航栏中的“我的模型”，进入“模型列表”界面，单击“创建模型”按钮，或者通过单击左侧导航栏中“模型中心”组的“创建模型”，进入图 4-31 所示的“创建模型”界面，其中包含模型创建所需的特定信息，如模型名称、模型归属情况、邮箱地址、联系方式、业务描述等，其中模型归属情况决定是否需要选择模型所属行业和应用场景。单击“完成”按钮完成模型创建。

图 4-31　创建情感倾向分析模型

4.4.3 数据准备

单击左侧导航栏中“EasyData 数据服务”组的“数据总览”，进入“我的数据总览”界面，然后单击“创建数据集”按钮，进入“创建数据集”界面，如图 4-32 所示。在编辑数据集名称和选择数据集属性后，单击“完成”按钮新建一个空的数据集。由于数据集默认包含正向标签和负向标签，所以数据集中无须创建标签，只须准备对应情感倾向的标签数据。想要较好的模型效果，就需要丰富文本样本的类型，增加文本数量。尤其是某些分类的文本具有相似性时，需要增加足够量的文本数据。

为了确保模型的实用性，首先要注意的是训练集文本应和实际场景中待识别的文本内容的业务范围一致，且标签对应文本的数量分布一致。例如，训练集的业务范围是图书商品的情感倾向分析，而预计线上对应的场景或业务是电子产品的情感倾向分析，此时两者不一致，可能会导致模型实际应用效果不佳。同时考虑实际应用场景的多种可能性，每个场景都需要准备相对应的训练数据，训练集能覆盖的场景越多，模型的泛化能力越强。

数据集成功创建后，单击对应数据集“操作”列的“导入”进行数据上传操作，如图 4-33 所示。数据的导入方式与文本分类模型中的类似。

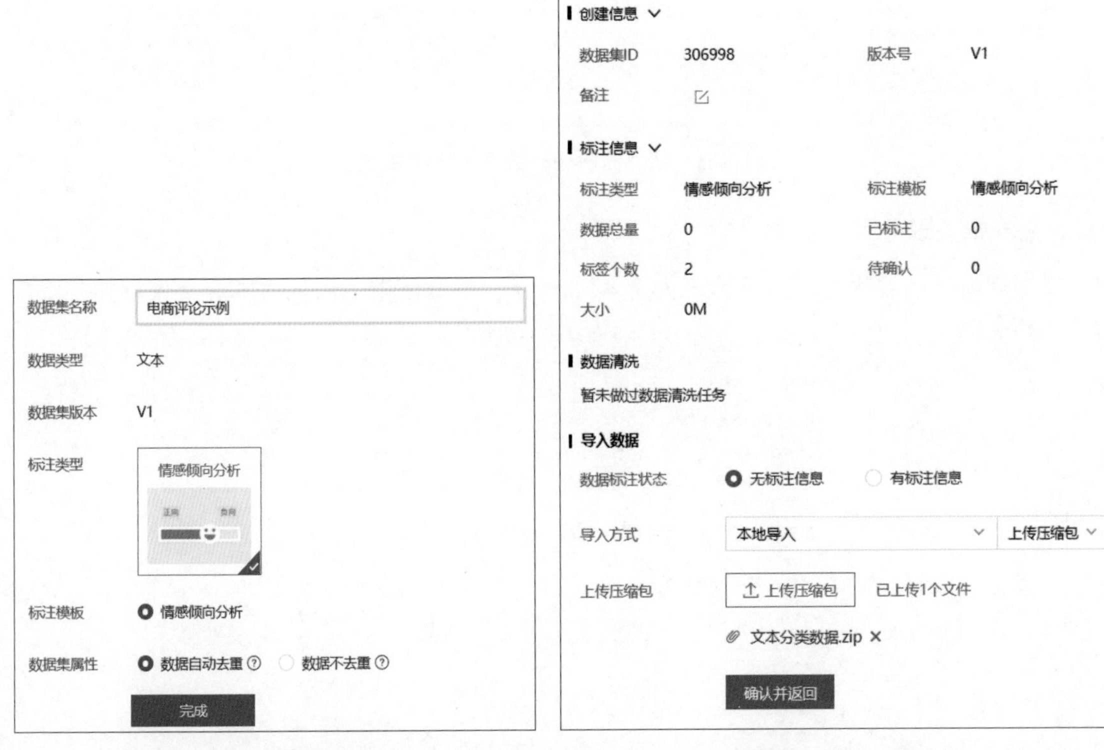

图 4-32　创建数据集　　　　图 4-33　导入数据

需要注意的是，当上传有标注信息的文本数据时，窗口会自动出现正向文本和负向文本对应的两个上传按钮，如图 4-34 所示。

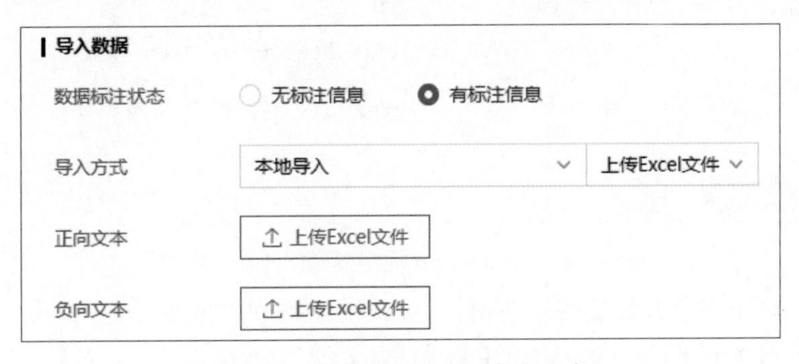

图 4-34　上传正向文本和负向文本

在完成文本数据上传后，可以单击左侧导航栏中“EasyData 数据服务”组的“数据总览”，在打开的“我的数据总览”界面中单击相应数据集“操作”列的“查看”，进入文本内容信息显示界面，支持对文本数据的查看、标注和继续导入。单击“标注文本”按钮，打开图 4-35 所示的标注文本的界面，其中的文本是一条数码产品的评价内容，可以看到标签栏中默认有两个标签——negative 和 positive，该条评价属于 negative 类。

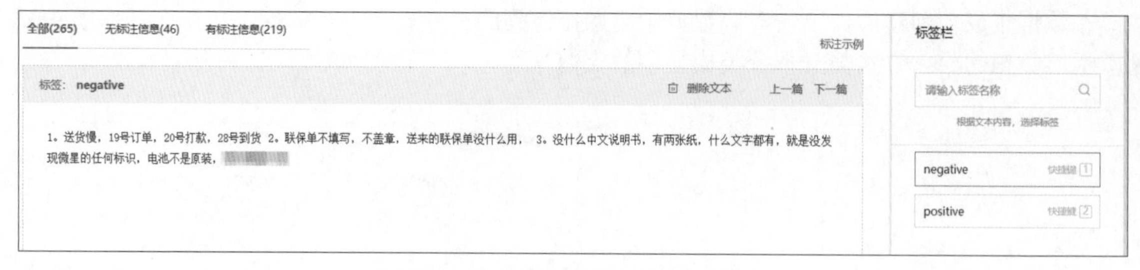

图 4-35 情感倾向分析数据集标注文本

4.4.4 模型训练

模型训练前需要进行参数配置，如图 4-36 所示，参数配置方式同文本分类模型的参数配置方式相类似。

图 4-36 情感倾向分析模型训练的参数配置

完成配置后，单击“开始训练”按钮，训练状态转变为“训练中”。训练完成后，“模型效果”列将显示准确率和 F1-score，如图 4-37 所示。

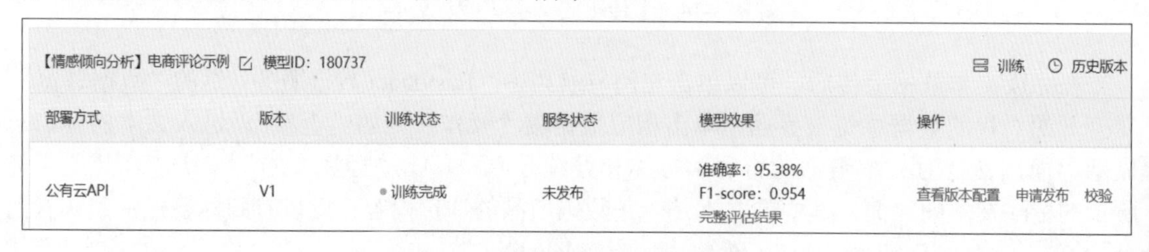

图 4-37 训练完成后的模型列表

若想获取更为详细的结果，可以单击“模型效果”列的“完整评估结果”，打开完整评估结果界面，如图 4-38 所示，训练使用的文本数为 219，训练时长为 14 min。图 4-38（a）为整体评估部分，其中包含 4 个指标——准确率、F1-score、精确率和召回率，模型效果优异。图 4-38（b）为详细评估部分，其中给出了随机测试集的预测表现以及各分类下正向和负向标签对应的数值。

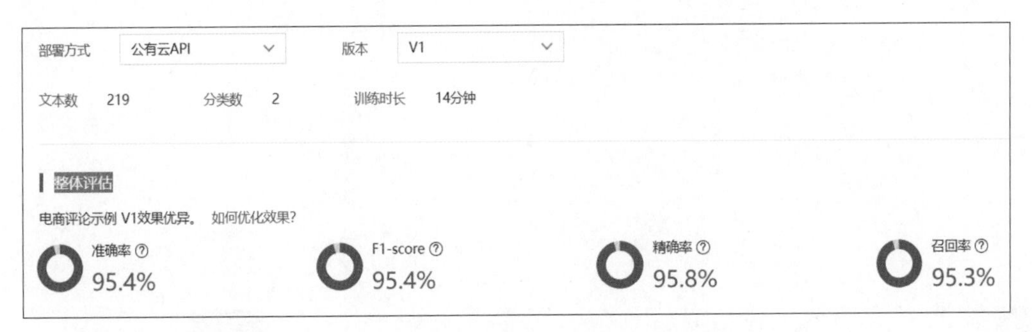

（a）整体评估部分

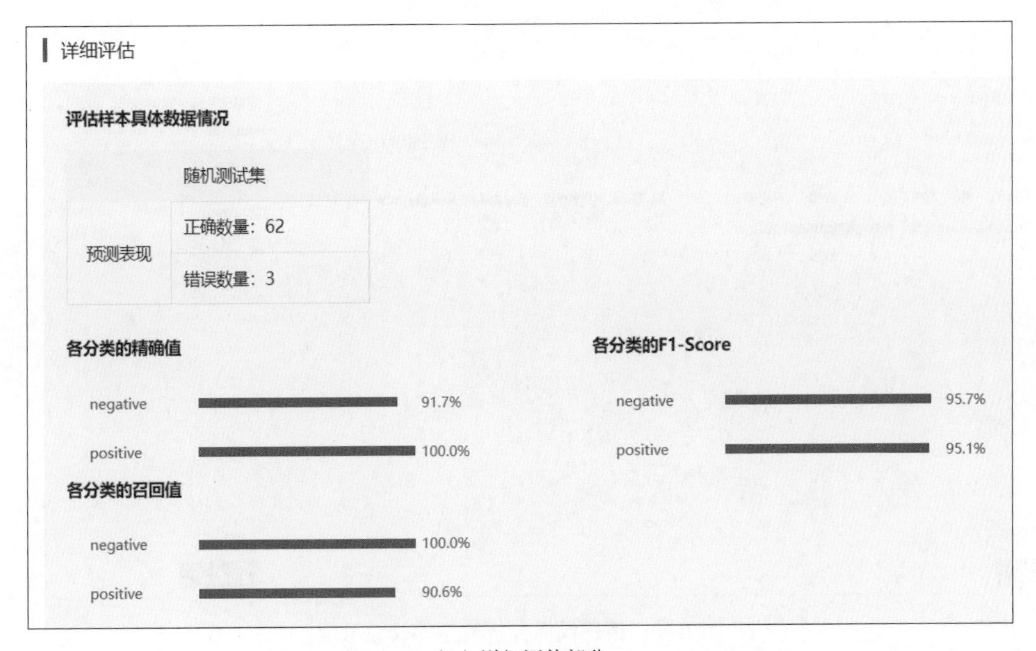

（b）详细评估部分

图 4-38 情感倾向分析模型的完整评估结果

为了进一步评估模型效果，需要进行模型校验。单击左侧导航栏中的“校验模型”，选择指定的模型并单击“启动模型校验服务”按钮，打开图 4-39 所示的校验界面。从该图中可以发现，该界面与文本分类模型的校验界面类似，用户可以在输入框中输入一段文字或者上传文本文件后进行校验。

图 4-40 为模型的校验示例，此时用户输入关于手机的良好评价并单击“校验”按钮，结果预测的类别为 positive，说明用户对所购买的商品满意，查看评论内容可以看到对该文本的分析符合要求。

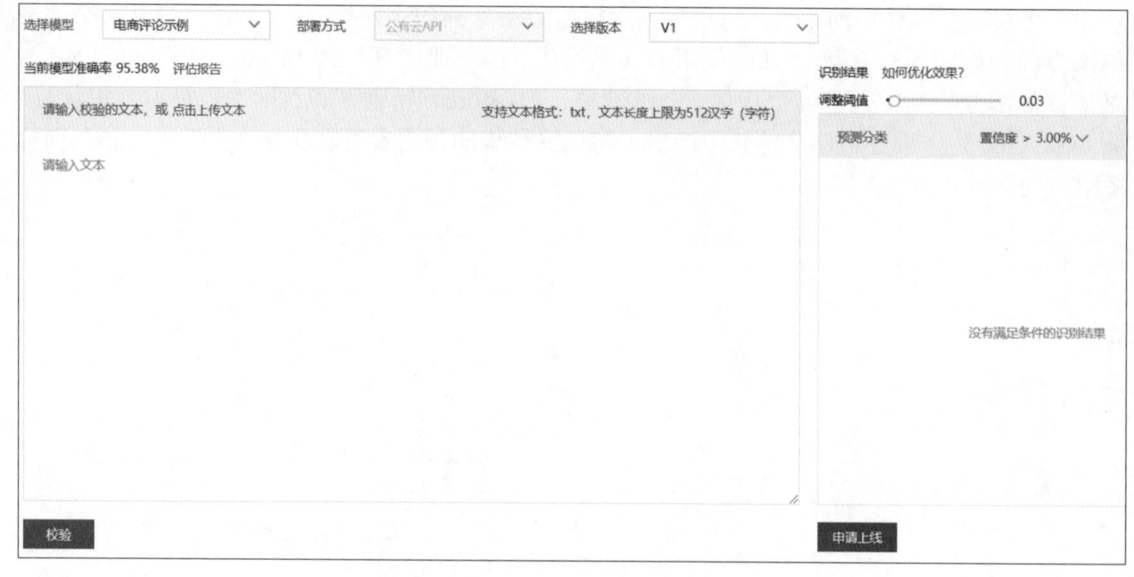

图 4-39　情感倾向分析模型的校验界面

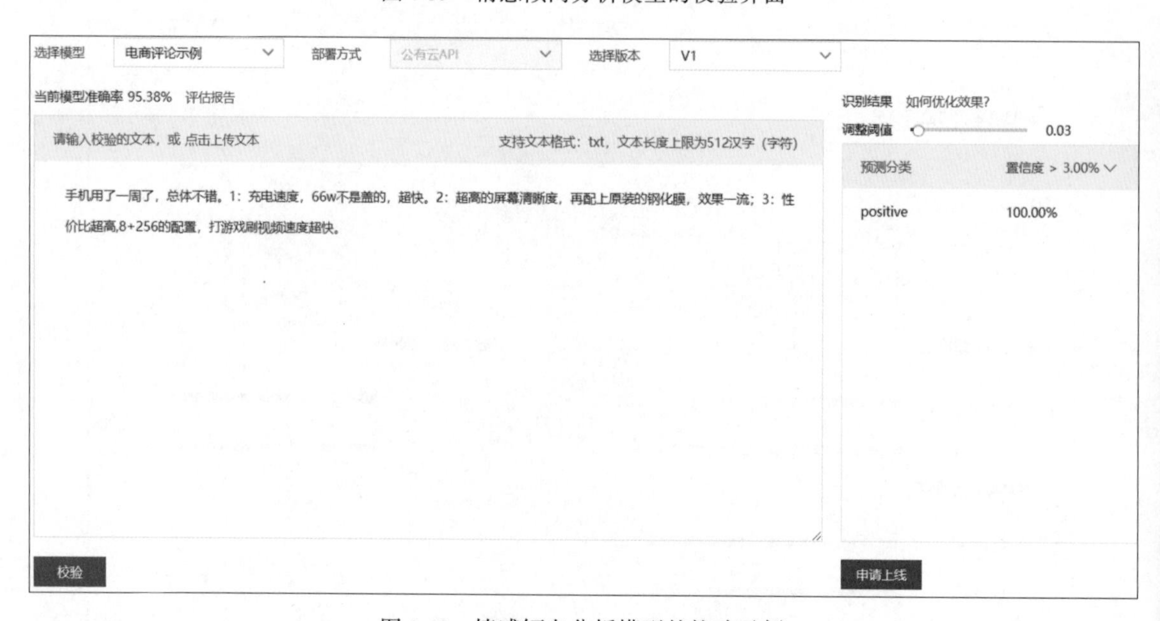

图 4-40　情感倾向分析模型的校验示例

4.4.5　模型发布

发布模型的流程同文本分类模型的流程相类似，这里不再赘述。

小结

本章内容围绕文本分类、短文本相似度分析和情感倾向分析这 3 类模型展开介绍，选取典型应用问题并进行需求分析，利用 EasyDL 平台详细说明模型训练与发布的对应操作流程，读者进行操作前需要明确文本数据的要求。文本分析的应用领域非常丰富，涵盖了电商营销、新闻媒体、知识问答、舆情分析等场景，读者可以关注实际生活中的文本使用场景，运用文本分类、短文本相似度分析、情感倾向分析、文本创作、文本实体抽取及各类模型的组合，着力探索人工智能与场景的结合与应用。

练习

1. 针对新闻分类场景，现要求进行二级分类，例如，体育主题下面还有足球、篮球、排球等二级类别。请设计相应的解决方案并生成模型。

2. 分析文本分类模型和情感倾向分析模型之间的区别和联系，从使用场景、样本数据、模型训练等方面进行阐述。

3. 请结合自身专业准备相应领域的常用词汇与句子，基于 EasyDL 平台设计并实现短文本相似度模型。

第 5 章　语音智能分析

语音智能分析是指通过检测与分析音频，识别特定语音分类的技术，包括说话人识别、语种识别、性别识别、声音事件检测等技术，可应用于会议音频识别、客服音频分析或音视频剪辑等场景。

本章介绍 EasyDL 平台的语音智能分析功能。

5.1 语音处理

语音是一种富含信息的信号载体，承载了语义、说话人、情绪、语种、方言等诸多信息，识别和理解这些信息需要对语音信号进行十分精细的表达与分析，对该类信息的判别也不再是简单的规则描述，单纯采用人工手段对发声机理、信号的简单特征进行分析较难实现。与人类语言学习的思路相似，人们基于机器学习方法提出智能语音处理技术，让机器通过“聆听”大量的语音数据，并从语音数据中学习蕴含其中的规律，以有效提升语音信息处理的性能。智能语音处理技术希望实现人与机器以语言为纽带的通信，长期目标是使机器像人一样地自由沟通，智能应答交互。传统语音处理方法仅限于通过提取人为设定的特征参数进行处理，与其相比，智能语音处理最重要的特点就是在语音处理过程或算法中体现出从数据中学习规律的思想。

EasyDL 平台在语音处理上包含声音分类和语音识别两种训练模型，通过零代码训练语音识别模型和声音分类模型，可以提升业务领域内专有名词的识别准确率和区分不同声音类别。EasyDL 平台操作简单，上传文件即可最快 10 min 训练优化语言模型。本章将介绍声音分类和语音识别两类任务。

5.2 声音分类

声音分类是指利用传感器设备采集声音信号，然后借助计算设备对声音数据进行特征解算，来识别出当前音频属于哪种声音，或者是什么状态 / 场景下的声音，或者区分正常声音和异常声音。可以通过训练声音分类模型来定制区分特有声音信号的功能，具体表现如下。

- 在安防监控场景下，定制识别异常或正常的声音，进而用于突发状况预警，比如在工业生产中监控是否出现了异常噪声，从而在人工测试的时候辅助判断是否出现 bug。
- 在科学研究场景下，定制识别同一物种的不同个体的声音或者不同物种的声音，协助野外作业研究，比如动物研究机构从野外采集的声音可借助模型进行物种识别。

5.2.1 问题分析

近年来，随着国家电网系统信息化建设的不断深入，电力专用通信网已经逐步完善，为各项网络化应用创造了良好的条件。以通信网为基础建立无人值守变电站已经成为建设中的重点工作，可以有效节约人力资源、提高管理效率、提升经济效益。但是这种变电站在人员入侵、动物干扰、水浸等突发事件方面仍然存在问题。通过声音检测来监控变电站是一种有效手段，尤其是在光线不佳的情况下。具体需求为对监听到的声音进行初步的类别判断，当判断为人声时可以上报给中心以判断是工作人员还是外面的人；当判断为动物声时执行驱赶动物措施；当判断为物体声时可以结合图像监控进行联合决策。

因此，在模型训练前需要准备 3 种声音——人声、动物声和物体声。可以利用录音设备进行声音采集，比如手机、录音笔等。需要注意的是，由于 EasyDL 平台中的声音分类模型支持对最长 15 s 左右的音频进行处理，因此，在正式使用前，需要将已有的音频数据进行剪辑处理。同时由于声音分类模型中数据的本地导入方式只支持压缩包，因此要先将同类声音放置在同一文件夹中，再对所有的文件夹进行压缩，这样操作后可以省去后面的数据标注工作。完成数据采集后，下一步进行模型创建。

5.2.2 模型创建

首先在 EasyDL 平台官网单击“立即使用”按钮，在弹出的“选择模型类型”窗口中选择“声音分类”模型，进入相应模型的“总览”界面。然后单击左侧导航栏中“模型中心”组的“我的模型”，进入“模型列表”界面，单击“创建模型”按钮，也可以直接单击左侧导航栏中“模型中心”组的“创建模型”，进入“创建模型”界面，如图 5-1 所示。其中包含创建模型所需的特定信息，如模型名称、邮箱地址、联系方式、业务描述等。另外，可以根据模型归属决定是否需要选择模型所属行业和应用场景。单击“完成”按钮完成模型创建。可以单击左侧导航栏中的“我的模型”以查看刚创建的模型。

图 5-1　创建声音分类模型

5.2.3 数据准备

在上传数据之前，需要根据业务需求设计好声音种类，每个分类为期望识别出的一种结果，如要识别猫、狗的叫声，则可以以“猫”“狗”等作为分类；如果安防监控通过声音判断是否出现异常状态，可以设计为“正常”和“异常”两类，或者“正常”“异常原因一”“异常原因二”“异常原因三”等多类。目前单个模型的上限为 1000 类，如果超过这个量级，则需要在百度云控制台内提交工单进行反馈。

在样本数量上，每个分类需要准备 50 个以上的音频文件，如果想要获得较好的效果，建议准备 100 个以上；如果某些分类的声音具有相似性，则需要增加更多音频。

目前支持的音频文件格式为 wav、mp3 和 m4a，同时音频文件大小限制在 4 MB 以内。一个模型的音频总量限制为 10 万个音频文件。

需要注意的是，训练集的音频环境需要和实际场景待识别的音频环境一致，例如，如果实际场景要识别的声音都是手机采集的，那么训练用的音频文件也需要在同样的场景中获得，而不能简单采用网上下载的音频文件。另外，考虑实际应用场景可能有多种可能性，每个分类的音频需要覆盖实际场景里面的所有可能性，如噪声干扰、多种可能的采集设备，训练集覆盖的场景越多，模型的泛化能力越强。

数据准备主要包括数据集的创建、数据上传和数据标注。单击左侧导航栏中“EasyData 数据服务”组的“数据总览”，进入“我的数据总览”界面，然后单击“创建数据集”按钮，进入“创建数据集”界面，输入数据集名称（名称后续可修改），单击“完成”按钮，如图 5-2 所示。

数据集创建完成后，可以在“我的数据总览”界面查看已创建的数据集。单击对应数据集“操作”列的“导入”进行数据导入操作，如图 5-3 所示，需要批量上传音频文件。目前压缩包仅支持 zip 格式，容量限制在 5 GB 以内，压缩包内的声音分类数据需要按照特定结构进行组织，其中的文件夹命名为分类名称，例如要上传 pig 和 cat 两类音频，则文件夹命名分别为 pig 和 cat。

图 5-2　创建数据集界面

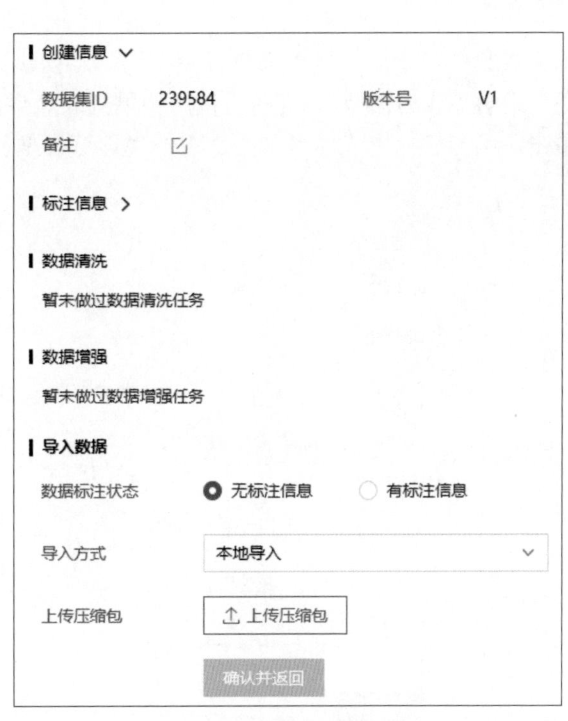

图 5-3　数据导入设置界面

完成数据导入后，可以查看、标注或继续导入音频数据。在“我的数据总览”界面中单击相应数据集“操作”列的“查看”，进入音频数据显示界面，单击“标注音频”按钮，打开如

图 5-4 所示的标注音频界面。可以看到标签栏中有 3 个标签——人声、物体声和动物声，左边部分为声音样本数据的播放区。用户可以根据声音内容进行标注或添加新的音频文件后进行标注。

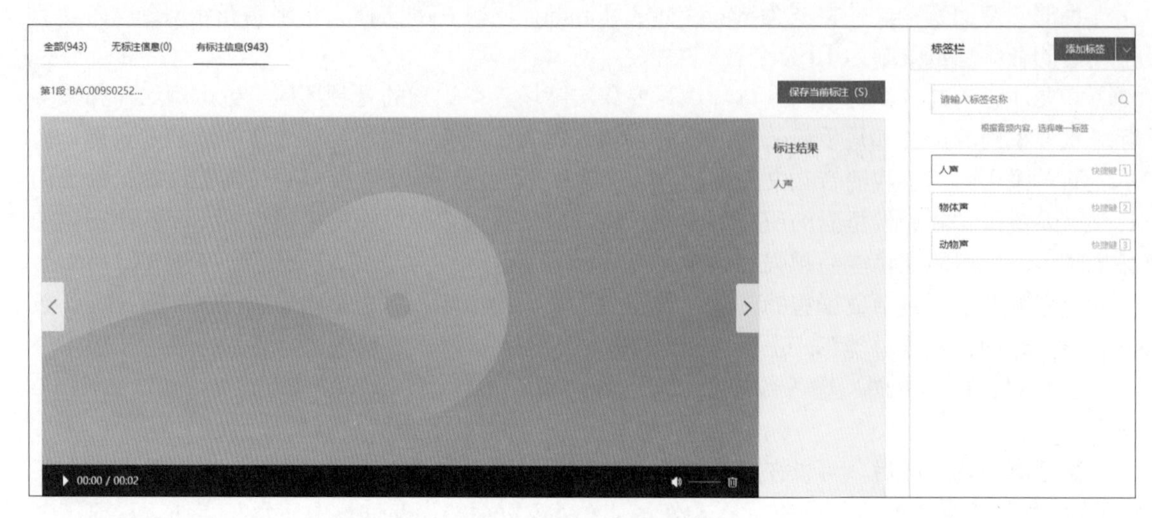

图 5-4　标注音频界面

5.2.4 模型训练

完成数据准备后，接下来进行模型训练。创建模型后，可以通过单击左侧导航栏中“模型中心”组的“我的模型”，在打开的“模型列表”界面中单击相应模型后面的“训练”按钮，或者单击左侧导航栏中“模型中心”组的“训练模型”，打开模型训练的参数配置界面，如图 5-5 所示。

图 5-5　模型训练的参数配置界面

在模型训练上，目前声音分类的训练时长的主要影响因素为数据量。表 5-1 为 EasyDL 平台内部测试的训练数据量与训练时长的对应关系，仅供参考。

表 5-1 训练数据量与训练时长的对应关系

数据量	训练时长
数十个音频	60 min 左右
数百个音频	90 min 左右
数千个音频	120 min 左右
数万个音频	150 min 以上

完成配置后，单击“开始训练”按钮即可启动模型训练，训练状态转变为“训练中”。在训练完成后，“模型效果”列包含 top1 准确率和 top5 准确率，如图 5-6 所示。

【声音分类】认识声音 模型ID：144148 训练 历史版本

部署方式	版本	训练状态	服务状态	模型效果	操作
公有云API	V1	训练完成	已发布	top1准确率：92.76% top5准确率：100.00% 完整评估结果	查看版本配置 服务详情 校验

图 5-6 训练完成后的声音分类模型

若想获取更为详细的结果，可以单击“模型效果”列的“完整评估结果”，打开完整评估结果界面，其中的整体评估部分如图 5-7 所示，音频数为 943，分类数为 3，训练时长为 5 min，效果优异。具体参数有 top1 ～ top5 的准确率、F1-score、精确率和召回率。其中，top1，top2，…，top5 是指对于每一个评估的音频文件，模型会根据置信度高低，依次给出 top1 ～ top5 的识别结果，top1 的置信度最高，top5 的置信度最低。top1 的准确率值是指对于评估标准为“top1 结果识别为正确时，判定为正确”给出的准确率；top2 的准确率值是指对于评估标准为“top1 或者 top2 只要有一个命中正确的结果，即判定为正确”给出的准确率，以此类推。

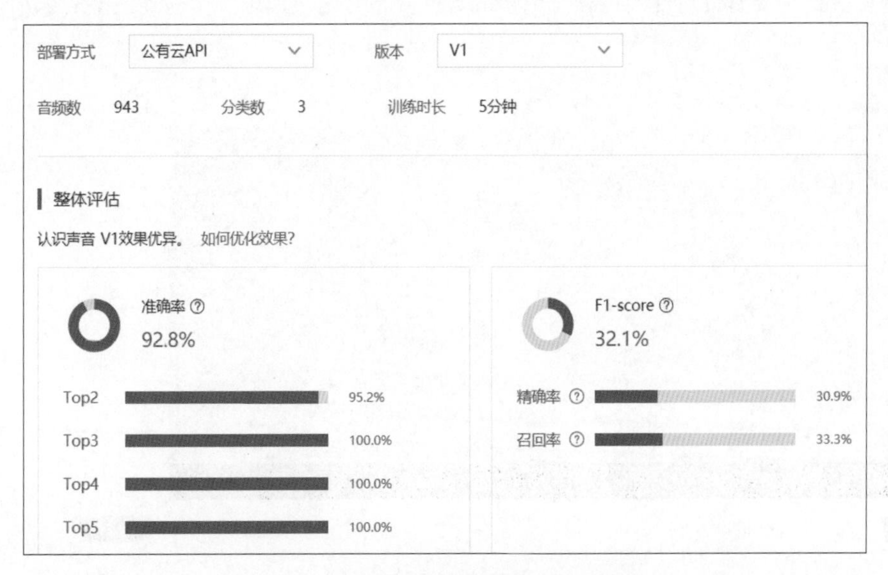

图 5-7 声音分类模型的整体评估情况

在获得模型评估结果的基础上，接着启动模型校验功能来测试未进行训练的音频数据。单击左侧导航栏中的“校验模型”，选择指定的模型并单击“启动模型校验服务”按钮，打开如图 5-8 所示的校验界面，在界面左半部分单击“点击添加音频”按钮完成数据导入，这里还可以调整识别结果的阈值。在这一步中尽量上传不同类别的数据进行充分测试，并在测试过程中线下记录识别错误的音频。

图 5-8　声音分类模型的校验界面

图 5-9 为模型校验示例，在成功导入待测试的音频文件后进行模型校验，识别结果为该声音属于各分类的概率，同时用户也可以单击播放按钮进行人工核查。导入一个人声文件，识别结果属于人声的概率为 100%。经过多次测试发现人声类别的识别结果较好，但动物声和物体声类别的识别效果稍显不足，为此需要有针对性地再补充更多的数据样本并迭代训练，以提高模型的识别效果。

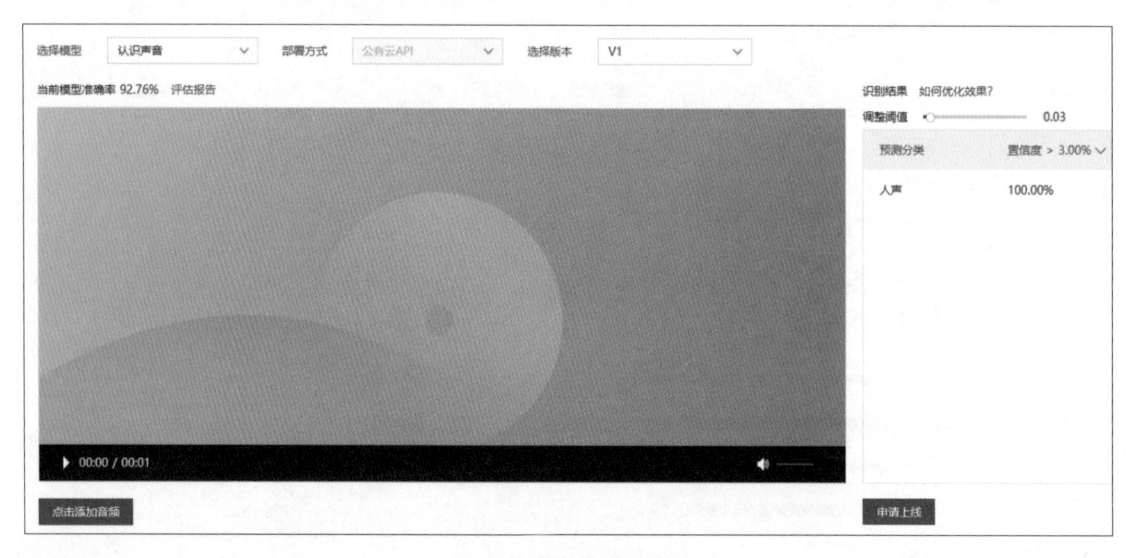

图 5-9　模型校验示例

由于声音信号的复杂性和易受干扰的特点，这里需要强调的是，在测试过程中应关注以下内容。

- 不同分类的准确率是否存在明显差异？
- 识别错误的音频是否存在一些共性？比如设备相似、音调相似、环境相似等。
- 人耳能否明显分辨识别错误的音频？

在充分测试模型效果的基础上，如果发现模型效果欠佳，建议按照以下顺序分析并优化模型效果。

首先，检查欠佳的模型是否存在训练数据过少的情况，建议每个类别的音频量不少于200个，如果低于这个量级建议扩充。在扩充的数据中需要一并检查不同类别的数据量是否均衡，建议不同类别的数据量级相同，并尽量接近，如果有的类别数据量高，有的类别数据量低，那么可能会存在不同类别的准确率不同，同时低准确率的分类会降低整体模型的效果。

其次，需要检查测试模型的音频数据与训练数据采集来源是否一致。如果采集设备不一致或者采集的环境不一致（录音室环境及实际生产环境的差异），那么很可能会存在模型效果不错但实际测试效果较差的情况。针对这种情况建议重新调整训练集，使训练数据与实际业务场景数据尽可能一致。

最后，需要确认，对于识别错误的音频，人耳是否能清晰分辨。如果存在模型效果很难超越人耳的识别精度效果的情况，则需要在百度云控制台内提交工单进行反馈。

当模型效果满足要求后，可以申请发布模型，发布操作流程同第4章中的文本分类模型。后续用户可以根据具体需求做二次开发，在程序中调用该模型的应用接口。

5.3 语音识别

语音识别技术是让机器通过识别和理解过程把语音信号转变为相应的文本或命令的技术，也就是让机器听懂人类的语音，其目标是将人类语音中的词汇内容转化为计算机可读的数据。在人工智能领域，语音识别是非常重要的组成环节，因为语音是系统获取外界信息的重要途径之一。与键盘输入、鼠标输入、触摸屏输入等输入方式相比，语音输入更为迅捷、高效。由于语音识别技术独特的优势，近年来多种设备都集成了语音识别处理系统，如手机、音箱、汽车等。

训练语音识别模型适用的应用场景如下。

- 金融、医疗、航空公司智能机器人对话等短语音交互场景，使用领域中的专业术语进行训练，提高对话精准度。
- 智能硬件语音控制、App内语音搜索关键词、语音红包等场景，训练固定搭配的指令内容，让控制更精确。
- 农业采集、工业质检、物流快递单录入、餐厅下单、电商货品清点等业务信息语音录入场景，训练业务中的常用词，录入的结果更加有效。
- 运营商、金融、地产销售等电话客服业务场景，使用领域中的专业术语进行训练，提高对话精准度。

在垂直业务领域，通用语音识别模型的准确率难以满足实际应用需求，因为语音识别应用场景的专业词汇较集中，如医疗词汇、金融词汇、教育用语、交通地名、人名等，识别结果往往会存在“同音不同字”的情况，例如，“虹桥机场”识别为“红桥机场”，“债券”识别为“在劝”等。另外，语音识别结果不准确会带来更高的后期处理成本，并且对语音识别模型的针对性优化训练存在技术门槛高、成本高、训练周期长等缺点。而使用 EasyDL 平台的语音识别模型，只需要用户准备好样本数据，通过自助训练语言模型的方式可以有效提升业务场景下的语音识别准确率。

5.3.1　问题分析

在日常生活中经常会碰到一些难题，比如家里来客人适合做什么菜、位置附近有哪些超市或者银行，这时人们常会进行线上查询。但是，当用户不方便用手指输入信息时，会倾向于用语音进行操作。在这个过程中，机器对于语音的识别和理解非常重要，因此，可以设计一款生活小帮手，为用户和机器间搭建沟通的桥梁。用户通过语音与机器进行交流以完成相应任务。

首先需要准备音频数据，EasyDL 平台指定的文件类型为 pcm、wav，可以利用录音设备进行声音录制，如手机、录音笔等，录音过程中尽量保证始终处于相对安静的环境下，这样生成的数据质量较高，训练出来的模型较好。完成数据采集后，必须对数据进行标注，并将标注信息以文本文档的格式保存。

如图 5-10 所示，语音识别模型产生的基本流程与声音分类模型不同，主要包含 4 步——创建模型、评估基础模型、训练模型和上线模型。

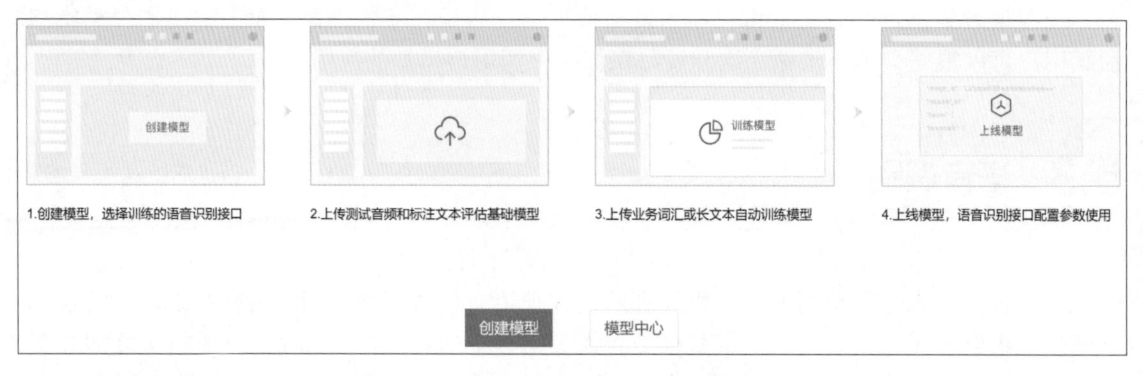

图 5-10　语音识别模型产生的基本流程

5.3.2　模型的创建与评估

在模型创建阶段，需要完成基础信息填写、测试集上传和基础模型选择 3 个环节。测试集的作用是通过真实音频数据和对应的正确标注文本内容，对基础模型的识别率进行评估，根据评估结果自动推荐最合适的基础模型。在模型训练完成后系统自动使用该测试集评估训练后模型的识别率，可以直观地查看训练后的提升效果。

如图 5-11 所示，在基础信息填写环节选择语音识别的接口类型，在开通极速版的情况下支持短语音识别（支持 16K 采样率音频）、实时语音识别（支持 16K 采样率音频）和呼叫中心语音识别（支持 8K 采样率音频）。然后输入模型名称、功能描述、邮箱地址和联系方式，选择所属行业和应用场景，并根据使用语音技术的录音设备终端选择应用设备。

如图 5-12 所示，在测试集上传环节，需要填写测试集名称，并上传语音文件和标注文件。上传语音文件时需要将音频数据压缩成 zip 文件（注意请将所有音频文件直接压缩，不要将音频存放在文件夹内再压缩），zip 文件大小不超过 100 MB，解压后单个音频大小不超过 150 MB，具体的文件格式要求为 16 K、16 bit 的单声道 pcm/wav 文件或者 8 K、16 bit 的单声道 pcm/wav 文件（客服场景）。音频文件名中不能包含中文、特殊符号、空格等。上传标注文件时需要对应音频的标注文本文件，格式上要求标注文件内容与音频文件相对应的内容保持一致（单条音频对应文本长度不超过 5000 字），标注文件格式应为 GBK 编码的 txt 格式。标注文本的内容由音频名称、标注内容两部分构成，用 Tab 键进行分隔，带后缀或不带后缀均可，具体的文本格式为：01.pcm（Tab 键换列）今天天气真不错。

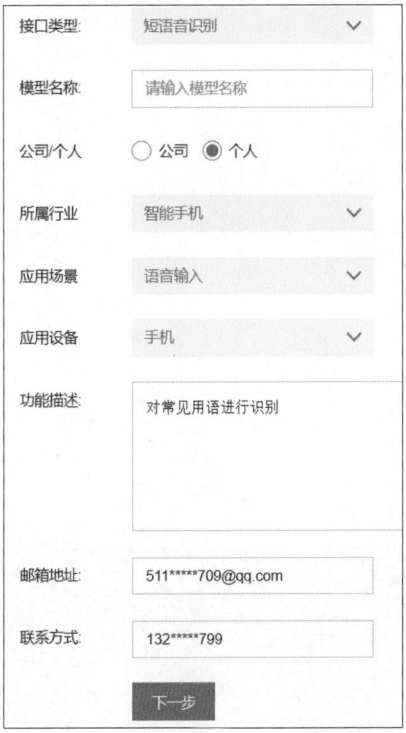

接口类型:
短语音识别
模型名称:
请输入模型名称
公司/个人
公司
个人
所属行业
智能手机
应用场景
语音输入
应用设备
手机
功能描述:
对常见用语进行识别
邮箱地址:
511*****709@qq.com
联系方式:
132*****799
下一步

图 5-11 语音识别模型中的基础信息

创建模型
① 基础信息
② 上传测试集
上传测试集:
语音示例
示例音频数据.zip
格式要求
示例标注数据.txt
格式要求
开始评估

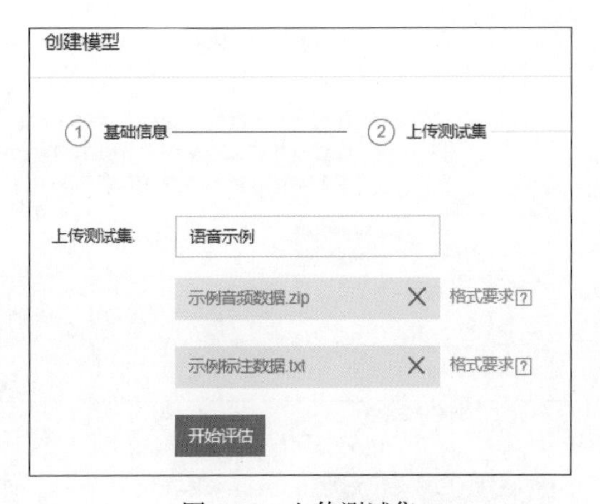

图 5-12 上传测试集

如果对要求的格式不太理解，可以从 EasyDL 平台下载相应的示例文件进行查看。

上传完语音文件和标注文件后，单击“开始评估”按钮，此时会有弹窗提示预计的评估结束时间，并自动跳转回“我的模型”界面。目前一个账号只能同时评估一个模型，在模型评估结束后，单击相应模型“操作”列的“选择基础模型”，开始选择基础模型，如图 5-13 所示。

在基础模型选择环节中，系统将根据基础模型的识别率自动推荐适合训练的基础模型，只有基础模型识别率超过 50% 才能被选择并进行训练。若基础模型识别率没有达到 50%，需要检查语音文件和标注文件内容是否匹配，若不匹配，则训练结果无意义。图 5-14 为基础模型选择界面，评估后的中文普通话模型 - 极速版（API）的模型识别率为 98.88%，且被系统所推荐。

想要知道详细的评估结果，可以单击“查看评估详情”，查看测试集在 3 种基础模型上的具体识别结果，如图 5-15 所示。评估详情包括字准、句准、插入错误率、删除错误率和替换错误率这 5 个指标，以及该测试集上的具体识别结果与标注结果的对比情况，根据识别错误信息可以更加精准地准备训练文本。用户可以单击“下载”将评估详细情况下载到本地进行查看。

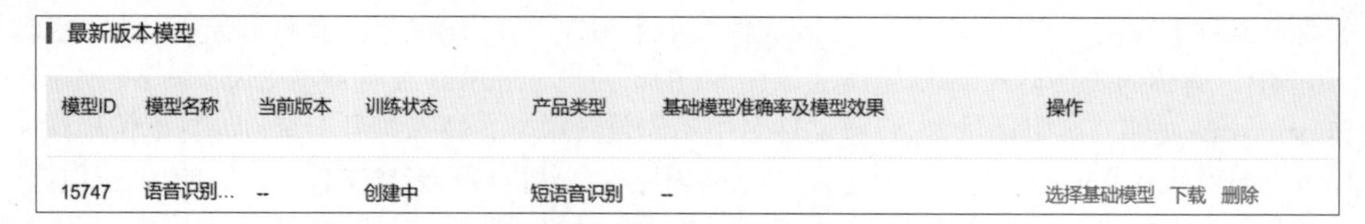

图 5-13　评估后的模型列表

图 5-14　基础模型选择界面

图 5-15　基础模型的评估详情

在“查看评估详情”界面单击“返回上一步”按钮或“创建模型”按钮可返回基础模型选

择界面，当用户认为所选基础模型可行后，单击“开始训练”按钮进入模型训练阶段。

5.3.3 模型训练

在模型训练阶段，需要上传业务场景中出现的热词（高频词汇）或者句篇，以有效提升业务用语的识别率，并通过训练持续优化。选择需要训练的模型并上传训练文本。如图 5-16 所示，目前有两种训练方式可以选择，可以上传热词、长段文本，也可以同时上传两种数据进行训练。其中热词训练支持上传热词 txt 文本文件进行训练，每个词语之间需要换行，txt 文本文件格式要求 GBK 编码，大小不超过 5 MB。句篇训练支持上传多行单句或一整段篇章（一段文字且需要符号）的 txt 文本文件进行训练，txt 文本文件的格式和大小同热词训练一样。建议上传与所需模型内容相关度较高的文本或关键词，以便最大限度地提高模型识别率。

选择模型:
语音识别示例
查看模型评估详情
选择版本:
基础模型
可选择基础模型或模型训练后版本进行迭代训练
训练方式:
以下训练方式，您可以选择一种上传文件，也可以全部上传
上传热词
格式要求
句篇示例.txt
格式要求
开始训练

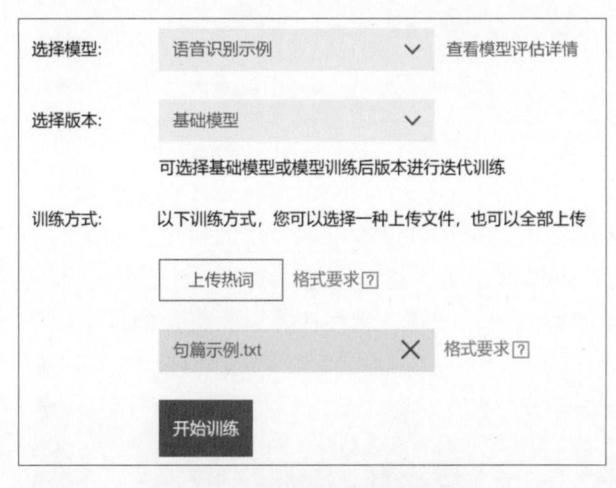

图 5-16 模型训练的参数配置

上传训练文本成功后单击“开始训练”按钮，后台进入模型训练状态，此时弹窗提示预计的评估完毕时间，并自动跳转回“我的模型”界面。如图 5-17 所示，模型训练完毕后将生成新的模型版本，在此界面可以查看模型训练结果，包括基础模型准确率和当前版本的准确率。

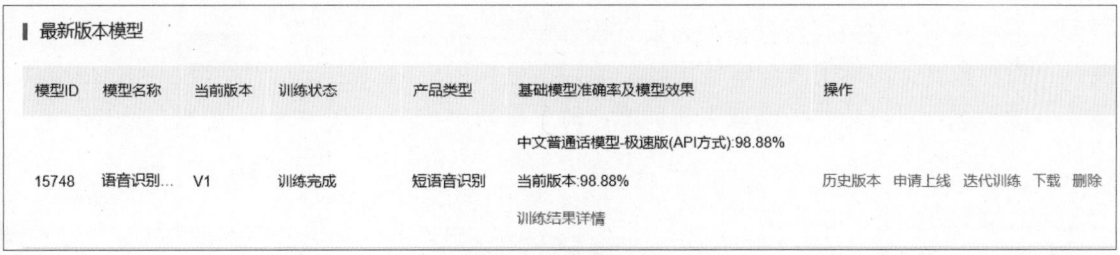

最新版本模型
模型ID
模型名称
当前版本
训练状态
产品类型
基础模型准确率及模型效果
操作
15748
语音识别...
V1
训练完成
短语音识别
中文普通话模型-极速版(API方式):98.88%
当前版本:98.88%
训练结果详情
历史版本
申请上线
迭代训练
下载
删除

图 5-17 训练后的模型

可以单击“训练结果详情”，查看训练后模型在测试集上的识别详情，如图 5-18 所示。此界面支持对识别结果的本地下载，以方便了解训练效果，也可以查看该模型的历史版本的训练结果详情。本案例有两条音频数据在识别过程中存在错误。

我的模型 > 训练结果详情

训练结果

字准:	98.88%	替换错误率:	1.12%	插入错误率:	0%
句准:	93.33%	删除错误率:	0%		

训练详情　　下载

文件名称	训练结果对比
1m-lj_2.pcm	文件标注：如何找附近的银行 训练结果：如何找附近的银行
1m-lj_20.pcm	文件标注：给我搭配一套有营养的早餐 训练结果：给我搭配一套有营养的早餐
1m-lj_21.pcm	文件标注：今天要请5个人来家里吃饭我应该怎么做出一桌饭 训练结果：今天要请**五**个人来家里吃饭我应该怎么做出一桌饭
1m-lj_22.pcm	文件标注：家里来客人了推荐一桌10道左右的菜 训练结果：家里来客人了推**进**一桌**十**道左右的菜

图 5-18　模型的训练结果详情

根据模型训练结果的情况，用户可以做出下一步的决定。如果对当前结果较为满意，可以单击“申请上线”，跳转至模型上线步骤。反之，如果对当前结果不满意，可以在当前版本上或者基础模型上继续添加新的训练语料，迭代训练以获得新的模型版本。

5.3.4　模型的上线与调用

首先在“我的模型”界面选择要上线的模型和对应版本（只有模型训练成功生成版本号才可上线），单击“申请上线”按钮（如图 5-19 所示），或者在左侧导航栏中单击“上线模型”以申请上线模型 。

目前一个账号下最多只能上线3个模型。申请上线后，需要后台管理员进行审核，审核时间需要 1 ～ 3 天，可在“我的模型”界面查看审核状态，如图 5-20 所示。审核通过后，模型自动上线，上线时间需要 1 ～ 3 天，上线过程中不可以对模型做任何操作。如果审核未通过，可以将鼠标指针放在?图标上查看审核失败的原因，根据历史版本训练情况，可以迭代训练或重新训练，然后重新申请上线。

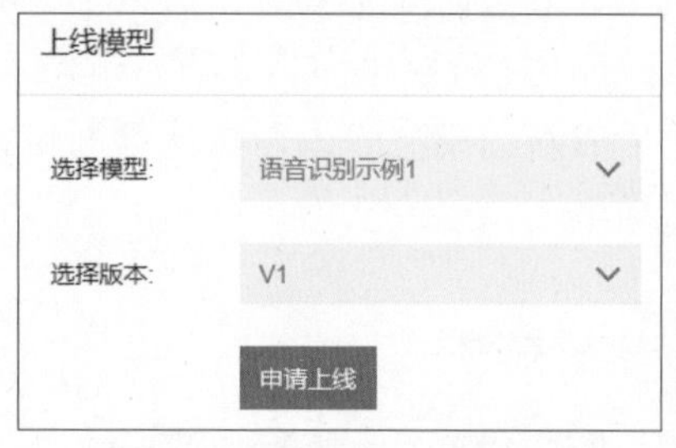

图 5-19　模型上线申请

模型ID	模型名称	当前版本	训练状态	产品类型	基础模型准确率及模型效果	操作
15748	语音识别...	V1	上线审核中 ?	短语音识别	中文普通话模型-极速版(API方式):98.88% 当前版本:98.88% 训练结果详情	预计1-3个工作日审核完成　取消申请　下载

图 5-20　模型上线审核

上线通过的模型意味着可以正式被调用。在“我的模型”界面单击“模型调用”，查看该模型的使用方法。也可以在左侧导航栏中单击“模型调用”，选择需要调用的模型，如图 5-21 所示。接下来创建语音技术应用（若已创建可直接使用），获取鉴权参数 API Key 和 Secret Key，再获取专属模型参数——模型 ID 和基础模型 pid，最后配置好鉴权参数和专属模型参数即可进行模型调用。

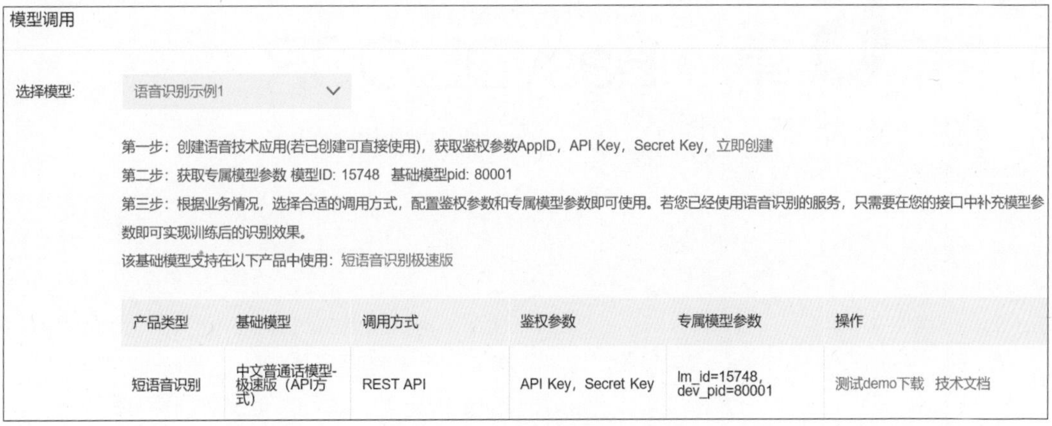

模型调用

选择模型: 语音识别示例1

第一步：创建语音技术应用(若已创建可直接使用)，获取鉴权参数AppID，API Key，Secret Key，立即创建

第二步：获取专属模型参数 模型ID: 15748 基础模型pid: 80001

第三步：根据业务情况，选择合适的调用方式，配置鉴权参数和专属模型参数即可使用。若您已经使用语音识别的服务，只需要在您的接口中补充模型参数即可实现训练后的识别效果。

该基础模型支持在以下产品中使用：短语音识别极速版

产品类型	基础模型	调用方式	鉴权参数	专属模型参数	操作
短语音识别	中文普通话模型-极速版（API方式）	REST API	API Key，Secret Key	lm_id=15748，dev_pid=80001	测试demo下载 技术文档

图 5-21　模型调用详细信息

小结

本章内容围绕声音分类、语音识别这两类模型展开介绍，选取典型应用问题并进行需求分析，详细说明了 EasyDL 平台的操作流程。读者在采集数据时需要考虑声音所处的环境。语音分析的应用领域非常广泛，包括语音对话、语音指令、语音录入、电话客服、安防监控、科学研究等场景。读者可以多去寻找和发现生活、工作中的更多场景，运用语音分析技术，同时结合图像分析、文本分析等技术，打造人工智能综合应用场景。

练习

1. 根据城市中常见的声音类型去采集声音信号，设计并实现城市声音事件分类模型。
2. 分析语音识别技术常用场景的特点，解释如何利用好语音识别技术以助力系统使用。
3. 请结合自己的方言或者讲话方式，采集自己的声音，设计并实现语音识别功能。

第6章 EasyDL OCR

OCR 是 Optical Character Recognition 的缩写，即光学字符识别，它是一种文字自动输入方法，输入数据为图像，输出数据为图像中包含的文字。OCR 技术在金融、医疗等行业应用非常广泛。

本章将介绍如何使用 EasyDL 平台的 OCR 技术提取特定格式文档中包含的感兴趣的信息。

6.1 OCR 简介

OCR 技术利用扫描仪、数码相机、手机等电子设备采集数据，通过计算机和人工智能可以将票据、报刊、书籍、文稿、其他印刷品以及电子文档等介质中包含的文字信息提取出来，将其转化为计算机可以处理的文本格式，便于用户提取所需信息或进行进一步编辑加工。

当今社会对于 OCR 的需求进入了新的阶段，主要体现在两个方面：一方面是当前数据的 OCR；另一方面是历史数据的 OCR。在当前数据方面，日常生产、生活和各种商业活动产生了大量的纸质材料，材料中包含的关键信息需要进行智能提取，便于对接信息化系统，如大量保险行业相关票据需要核对和汇总。在历史数据方面，随着人工智能和大数据时代的到来，历史资料和档案蕴含着丰富的、有价值的信息，需要进行数字化处理，如历史档案中的信息提取后可以供数字化分析使用，工业生产中的历史配料记录提取后可以支持智能决策系统的分析和设计。

根据识别对象的数据来源，OCR 可以分为印刷体文字识别和手写体文字识别。当 OCR 技术识别印刷体中的纯文本时，其较高的准确率还是令人满意的。但对于包含表格、插图等复杂结构、多种内容类型的图像，OCR 技术的处理速度和还原度有待提高，且文字识别之后的版式还需要更细致的处理。不同的用户关心的 OCR 内容也有所区别，如对于发票中关键信息的提取，财务人员关心发票的真伪，因此会关注发票的代码、号码等信息，而审计人员更关注产品名称、单价、数量等信息，这些数据是财务活动合理性审核的依据。

6.2 OCR 的应用领域和场景

OCR 技术的应用领域很广泛，它可以替代用户的键盘操作，高速、批量、准确地完成文字输入任务，极大地提高工作效率、减轻工作强度。下面给出 OCR 技术应用的一些典型场景。

1. 卡证文字识别

该功能可以自动识别具有固定结构布局的证件，如身份证、银行卡、营业执照、护照、户口本等常用卡片及证照，输出关键字段内容，可以用于身份认证、金融开户、征信评估、商户入驻等业务场景。

随着城市汽车保有量的逐年增加，停车位紧缺成为城市交通一大顽疾，停车难、停车贵等问题日益突出。共享汽车一时成为新风口，备受行业关注且发展迅速，但平台监管以及用户资质管理是一个巨大的问题。共享汽车的使用又涉及车辆违章处理、保险理赔等方面，必须要有明确的责任人，因此对于用户的资质审核、身份证及驾驶证信息的录入和审核都是非常重要的。利用 OCR 技术可以智能识别卡证中包含的文字信息，简化用户填写过程，提升用户体验，并减少信息填写错误情况的发生。

2．财务票据文字识别

该功能可用于财税报销、税务核算等场景所涉及的各类票据的结构化识别，包括银行回单、增值税发票、定额发票、机打发票、火车票、出租车票、汽车票、飞机行程单、过路过桥费发票、船票、银行汇票、支票等常见票据。

利用 OCR 技术可以智能、快速、高效、大批量地从证件和发票中提取所需字段信息，大幅度提高工作效率。

3．医疗票据文字识别

该功能可以用于对医疗发票、医疗费用明细、医疗费用结算单、病案首页、出院小结、医疗检验报告单、保险单等单据进行结构化识别，可用于保险理赔、健康管理等业务场景。

在保险医疗理赔过程中，票据反复上传、报销周期长是目前保险行业面临的共同考验。使用 OCR 技术可以在提升问题反馈速度和提高录入效率两方面体现价值。在提升问题反馈速度方面，OCR 技术对客户上传的文档进行信息提取，提供实时分析和反馈，辅助客户完成理赔资料的上传；在提高录入效率方面，使用 OCR 技术完成理赔资料的结构化解析，减少理赔人员手工录入的内容，让理赔人员由录入转为复核，极大地提升理赔效率。

4．通用场景文字识别

该功能用于对多种通用场景、多种语言的高精度整图文字检测和识别服务，包括各类印刷和手写文档、网络图片、表格、印章、数字、二维码等；可用于纸质文档电子化、办公文档/报表识别、图像内容审核、快递面单识别等场景。

在中小学新生入学时，学校老师需要对新生信息进行登记。传统的新生学籍资料管理方式是家长手动填写信息，并将复印好的资料交给老师，由老师进行资料整理并手动录入系统，流程烦琐、复杂且录入准确性低。使用 OCR 技术可以实现新生户口本、身份证等证件信息的结构化识别，并自动填入系统，省去老师录入的环节，极大地提高了工作效率，缩减了人力成本。传统方式下多位老师花费数天的工作，现在仅需 10 min 即可完成，学生家长填写资料的时间也由人均 1 h 缩短到人均 15 min。OCR 后形成的数据也为后期智能校验提供了准确的数据来源，从而实现学生信息准确完整、全面可查，可以为校园系统管理、学生资料管理等常见的校园行政工作提供基础数据，减少重复劳动。

5．交通场景文字识别

该功能用于对货运物流、交通出行、汽车服务场景中所涉及的各类卡证、票据进行结构化识别，包括行驶证、驾驶证、车牌、VIN、车辆合格证等。

在汽车销售行业中，管理人员需要每日进行店内盘点并与销售记录做详细比对，以确保车辆状态受控。而传统盘点作业采用离线方式，由操作人员使用纸质盘点单对车辆逐个点数。这种方式既烦琐、低效，又因为无法确认车辆身份存在误盘、错盘风险。17 位的 VIN 是汽车的身份证号，也是车辆身份确认的重要依据，包含车辆的生产厂家、年代、车型、发动机代码及组装地点等信息。使用 OCR 技术识别车辆的 VIN，可以完成从人工手动输入 VIN 到机器智能识别 VIN 的升级。操作人员可以在手机上轻松生成盘点单，通过对车辆 VIN 进行拍照并上传识别，有效确认车辆身份；同时照片会实时记录车辆所在位置的经纬度，以确认车辆位置有效。基于 OCR 的车辆盘点可以节省车辆盘点时间、大幅提升审查效率与准确率，提升对在售车辆的风控能力。

6.3 EasyDL OCR 简介

在实际应用中，大量的个性化文档需要进行识别和处理。EasyDL OCR 支持自定义输入文档结构、识别图片文字信息和输出字段，满足个性化卡证票据识别需求。

6.3.1 EasyDL OCR 处理流程

1．数据标注

与图像和文本智能处理相比，由于 OCR 处理的对象、目的不同，数据标注方法也有很大区别。用户创建数据集并上传真实图片后，需要定义数据识别字段作为标注标签，在图片中框选对应的 Key/Value 内容区域，自动识别框选区域内容以完成转写，标注人员对识别结果进行查验、纠正即可完成标注。

2．虚拟数据生成

为了提高训练数据数量和模型的泛化能力，EasyDL OCR 提供了虚拟数据生成服务。基于已标注数据，用户将图片中已框选 Value 区内容进行抹除，选择对应的字体、字号、颜色，并根据该字段的内容选择相匹配的语料库，即可完成虚拟数据生成底板的创建，并基于此底板生成任意张版式相同但内容不同的虚拟数据，快速扩充数据集规模，结合真实数据一同用作模型训练集。用户可以根据处理任务和数据数量，选择是否进行虚拟数据的生成。

3．模型训练与管理

用户选择包含已标注数据及虚拟数据的数据集后即可进行训练。训练结果会同时输出预测准确率以供参考。用户可扩充数据集对现有模型进行迭代训练，产出新版本。

4．服务部署

模型训练完成后，用户可上传真实数据进行模型校验，效果满意后即可一键发布上线，自动分配机器资源完成部署，并生成标准 API 供业务调用。

6.3.2 EasyDL OCR 产品优势

EasyDL OCR 的产品优势如下。

- 零门槛操作。EasyDL OCR 提供一站式流程化训练，并预置最佳预训练模型及训练参数，无须算法基础和关注算法细节即可完成模型训练。
- 高精度效果。基于丰富的商用模型实训经验，EasyDL 平台预置最佳实践产出的预训练模型，并基于实体检测模型进行训练，模型平均准确率可达 90%。
- 低成本数据。EasyDL OCR 提供可视化数据管理平台，对上传图片进行智能预标注，仅需核对、修改即可完成标注，并可基于一张标注图片批量生成虚拟数据，快速扩充训练集，启动模型训练。
- 超灵活部署。EasyDL OCR 支持多种部署方式，公有云服务可一键部署，即刻生成 Restful API，毫秒级调用响应，高并发承载。同时，EasyDL OCR 支持私有化部署，可用于搭建企业内部 AI 中台，也支持产出模型容器化打包进行本地部署，快速完成项目交付。

6.4 EasyDL OCR 操作案例

6.4.1 问题背景

单位和个人在购销商品、提供或接受服务以及从事其他经营活动中，发票是会计核算的原始依据，也是审计机关、税务机关执法检查的重要依据。

对于单位而言，发票是财务活动的依据和缴税的费用凭证；对于员工而言，发票是财务报销的依据。各种企事业单位的经济活动都涉及发票认证和真伪查验。传统的发票为纸质发票，近些年国家大力推广电子发票，不但可以大幅节约发票印制等成本，而且可以与企业内部的各种信息系统相结合，有助于企业本身的账务处理，并能及时给企业经营者提供决策支持。此外，电子发票在保管、查询、调阅时更加方便，而且可以减少纸质发票的资源浪费现象，减少森林的砍伐，更加环保。

防伪是电子发票使用中的重要环节，用户可以通过国家税务总局全国增值税发票查验平台查验真伪。下面以某单位财务系统中的增值税发票查验为背景来介绍 EasyDL OCR 的应用方法。

6.4.2 需求分析

图 6-1 给出某单位财务系统中增值税发票查验的界面。在发票查验过程中，需要用户手动输入发票代码、发票号码、开票日期、发票金额（不含税）与校验码 5 个字段的信息。查验之后，在财务系统中打印出发票的这些字段的相应信息，随发票一起提交到财务部门进行报销。

目前该系统采用的方式是报销人员手动输入，费时费力，容易出错。考虑利用人工智能自动识别并提取相关信息。在真实应用场景中，用户上传电子发票的原始图片，智能识别后返回 5 个字段的信息。

（a）发票查验界面

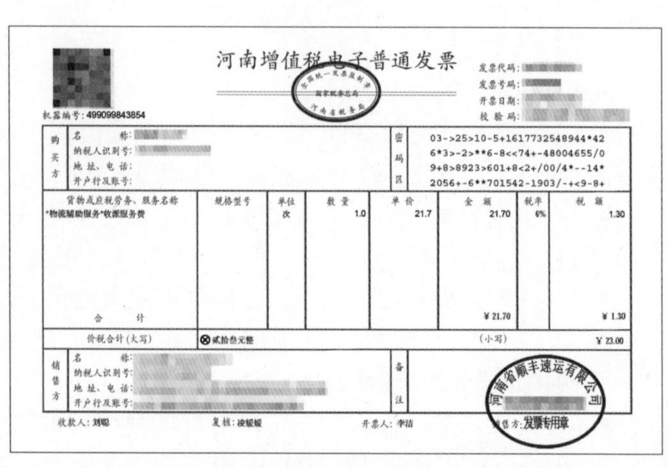

（b）增值税发票图像

图 6-1 增值税发票查验

6.4.3 数据准备

将 37 张电子发票作为训练集，这些电子发票来源于多个省份，版式布局整体相同但局部有少许差异。

EasyDL OCR 支持 jpg、png、bmp、jpeg 共 4 种图像格式，允许对包含多种格式的数据集进行训练。常见的电子发票有 PDF 和 jpg 两种格式，若电子发票为 PDF 格式，则需要首先进行格式转化。格式转化可以在 PDF 阅读器中使用“另存为”的功能实现，具体操作方式如图 6-2 所示。

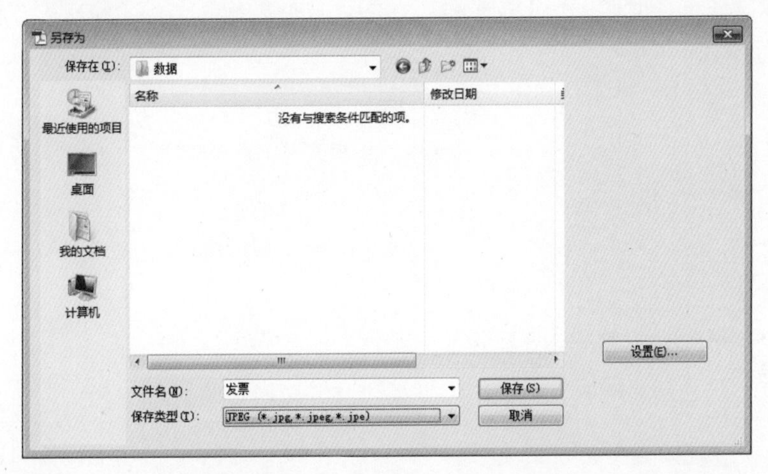

图 6-2 电子发票的格式转化：将 PDF 格式的文件另存为 jpg 格式的文件

6.4.4 EasyDL OCR 操作步骤

1. 任务选择

打开 EasyDL 平台官网，将鼠标指针移至“操作平台”上方，在弹出的界面中单击“文字识别”，如图 6-3 所示。

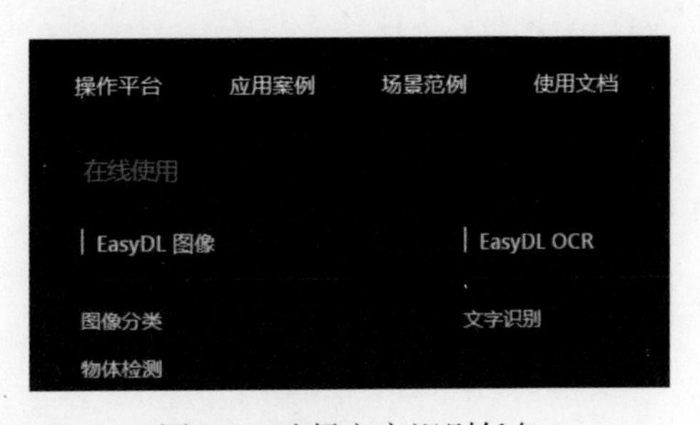

图 6-3 选择文字识别任务

2. 创建模型

单击左侧导航栏中“模型中心”组的“我的模型”，在“我的模型”界面单击“创建模型”按钮，或者直接单击左侧导航栏中的“创建模型”，进入图 6-4 所示的“创建模型”界面。

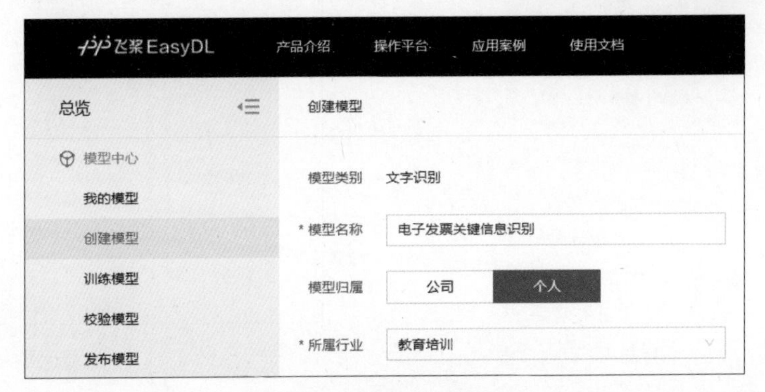

图 6-4 创建模型界面

创建模型时需要填写模型名称“电子发票关键信息识别”，并填写邮箱地址、联系方式、功能描述等信息。填写之后单击“创建”按钮即可进行模型创建，此时 EasyDL 平台已经自动为该 OCR 模型创建了一个 ID，如图 6-5 所示。

3. 创建数据集

单击左侧导航栏中的“数据总览”，在打开的“我的数据总览”界面中单击“创建数据集”按钮，进入图 6-6 所示的创建数据集界面，在“数据集名称”文本框中输入“电子发票数据集”。需要注意的是，这里的“数据类型”为“图片”。最后输入数据集描述，单击“创建”按钮完成数据集的创建。注意，此时 EasyDL 平台已经为该数据集分配了一个 ID。

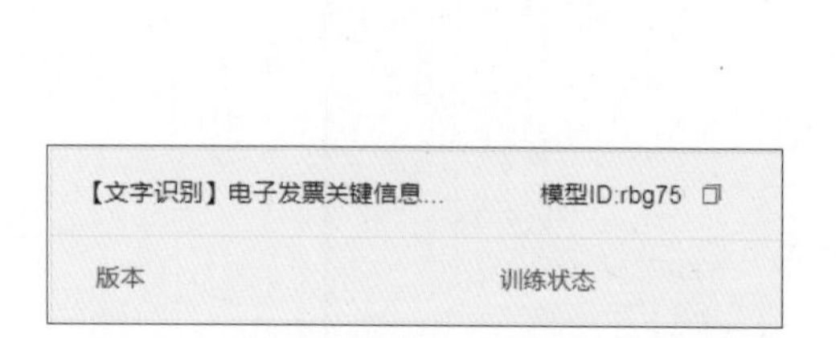

图 6-5　模型创建完成

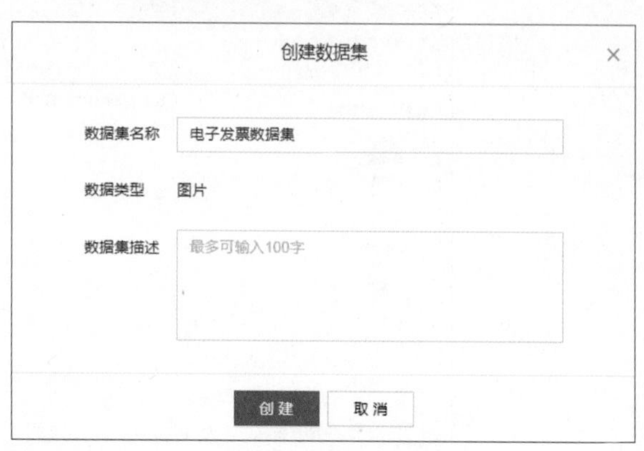

图 6-6　创建数据集

4. 导入数据

单击相应数据集“操作”列的“导入”，即可开始导入数据，将电子发票图片上传到 EasyDL 平台的服务器上，利用服务器的算力进行模型训练。图 6-7 给出导入未标注图片的界面，系统支持以图片方式导入，也支持以压缩包（仅支持 zip 格式）方式导入，图片方式导入一次最多可以导入 5 张，压缩包方式一次可以导入 1 个包含多张图片的压缩包。

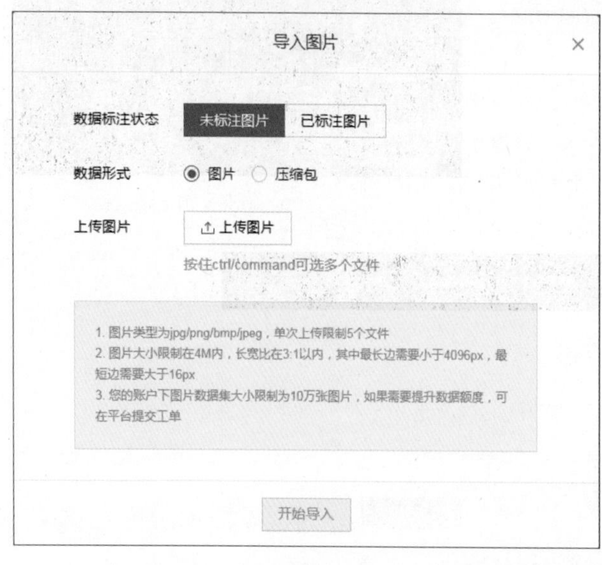

（a）图片导入

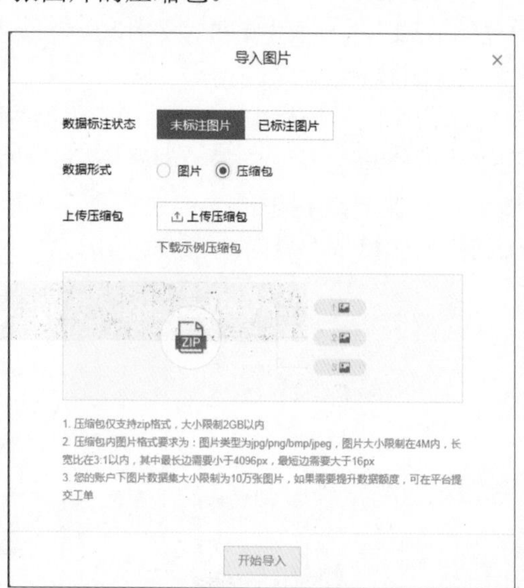

（b）压缩包导入

图 6-7　导入未标注图片的方式

EasyDL OCR 训练所需图片数据一般在 30 张以上。若采用图片导入方式，则需要重复操作 6 次以上，较为烦琐。因此本例采用压缩包的方式一次导入多张图片。由于压缩软件默认格式不同，建议鼠标右击要压缩的文件，在弹出菜单中选择“添加到压缩文件”命令，在弹出的对话框中将压缩文件格式设置为 zip 格式，如图 6-8 所示。

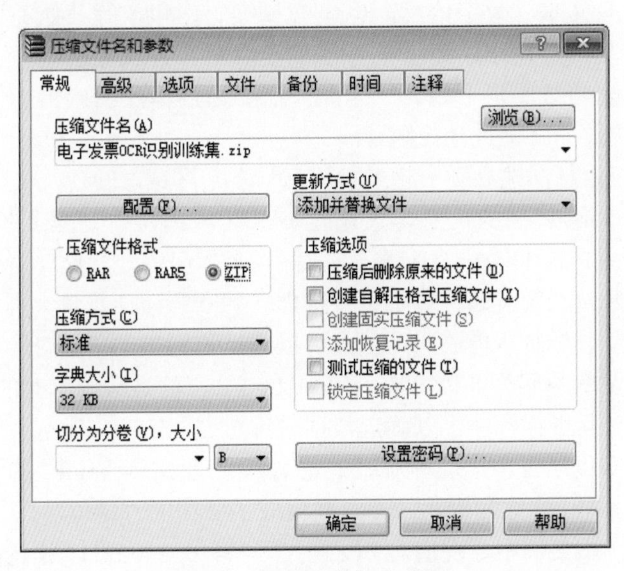

图 6-8　压缩文件格式设置

此外，系统还支持导入已标注图片，已标注图片只能以 zip 格式的压缩包形式导入，文件大小限制在 2 GB 以内。可下载示例压缩包查看标注格式要求，导入界面如图 6-9 所示。

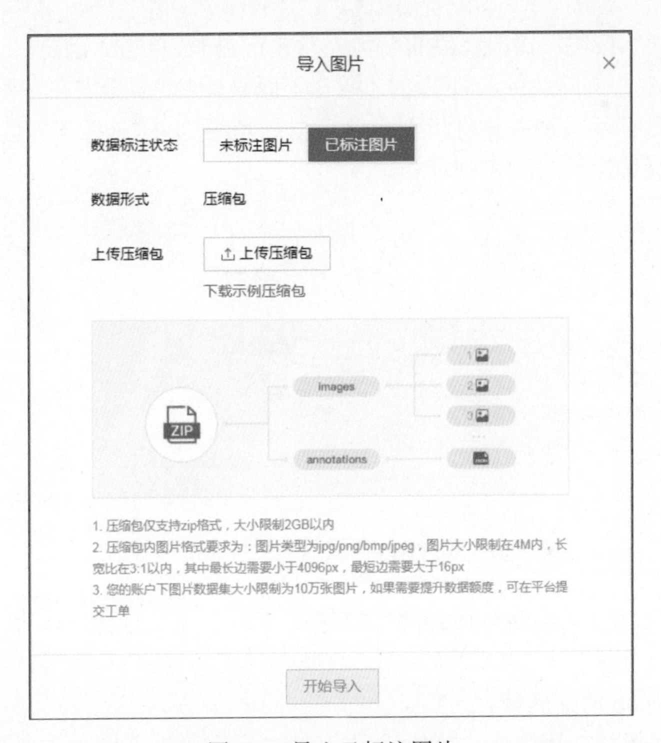

图 6-9　导入已标注图片

5. 标注方案与操作

若导入的数据未包含标注信息，则需要对电子发票图片进行标注。在标注之前，首先分析本案例中 OCR 对标注的要求。

要求 1：给出位置信息，明确待识别区域。

图片中包含大量的文本、数字信息，也包含二维码、印章等其他类型的信息。识别出不感兴趣的信息，既不是用户需求，还会额外增加计算量、延长响应时间、耗费大量算力。因此，识别所有信息，既非必要也不划算。为此，需要通过标注出感兴趣信息所在区域来告知 EasyDL OCR 对指定位置的文字进行识别。

要求 2：给出顺序信息，建立多个感兴趣信息与多个区域之间的一一对应关系。

若图片中包含 n 个感兴趣的信息，仅确定 n 个区域的位置还是不够的，二者之间存在 $n\times n$ 个可能的对应关系，而非一一对应关系。对于 OCR 而言，建立一对一的对应关系是非常有必要的，否则还需要人工智能和计算机进行推理、判断等，计算量大且不易确定唯一性。例如，针对发票代码、发票号码和校验码，虽然可以通过识别出的三者对应数据的长度进行区分（发票代码为 12 位、发票号码为 8 位、校验码为 20 位），但是数据比对的工作量增加了很多。为此，需要通过人机交互进行标注，以确定数据与位置之间的一一对应关系。

在计算机系统和编程语言中，这种对应关系可以通过 {Key:Value} 的数据结构来记录和描述，其中 Key 称为键，Value 称为值，二者共同构成了所谓的“键值对”，描述了 Key 和 Value 之间的映射关系。如在本案例中，键值对 {发票代码 :041002100211} 描述的是“本张发票的发票代码为 041002100211”这一映射关系。

下面介绍操作流程和注意事项。单击相应数据集的“操作”列的“标注”，进入标注环节，并按照如下步骤进行标注。

步骤 1：添加标注字段的 Key 和对应区域。

单击“添加字段”按钮，输入字段的名称“发票代码”，单击“确定”，在打开的界面中为数据库中添加 Key 值。单击“Key”下方的“点击后框选图片”，接着在左侧图片中使用鼠标左键框选“发票代码”字段，系统会将识别的信息自动填写到“Key”下方的文本框中。图 6-10 给出了框选 Key 区域和字段自动识别填充。

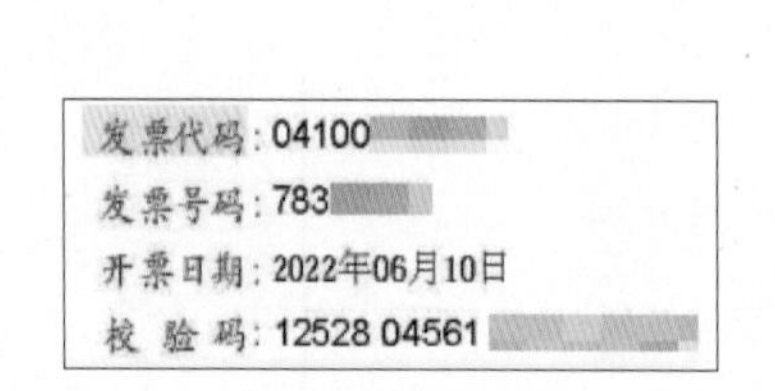

（a）框选 Key 区域

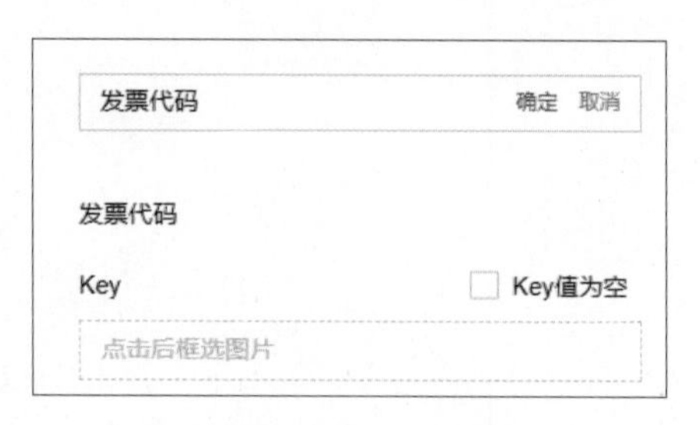

（b）字段自动识别填充

图 6-10　框选 Key 区域与字段自动识别填充

如果文本存在换行情况，则可连续逐行框选；如果不需要标注 Key 值或没有 Key 值，则选中图中的“Key 值为空”复选框即可。

步骤 2：框选 Value 所在区域。

Key 区域框选完毕后，可单击“Value”下方的“点击后框选图片”或按键盘上的 Tab 键，在左侧图片中使用鼠标左键框选对应区域，系统会将区域包含信息自动填写到“Value”下方的文本框中。Value 文本框中的内容为 Key 值对应输入，若一个 Key 值对应多个 Value（例如一个人拥有多个手机号），单击“+Value”按照如上方式添加即可。图 6-11 给出了框选 Value 区域与字段自动识别填充。EasyDL OCR 默认使用粉红色标识 Key 所在区域，使用蓝色标识 Value 所在区域。

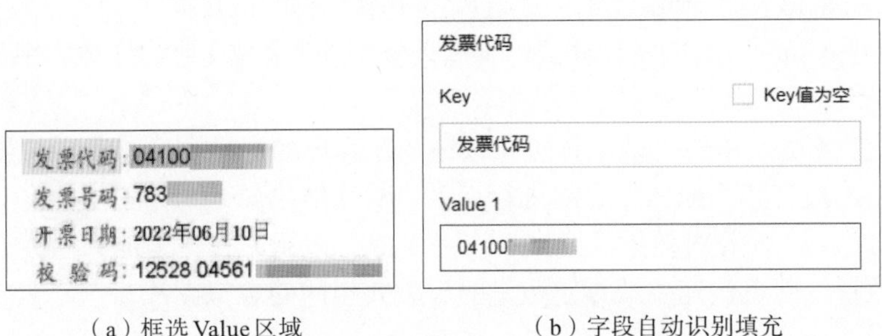

（a）框选 Value 区域　　（b）字段自动识别填充

图 6-11　框选 Value 区域与字段自动识别填充

步骤 3：重复上述操作，添加所有需要识别信息的 Key 和 Value 值。

部分电子发票中“发票代码”字段和对应的数字之间的间距比较狭窄，在框选过程中务必不要包含二者之间的冒号（:），以免影响训练和识别效果。图 6-12 给出了框选字段区域错误标注和错误识别结果。若框选时选择了错误的区域，可以单击该区域使选框显示出来，然后按键盘上的 Delete 键删除选框，再重新框选区域。若框选区域略小，可以单击该区域使选框显示出来，然后拖动选框边界做局部调整，也可以按键盘上的上、下、左、右键移动选框位置。若仍存在识别结果错误的情况，可以人工手动编辑和修改识别结果。

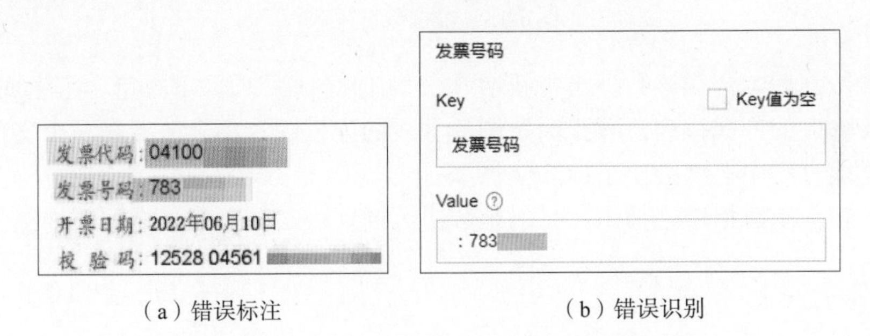

（a）错误标注　　（b）错误识别

图 6-12　框选字段区域错误标注和错误识别

若操作过程中感兴趣区域面积较小、不易选取，可以通过单击界面左侧放大标识进行放大，也可以通过键盘操作进行界面放大，即同时按住键盘上的 Ctrl 键并向上推动鼠标滚轮实现页面放大，然后再进行标注（同时按住键盘上的 Ctrl 键并向下推动鼠标滚轮实现页面缩小）。

步骤 4：保存标注。

完成全部字段标注后，务必单击“保存并下一张”按钮或按 Ctrl+S 组合键进行保存，自动切换至下一张继续标注。

标注过程中或全部数据标注完成后，可以单击左侧导航栏中“数据服务”组的“数据总览”，进入“我的数据总览”界面，单击该数据集“操作”列的“查看”，即可查看数据的整体情况，其中包括已标注图片数量、未标注图片数量。将鼠标指针放在图片上会显示“查看大

图”“生成虚拟数据”“删除”3 项。

单击“查看大图”，在弹出的对话框中可以看到输入的图片以及标注结果，便于操作者进行核对，若数据不正确，可以单击对话框下方的“修改标注”按钮进行修改，修改后注意保存。

不同省份的电子发票使用的字体、字号会略有不同，为此考虑利用 EasyDL OCR 提供的虚拟数据生成功能以生成更多的数据，进而丰富训练数据集、提高模型的泛化能力。单击“生成虚拟数据”，如图 6-13（a）所示，可以通过以下步骤生成虚拟数据。

步骤 1：调整 Value 区域的字体样式，可以调整 Value 区域文字的字体、字号、颜色等，如图 6-13（b）所示。

步骤 2：效果预览，单击“效果预览”按钮，在弹出的对话框中查看虚拟图片效果，并支持用户在“虚拟图片”和“原图”之间进行切换，对比效果。

步骤 3：批量生产，若对效果满意则单击“生成”按钮，在弹出的“生成虚拟数据”对话框中填写生成数量，即可快速生成指定数量的、版式相同的虚拟图片。

（a）虚拟数据生成提示

（b）虚拟数据生成设置

图 6-13　虚拟数据生成

生成虚拟数据后，会在该数据集中新增一个“虚拟图片”项，下方包含了生成的虚拟数据，并以类似于文件夹的方式排列，每张原始图片生成的虚拟图片单独放置在一个文件夹中，每张虚拟图片在生成过程中自动给出了标注信息。

虚拟图片使用了数据增强技术，目的是解决数据量少、数据类型之间不均衡的问题，减轻标注负担。

6. 模型训练

导入数据后即可单击左侧导航栏中“模型中心”组的“训练模型”，对训练过程进行设置。在开始训练之前，除进行“选择模型”和“训练数据”两方面的设置以外，EasyDL OCR 还提供了为“识别字段”匹配“字段类型”的功能，“字段类型”包括“常规”“纯中文”“纯数字”“数字 / 字母组合”“小写金额”“大写金额”“日期”“时间”8 种。根据本案例的问题背景，将相关字段进行设置，详情如图 6-14 所示。

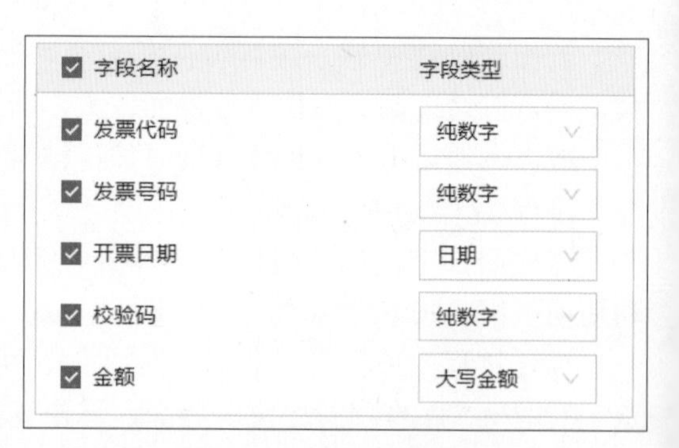

图 6-14　字段类型设置

字段类型匹配功能是一个非常实用且贴心的功能，并非可有可无。在 EasyDL OCR 数据标注过程中，不可避免地会出现各种情况。如图 6-15（a）

所示，由于操作问题，在为“Value”指定区域时，区域中包含了人民币符号“¥”，指定为“大写金额”可以避免误识别为其他数字或符号。此外，不同省份的发票日期填写方式不同，图 6-15（b）所示电子发票的开票日期是“2018-10-06”而非“2018 年 10 月 06 日”。字段类型匹配在计算机内部进行了强制数据转换，仅保留正确的、合理的、感兴趣的关键信息，且便于进行后续处理，完美地解决了上述问题。这样的功能也为用户操作提供了便利和灵活性，提高了标注速度，保证了识别精度。

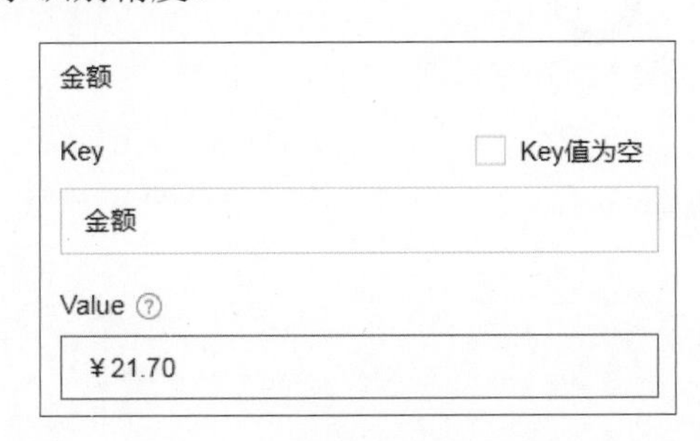

（a）金额数量符号

（b）票据开票日期

图 6-15 数据类型强制转换

训练设置包括“自定义测试集”和“高级训练配置”两项，默认是关闭状态。这两项一般不做更改，若有需要自行调整。若希望调整，先把关闭状态调为打开状态，然后进行设置。

在“自定义测试集”项中，可以上传不包含在训练集中的测试数据，可获得更客观的模型评估结果。如不自定义训练集，则随机从训练集中抽取 10% 的图片作为测试集，最少抽取 10 张。

在“高级训练配置”项中可以调整以下两个选项。

- 图像压缩阈值。默认图像尺寸为 512 像素 ×512 像素，系统也提供了“256 像素 ×256 像素”“768 像素 ×768 像素”和“1024 像素 ×1024 像素”的图像大小调整选项。但实际输入图像尺寸各异，因此建议用户选择和训练数据集中图片最长边像素值最接近的尺寸作为输入阈值，选定后将对所有图片进行等比缩小或放大，使最长边尺寸等于所选阈值。
- 训练迭代轮数。默认轮数为 40，可选范围为 10 ～ 60。训练数据全部被训练一遍为一轮，推荐 40 轮。一般情况下，训练轮数越多模型精确度越高，但耗时越长，如需要快速验证，可降低训练迭代轮数。

设置完成后，单击“开始训练”按钮即可进行训练。一般情况下，训练要求图片数据为 30 张以上。在左侧导航栏的“模型中心”组中单击“我的模型”，可以查看模型的基本信息，包括识别字段、训练数据集、测试数据集以及图像压缩阈值、训练迭代轮次等信息。

7. 训练结果分析

训练完成之后，单击左侧导航栏中“模型中心”组的“我的模型”，可以看到模型训练的结果，如图 6-16 所示。单击“模型效果”列的“完整评估结果”，可以查看模型完整评估结果。

训练状态	服务状态	模型效果
训练完成	未发布	准确率：96% 召回率：96% 完整评估结果

图 6-16 训练完成

本模型完整评估结果如图 6-17 所示。其中，平均准确率、平均召回率、平均 F1-Score 均为 96%。详细评估结果显示，开票日期字段的准确率、召回率和平均 F1-Score 均为 80%，其他字段的这些评价指标均为 100%。

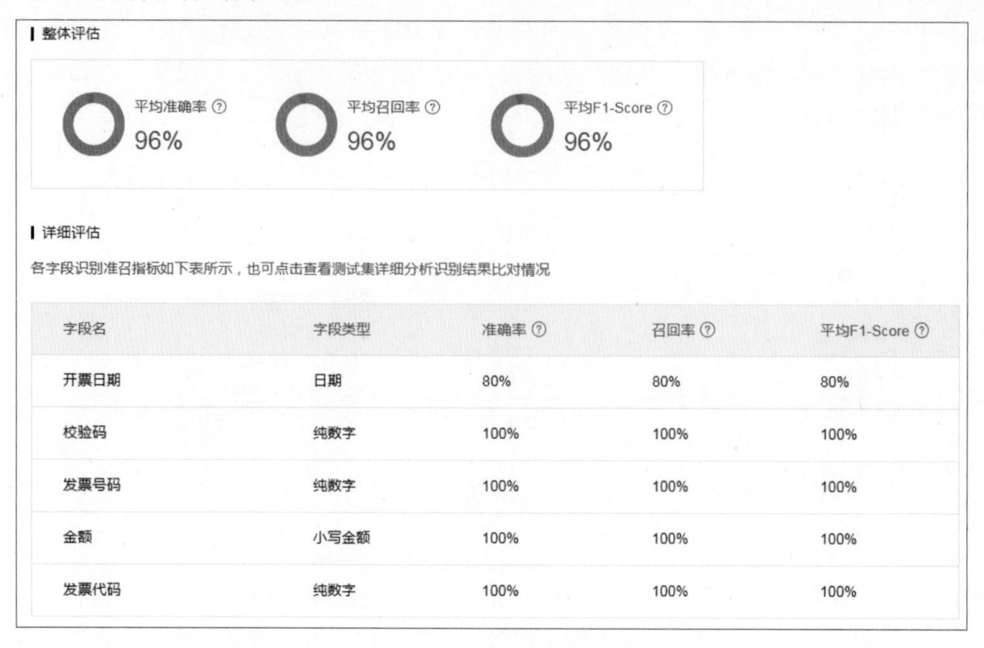

整体评估

平均准确率 96%　平均召回率 96%　平均F1-Score 96%

详细评估

各字段识别准召指标如下表所示，也可点击查看测试集详细分析识别结果比对情况

字段名	字段类型	准确率	召回率	平均F1-Score
开票日期	日期	80%	80%	80%
校验码	纯数字	100%	100%	100%
发票号码	纯数字	100%	100%	100%
金额	小写金额	100%	100%	100%
发票代码	纯数字	100%	100%	100%

图 6-17　完整评估结果

单击“查看测试集”详细分析识别结果比对情况。其中两张图片的开票日期识别错误。图 6-18 给出错误识别示例，其中图 6-18（a）给出电子发票局部区域，图 6-18（b）给出识别结果。开票日期识别结果为“2021 年 08 月 05 日”，与标注内容不符，故认为识别错误。通过对比标注数据后发现，标注区域过大，因此识别过程中包含了“：”信息。后期可以在数据集中修改标注或增加数据后再进行训练，得到模型的新版本。

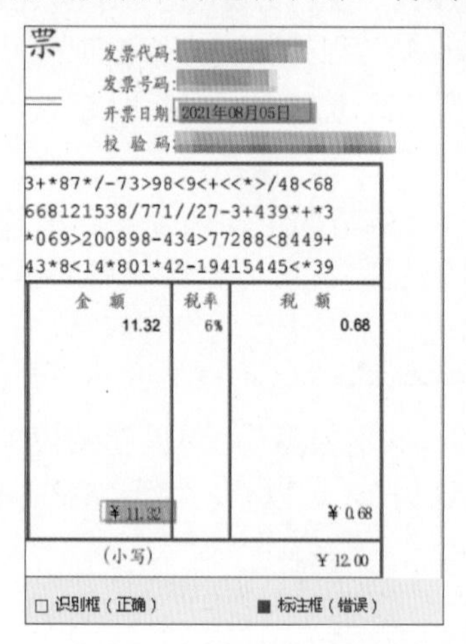

（a）输入测试发票图像（局部）

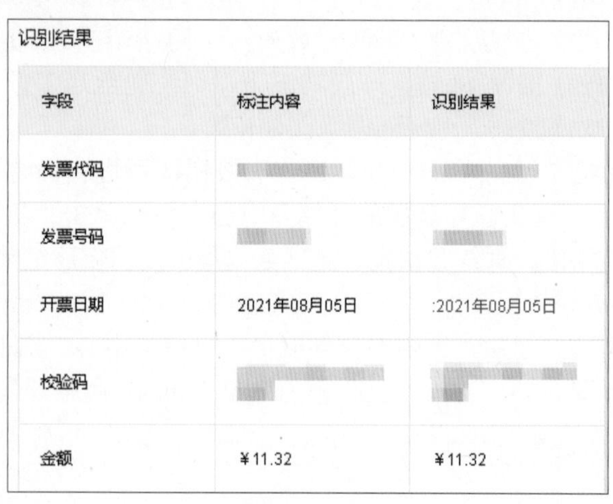

识别结果

字段	标注内容	识别结果
发票代码		
发票号码		
开票日期	2021年08月05日	:2021年08月05日
校验码		
金额	¥11.32	¥11.32

（b）识别结果

图 6-18　测试结果中的错误识别示例

8. 校验模型

在模型发布之前，需要进行模型校验，以检验模型的识别效果。单击左侧导航栏中的“校

验模型”，在“校验模型”界面选择模型和版本，然后单击“启动模型校验服务”按钮启动服务，如图 6-19 和图 6-20 所示。启动校验服务需要唤醒并使用安放在云端的服务器，因此需要耗费数分钟的时间。

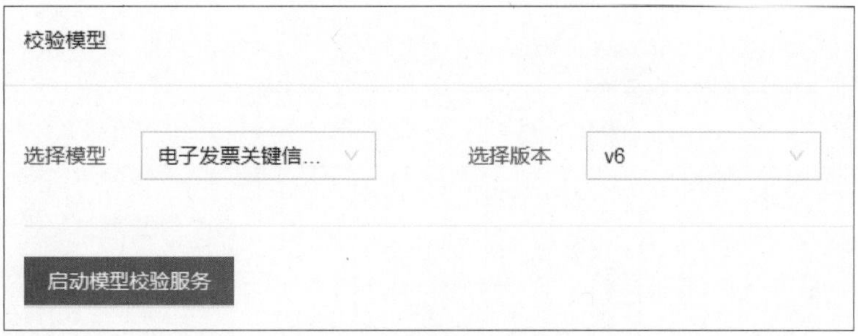
校验模型
选择模型
电子发票关键信...
选择版本
v6
启动模型校验服务

图 6-19　校验模型界面

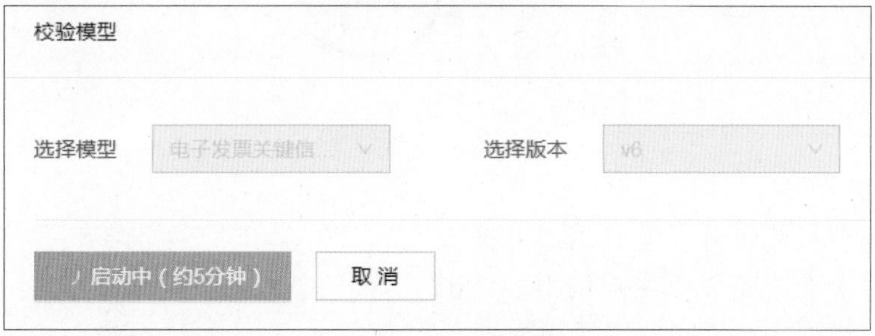
校验模型
选择模型
电子发票关键信...
选择版本
v6
启动中（约5分钟）
取 消

图 6-20　启动校验服务

校验服务启动后，界面如图 6-21 所示。

校验模型
选择模型
电子发票关键信...
选择版本
v6
停止校验
点击选择图片
图片最大不超过4M，最长边不超过4096像素

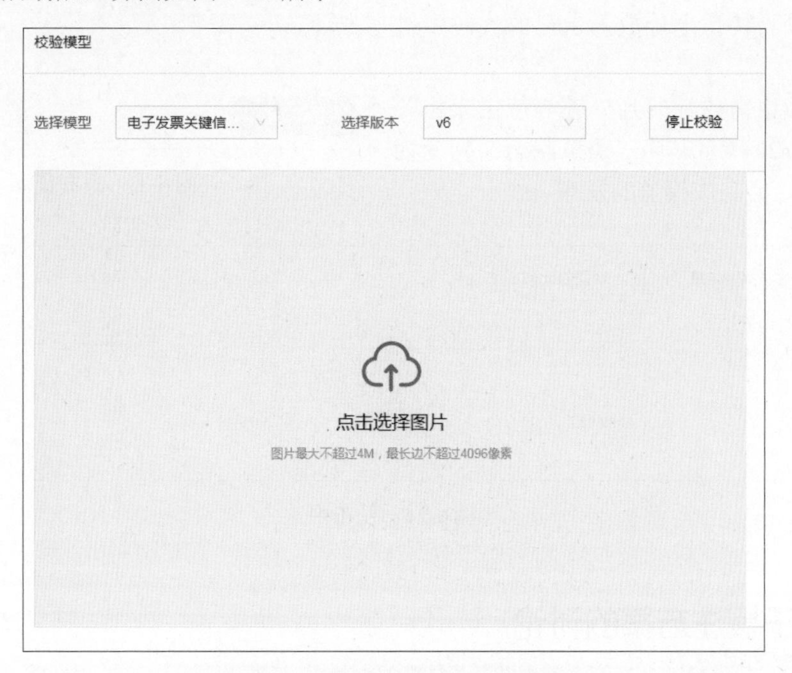

图 6-21　校验服务启动后界面

单击“点击选择图片”，选择满足校验要求的图片，即图片最大不超过 4 MB、最长边不

超过 4096 像素，识别结果将显示在右侧的识别结果区，如图 6-22 所示。经比对后发现，识别结果与图片信息吻合。若多次校验结果正确，则可以进行模型发布。

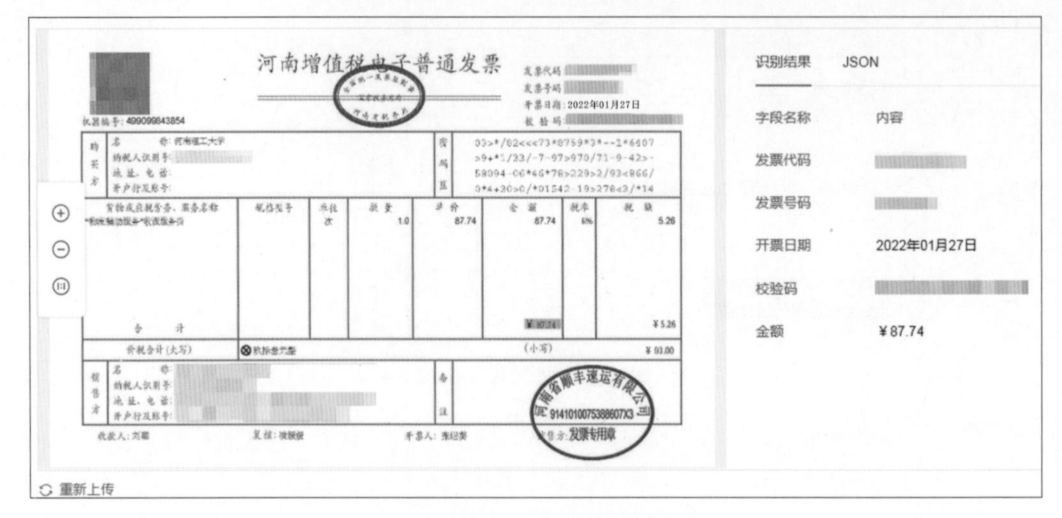

图 6-22 校验结果

9. *发布模型*

训练好的模型只能供开发者使用，若校验效果良好，可以发布模型以供用户调用。单击左侧导航栏中“模型中心”组的“发布模型”，选择需要发布的模型和版本后单击“发布上线”按钮，如图 6-23 所示，接口地址为系统自动分配。用户可以将接口地址放入自己的代码中进行模型调用。

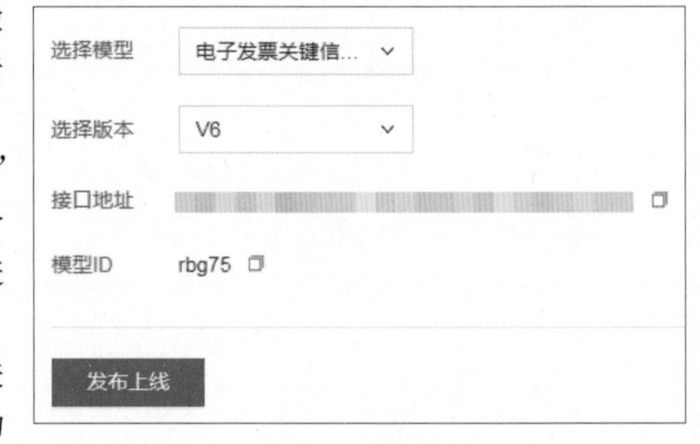

图 6-23 发布模型

模型发布也需要耗费几分钟等待生成相关文件，如图 6-24 所示。当“服务状态”列变为“已发布”时，即完成模型的发布。

【文字识别】电子发票关键信息... 模型ID:rbg75

版本	训练状态	服务状态	模型效果
V6	训练完成	发布中	准确率：96% 召回率：96% 完整评估结果

图 6-24 发布中

6.5 关于标注方案的讨论

按照软件工程的思想，标注方案应该在需求分析之后、数据标注之前。但考虑到操作的时序性和认知的渐进性，在这里以图 6-25 所示发票对标注方案进行补充说明，讨论“金额”字段和“校验码”字段对应的标注方式。

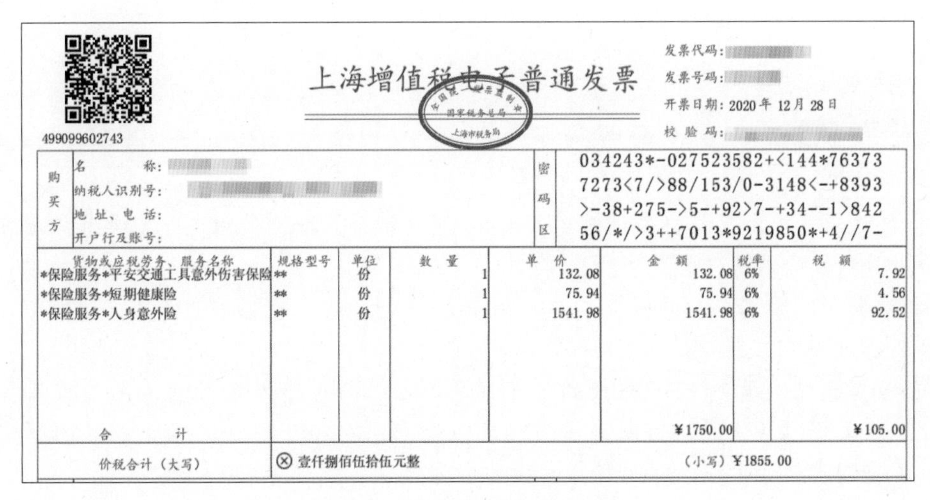

上海增值税电子普通发票

发票代码：
发票号码：
开票日期：2020 年 12 月 28 日
校 验 码：

499099602743

购买方	名 称： 纳税人识别号： 地 址、电 话： 开户行及账号：	密码区	034243*-027523582+<144*76373 7273<7/>88/153/0-3148<-+8393 >-38+275->5-+92>7-+34--1>842 56/*/>3++7013*9219850*+4//7-

货物或应税劳务、服务名称	规格型号	单位	数 量	单 价	金 额	税率	税 额
*保险服务*平安交通工具意外伤害保险	**	份	1	132.08	132.08	6%	7.92
*保险服务*短期健康险	**	份	1	75.94	75.94	6%	4.56
*保险服务*人身意外险	**	份	1	1541.98	1541.98	6%	92.52
合 计					¥1750.00		¥105.00
价税合计（大写）	⊗ 壹仟捌佰伍拾伍元整				（小写）¥1855.00		

图 6-25 包含多个商品的发票

6.5.1 “金额”字段的标注

在本案例中，“金额”字段对应的 Value 值采用的是“合计”一栏中对应的金额，该处在金额前会有人民币符号“¥”。采用“合计”一栏的数据主要原因是：在经济生活中，允许一个发票包含多个商品，若标注方案采用对单一商品名称后的“金额”一栏进行标注，则会导致模型适用发票类型受限。

6.5.2 “校验码”字段的标注

本案例要求输出的是校验码的后 6 位。若在标注过程中，采用“只标注校验码后 6 位”的方法在理论上也是可行的，考虑到校验码后 6 位之间间距很小，标注起来难度大，因此采用了全部标注 20 位校验码的策略。EasyDL OCR 模型提取出全部校验码后，可以利用计算机编程对 20 位校验码数据进行截取，取出最后 6 位供后续处理调用。考虑到模型输出结果需要编写代码和程序调用后才能输入财务系统，因此这样的处理方式是可行且较为方便的。

上述分析表明，标注方案的设计不仅需要充分了解上游数据的特点，还需要了解下游处理的方式，这样才能设计出合理的、快捷的标注方案。

小结

本章内容主要以电子发票关键字段提取为例，介绍了利用 EasyDL OCR 的处理流程，包括数据标注、虚拟数据生成、模型训练等。OCR 技术的应用场景非常广泛，读者可以留心和关

注学习、生活、生产中的实际问题，发现和挖掘OCR的应用场景，并使用EasyDL OCR进行模型训练和部署，让更多的人群享受人工智能给工作和生活带来的便利。

练习

1. 自行收集电子发票数据并训练电子发票OCR模型，分别使用电子发票和纸质发票进行模型校验，并对校验结果进行分析。

2. 本章电子发票图像尺寸较大，为标注带来一定困难。请设计一种数据预处理方案，降低标注难度。

3. 若希望训练大量的PDF格式的电子发票，人工将电子发票另存为图片将耗费大量时间。因此，在数据准备阶段，可以将多个PDF文件合并成一个文件，然后将该PDF文件另存为图片。请查阅资料和文献，写出详细的操作步骤。

4. OCR在日常的生产和生活中应用广泛。寻找一个新的场景和对象，设计解决方案，自行采集数据并制作数据集，导入EasyDL OCR并进行识别，最后进行结果分析。总结上述所有步骤并撰写项目报告。

第 7 章 EdgeBoard 硬件部署

人工智能在产业升级、改善人类生活等方面发挥着越来越重要的作用，覆盖了从科研、金融、零售到工业、农业等多个行业和领域。但不同业务场景的使用目的、网络环境、成本预算、管理方式等存在较大差异，故需要尊重客户需求，根据实际情况灵活地选择人工智能模型的部署方式。

常见的人工智能模型部署方式分为两种——服务器部署（AI 云计算）和嵌入式部署（AI 边缘计算）。服务器部署指的是将模型部署在 CPU/GPU 上，形成可调用的 API，根据需要可选择云服务器部署和本地服务器部署。嵌入式部署指的是部署到边缘侧或端侧的嵌入式设备中，进行单机离线运行。表 7-1 对比了这两种部署方式的特性。当用户的模型应用场景没有网络覆盖，或业务数据较为机密，或对预测延时要求较高时，往往会选择嵌入式部署方式。嵌入式部署方式具有实时响应、网络开销低、隐私保护、能耗比高等优势。

表 7–1 服务器部署与嵌入式部署的区别

特性	服务器部署	嵌入式部署
算力	算力强大（TFLOPS，并行可扩展性），适合训练和推理阶段计算	算力有限，水平扩展性差，更适合推理阶段前向计算
时延	网络时延和计算开销	本地计算无网络开销或很低，实时响应
网络依赖	强依赖	弱依赖，隐私保护
能耗	高（几百瓦）	低（几瓦到几十瓦，能耗比高）
系统架构	开放，高度集中	封闭，比较分散
多样性	标准化程度高等	多样的芯片架构，传感器
研发成本	低（配套完善，可移植性极高）	高（配套不完善，可移植性弱）

百度公司和波士顿咨询公司联合调研后发现，在有定制业务模型需求的客户中，超过 35% 的场景有离线边缘计算的需求。AI 边缘计算设备的多样性使得研发和部署成本相对云部署更高，且往往实际业务场景对在端上运行的模型的时延和稳定性也会有极高的要求。因此，如何将定制好的模型部署到各类终端设备上是人工智能产品落地的一个关键环节。

为了满足开发者对部署形式多样化的需求，EasyDL 平台支持多种部署方式，包括公有云部署、本地服务器部署、设备端 SDK 和软硬一体解决方案，其中前两种属于服务器部署，后两种属于嵌入式部署。EasyDL 平台支持多种部署方式，适用于各类业务场景与运行环境，便于开发者根据需求灵活选择，其支持的设备也非常丰富，从最常见的 x86、ARM、NVIDIA GPU 到 NPU、FPGA，支持超过 10 类硬件。由于百度公司的飞桨深度学习平台相关功能的支持，EasyDL 平台具备强大的边缘计算部署能力，在生成端计算模型时，会经过一系列的优化、加速、压缩。

以零售场景下的智能结算果蔬秤为例，称重设备结合 EdgeBoard 软硬一体方案，实现智能检测识别，只须将果蔬生鲜食品放置电子秤上即可自动识别品种并称重，模型准确率高达 99% 以上，仅需 300 ms 完成识别，1 s 内完成智能收银，与传统人工收银相比效率提高 10 ～ 20 倍，现已经在多家大型连锁商超落地使用。除此之外，EdgeBoard 在环保卫生、工业质检、医疗诊断、交通巡检、教育教学等场景中实现广泛应用。

7.1 EdgeBoard计算卡简介

EdgeBoard计算卡是百度大脑出品的面向嵌入式场景的低功耗、高品质和高性能的嵌入式AI计算卡和边缘AI计算盒。它采用FPGA芯片架构，是基于Xilinx Zynq UltraScale+MPSoC系列芯片打造的一款深度学习加速套件，可无缝兼容百度大脑丰富的算法资源、模型开发平台。该计算卡将算法模型、基础硬件和基础软件服务紧密结合，可支持最前沿算法、百度算法和客户自定义算法部署，自带主控系统，具有丰富的I/O接口，内置可视化管理系统，开发集成简单，可实现即插即用，极大地方便了模型部署与二次开发。EdgeBoard计算卡具有小体积和高性价比的特点，成本是GPU服务器的1/20，性能较CPU可提升数十倍，实测算力可达1.2 TOPS。图7-1展示了EdgeBoard嵌入式AI计算卡FZ3。

图7-1 EdgeBoard嵌入式AI计算卡FZ3（来源：百度AI市场）

FZ3系列计算卡的特点是体积小且具有丰富的外设。主芯片采用Xilinx公司的Zynq UltraScale+MPSoCs EG系列，型号为XAZU3EG-1SFVC784I，包含1片8 GB的eMMC FLASH存储芯片和1片256 MB的QSPI FLASH存储芯片。外围接口包含2个USB接口（1个USB 3.0，1个USB 2.0）、1个miniDP接口、1个千兆以太网接口、1个USB串口、1个PCIE接口、1个TF卡接口、1个44针扩展口、1个MIPI接口、1个BT1120接口和按键LED。

FZ3系列计算卡有FZ3A和FZ3B两种，如图7-2和图7-3所示。这两种计算卡的区别是：FZ3A计算卡的PS端挂载了2片DDR4（2 GB，32位），而FZ3B计算卡的PS端挂载了4片DDR4（4 GB，64位）。

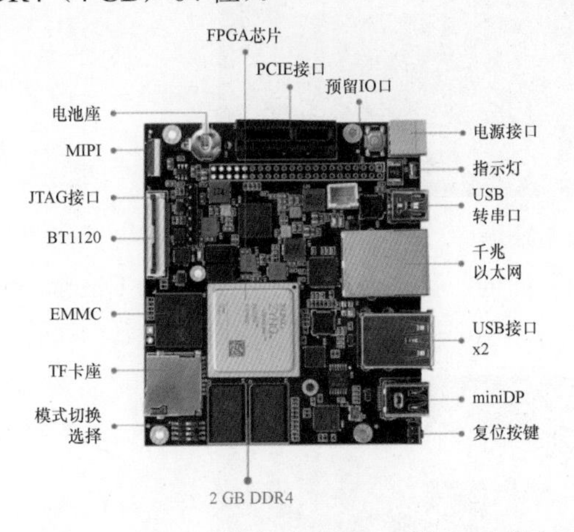

图7-2 FZ3A计算卡（来源：百度AI市场）

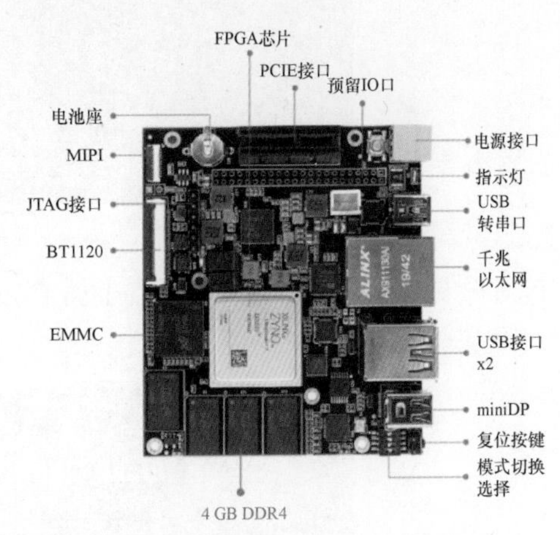

图7-3 FZ3B计算卡（来源：百度AI市场）

下面以FZ3A计算卡为例介绍其硬件的训练部署过程。

7.2 安装系统

我们需要先在SD卡中装入Ubuntu操作系统FZ3A_ubuntu18.04_211115.zip。可以使用烧写工具 balenaEtcher 烧写 image 文件。

首先运行 balenaEtcher，在主界面中单击“flash from file”按钮，然后单击“Select image”按钮，如图 7-4 所示。

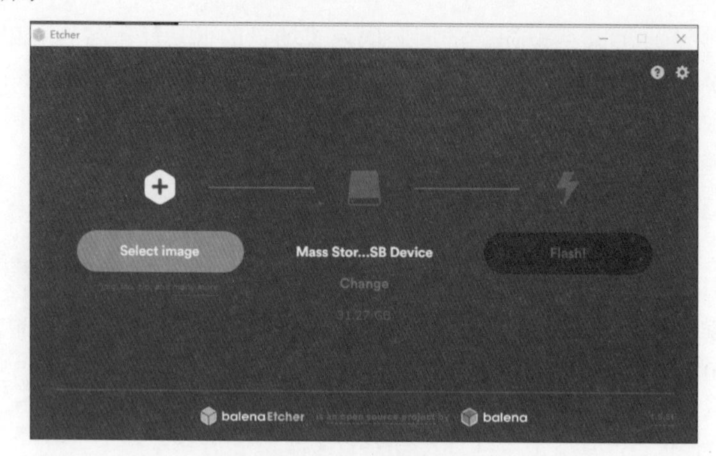

图 7-4　选择镜像

将 FZ3A_ubuntu18.04_211115.zip 加载进来，随后单击“Flash!”按钮，如图 7-5 所示。

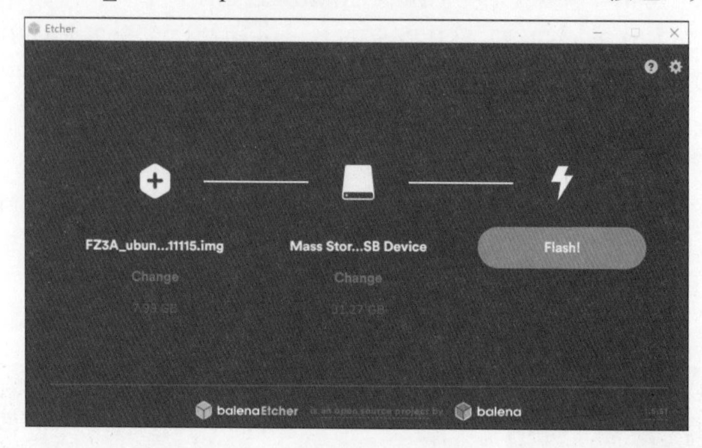

图 7-5　Ubuntu 系统烧写

过几分钟后烧写完毕，出现“Flash Complete”界面，如图 7-6 所示，这说明 Ubuntu 操作系统已经加载到 SD 卡中。

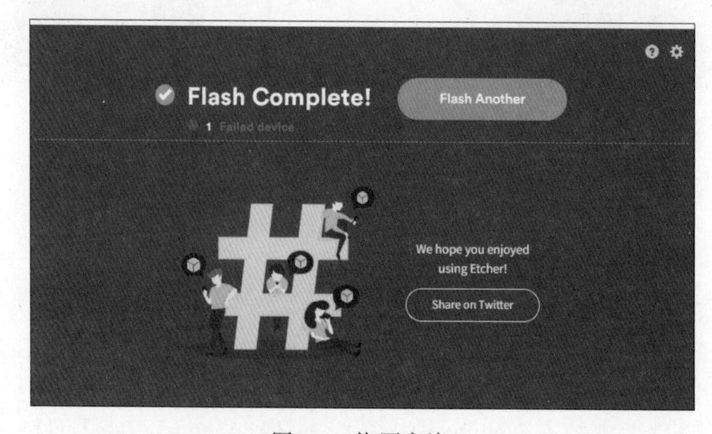

图 7-6　烧写完毕

在 Windows 操作系统下连接 Ubuntu 操作系统有两种方式——串口连接和 SSH 连接。这两种连接方式都可以采用安全终端模拟软件 Xshell，该软件可以在 Windows 操作系统下用来访问远端不同系统下的服务器，支持 SSH1、SSH2，以及 Windows 操作系统的 TELNET 协议。Xshell 具有良好的操作界面，支持多种主题设置，能较好地远程控制终端。

下面分别介绍在 Xshell 7 下对 Ubuntu 系统的两种连接设置。

7.2.1 串口连接

首选将烧录好 Ubuntu 操作系统的 SD 卡插入 SD 卡槽，使用 MicroUSB 线连接计算机，此时设备管理器中会出现 USB to UART 的设备，端口号为 COM15，如图 7-7 所示。

打开 Xshell 7 软件，选择“文件”下拉菜单中的“新建”命令，出现“新建会话属性”对话框，单击左侧导航栏中的“串口”，对参数进行设置，其中端口号为设备管理器对应的串口号，如图 7-8 所示。

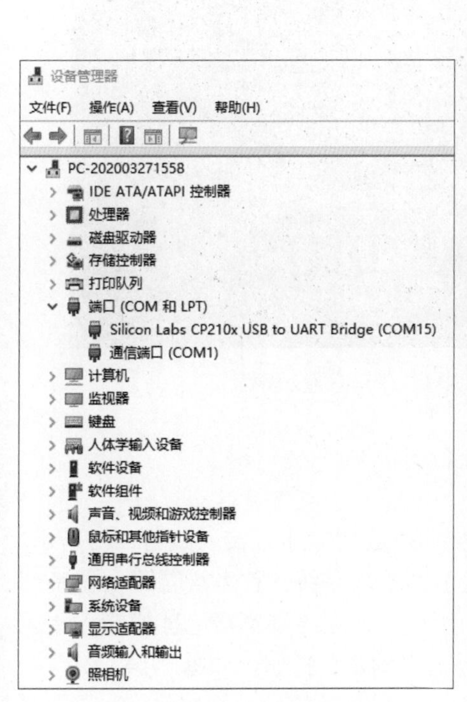

图 7-7 查看串口的端口号

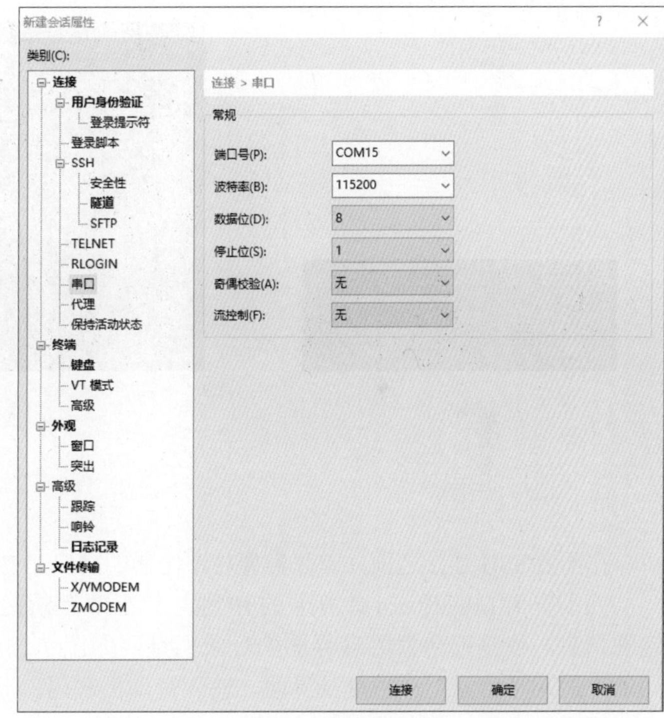

图 7-8 串口的端口号设置

单击“连接”按钮，会出现图 7-9 所示的 Ubuntu 操作系统登录界面，其中包括 Xilinx 特有的 FSBL（First Stage Boot Loader）数据。从中可以看到这计算卡是 ZCU102 精简版，配备 2 GB 的 DRAM。等待几秒后，kernel 启动完毕，串口内出现登录信息。

输入用户名 root，密码 root，出现终端标识，此时表示系统连接成功，如图 7-10 所示。

输入 ipconfig 命令可以获得 EdgeBoard 计算卡的 IP 地址，返回信息如图 7-11 所示，可以看出该串口的 IP 地址为 192.168.1.254。

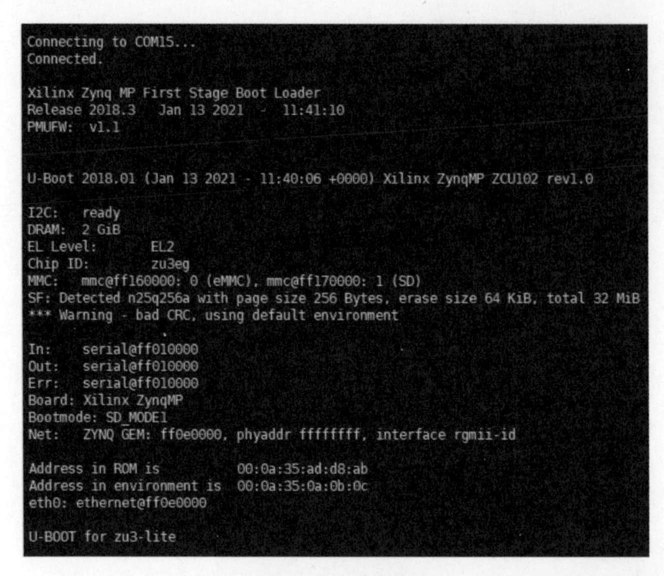

```
Connecting to COM15...
Connected.

Xilinx Zynq MP First Stage Boot Loader
Release 2018.3   Jan 13 2021  -  11:41:10
PMUFW:  v1.1


U-Boot 2018.01 (Jan 13 2021 - 11:40:06 +0000) Xilinx ZynqMP ZCU102 rev1.0

I2C:   ready
DRAM:  2 GiB
EL Level:       EL2
Chip ID:        zu3eg
MMC:   mmc@ff160000: 0 (eMMC), mmc@ff170000: 1 (SD)
SF: Detected n25q256a with page size 256 Bytes, erase size 64 KiB, total 32 MiB
*** Warning - bad CRC, using default environment

In:    serial@ff010000
Out:   serial@ff010000
Err:   serial@ff010000
Board: Xilinx ZynqMP
Bootmode: SD_MODE1
Net:   ZYNQ GEM: ff0e0000, phyaddr ffffffff, interface rgmii-id

Address in ROM is          00:0a:35:ad:d8:ab
Address in environment is  00:0a:35:0a:0b:0c
eth0: ethernet@ff0e0000

U-BOOT for zu3-lite
```

图 7-9　登录界面

```
PetaLinux 2018.3 edgeboard-183 ttyPS0

edgeboard-183 login: root
Password:
edgeboard-183:~# 
```

图 7-10　输入登录信息

```
edgeboard-183:~# ifconfig
eth0      Link encap:Ethernet  HWaddr 00:0a:35:ad:d8:ab
          inet addr:192.168.1.254  Bcast:192.168.1.255  Mask:255.255.255.0
          UP BROADCAST MULTICAST DYNAMIC  MTU:1500  Metric:1
          RX packets:0 errors:0 dropped:0 overruns:0 frame:0
          TX packets:0 errors:0 dropped:0 overruns:0 carrier:0
          collisions:0 txqueuelen:1000
          RX bytes:0 (0.0 B)  TX bytes:0 (0.0 B)
          Interrupt:31

lo        Link encap:Local Loopback
          inet addr:127.0.0.1  Mask:255.0.0.0
          inet6 addr: ::1/128 Scope:Host
          UP LOOPBACK RUNNING  MTU:65536  Metric:1
          RX packets:2 errors:0 dropped:0 overruns:0 frame:0
          TX packets:2 errors:0 dropped:0 overruns:0 carrier:0
          collisions:0 txqueuelen:1000
          RX bytes:140 (140.0 B)  TX bytes:140 (140.0 B)

edgeboard-183:~# 
```

图 7-11　IP 信息显示界面

7.2.2　SSH 连接

在配置 SSH 连接之前，首先需要将路由器的网口与 EdgeBoard 计算卡连接，如图 7-12 所示。

为了查询 EdgeBoard 计算卡的 IP 地址，需要登录路由器管理系统。首先查看路由器底部铭牌信息，找到路由器管理界面的登录网址，如图 7-13 所示。在网络浏览器地址栏输入相应网址，进入路由器管理员登录界面，输入管理员密码，单击“确定”按钮，如图 7-14 所示。

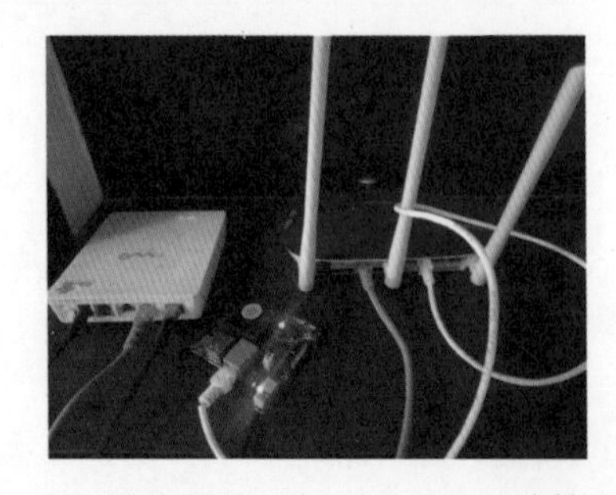

图 7-12　路由器网口与 EdgeBoard 计算卡连接

图 7-13　路由器铭牌

图 7-14 管理员登录界面

单击图 7-15 所示的“设备管理”图标，系统信息提示该路由器连接了 3 台设备，其中 edgeboard-183 就是对应的 EdgeBoard 计算卡，如图 7-16 所示。

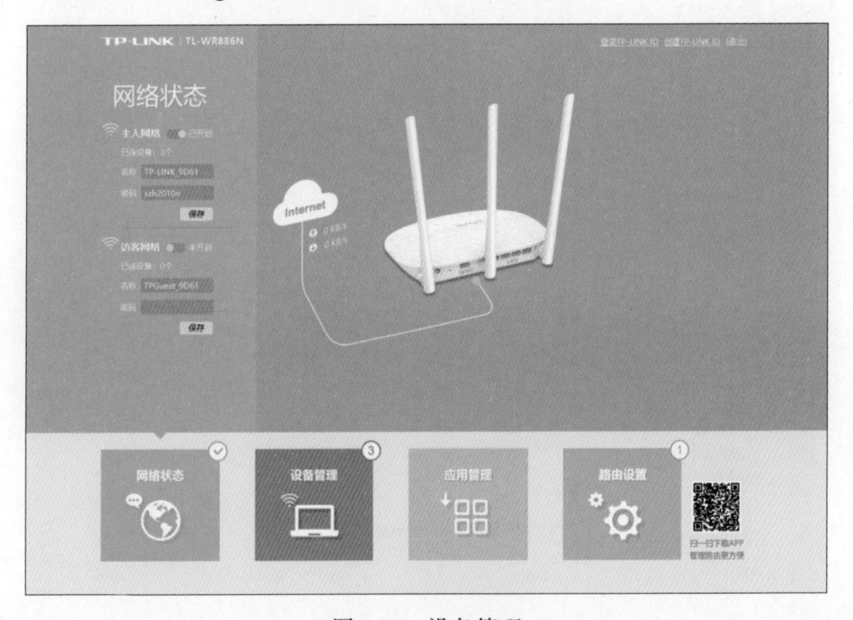

图 7-15 设备管理

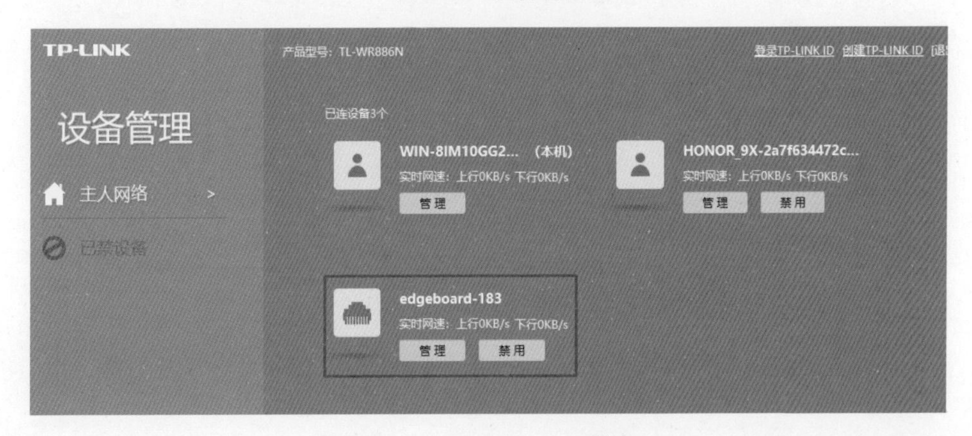

图 7-16 edgeboard-183 设备

单击 edgeboard-183 的“管理”按钮，可以查看该计算卡的网络信息（如图 7-17 所示），其 IP 地址是 192.168.0.107。

图 7-17　EdgeBoard 计算卡的网络信息

接下来进行 SSH 连接设置。打开 Xshell 7 软件，选择“文件”下拉菜单中的“新建”命令，出现“新建会话属性”对话框，单击左侧导航栏中的“连接”，在右侧界面的“主机”文本框中输入 192.168.0.107，“端口号”设置为 22，如图 7-18 所示。

图 7-18　SSH 连接设置

设置完后单击“连接”按钮，弹出图 7-19 所示的“SSH 安全警告”对话框。单击“接受并保存”按钮。

此时进入图 7-20 所示界面，表示系统连接成功。

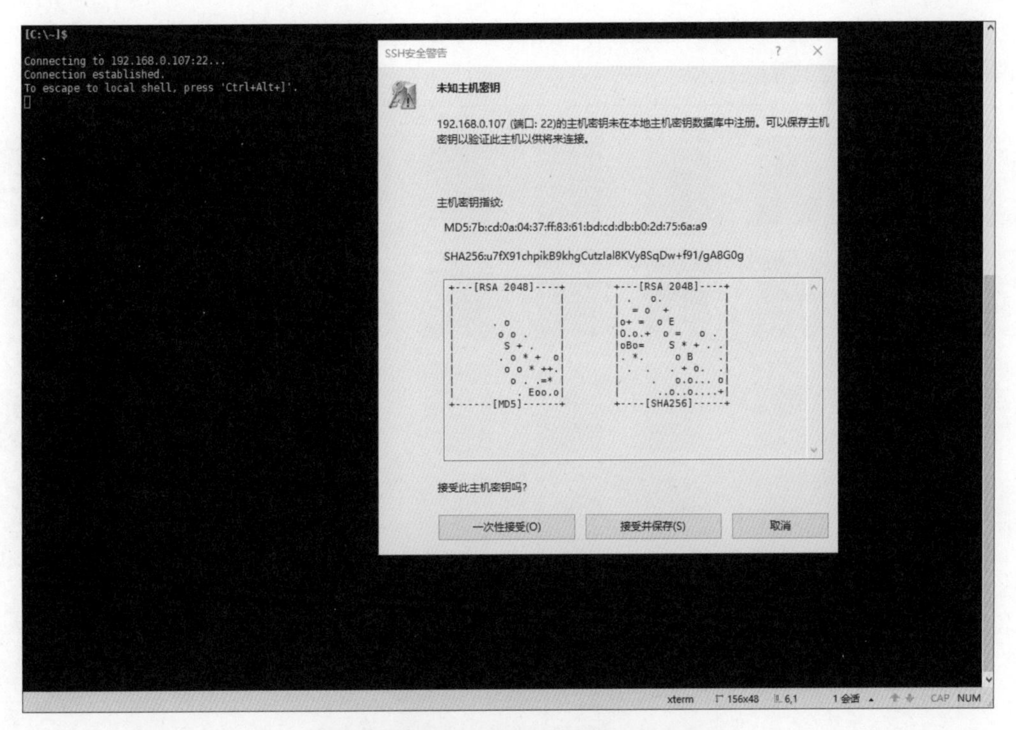

图 7-19　SSH 安全警告

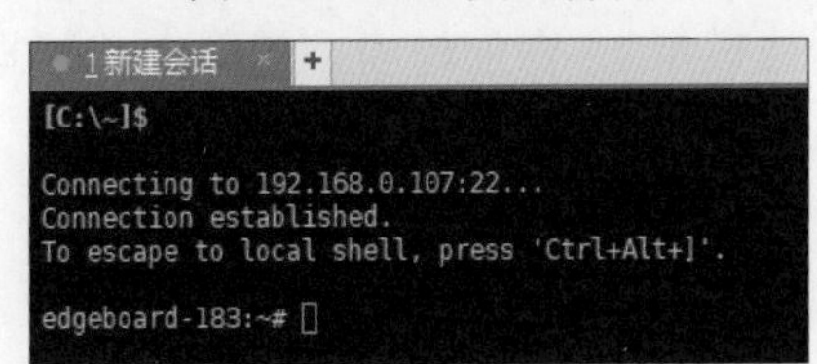

图 7-20　系统连接成功

7.3 模型训练

本节以螺丝螺母检测为例说明模型训练过程。进入网页版的 EasyDL 平台。首先将鼠标指针移至“操作平台”，在弹出菜单中单击“物体检测”，进入物体检测模型界面，如图 7-21 所示。

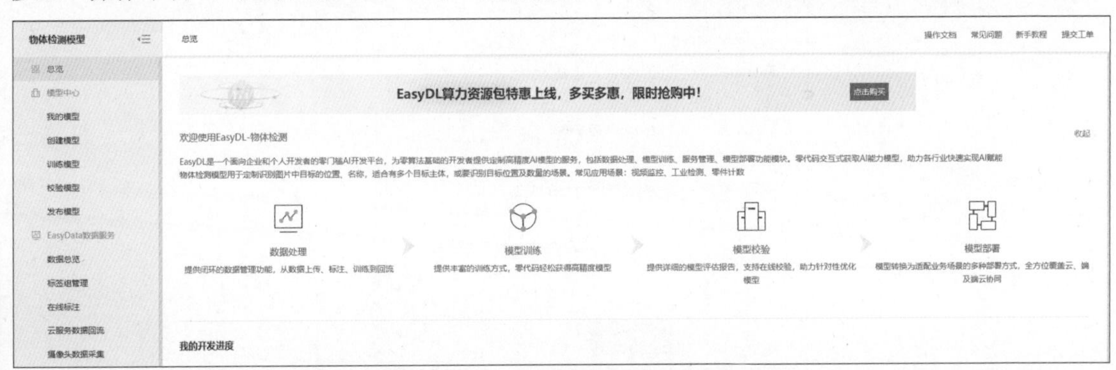

图 7-21　物体检测模型界面

将提前准备的50张螺丝螺母的图片（后缀名为jpg）放到文件夹中，文件夹命名为“螺丝螺母图片”（如图7-22所示）。

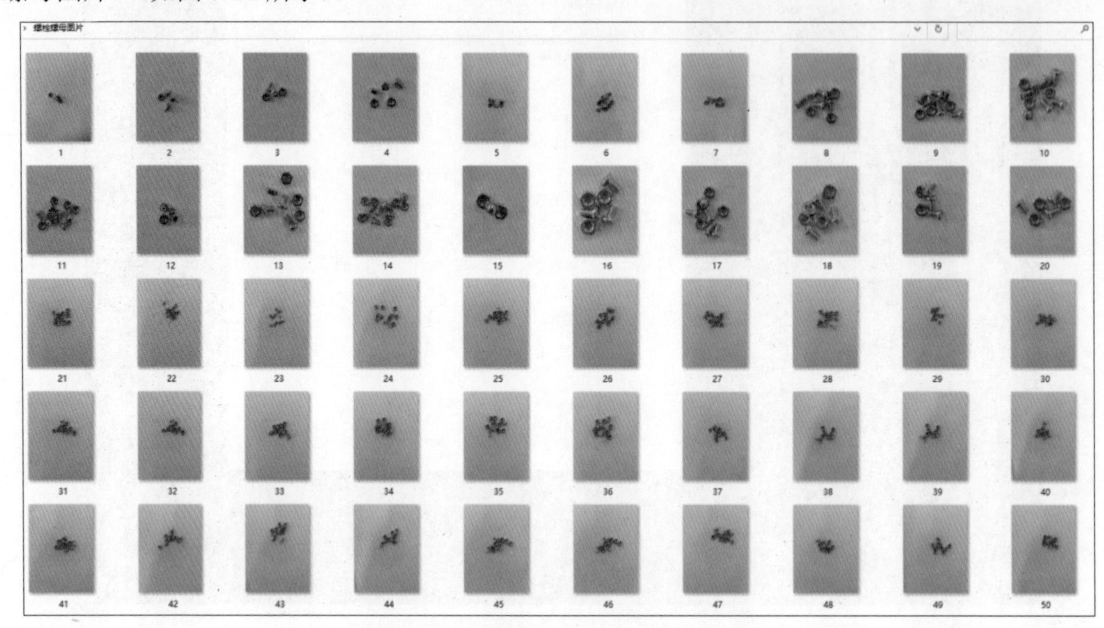

图7-22 “螺丝螺母图片”文件夹内容

单击左侧导航栏中的“创建模型”。在创建模型界面中，根据需要填写相应的信息，最后单击“完成”按钮，如图7-23所示。

模型类别 物体检测
标注模版 * 矩形框
模型名称 * 螺丝螺母
模型归属 公司 个人
河南理工大学
所属行业 * 教育培训
应用场景 * 其他
邮箱地址 * s**********@163.com
联系方式 * 132********
功能描述 * 螺丝螺母物体检测模型
10/500
完成

图7-23 创建模型界面

创建完模型后开始创建数据集。单击左侧导航栏中“EasyData 数据服务”组的“数据总览”，进入“我的数据总览”界面，然后单击“创建数据集”按钮，出现创建数据集界面，填写相关信息，最后单击“完成”按钮，如图 7-24 所示。

图 7-24 创建数据集界面

单击左侧导航栏中的“数据总览”，进入“我的数据总览”界面，选择相应的数据集，单击“导入”，进入图 7-25 所示的导入数据界面。

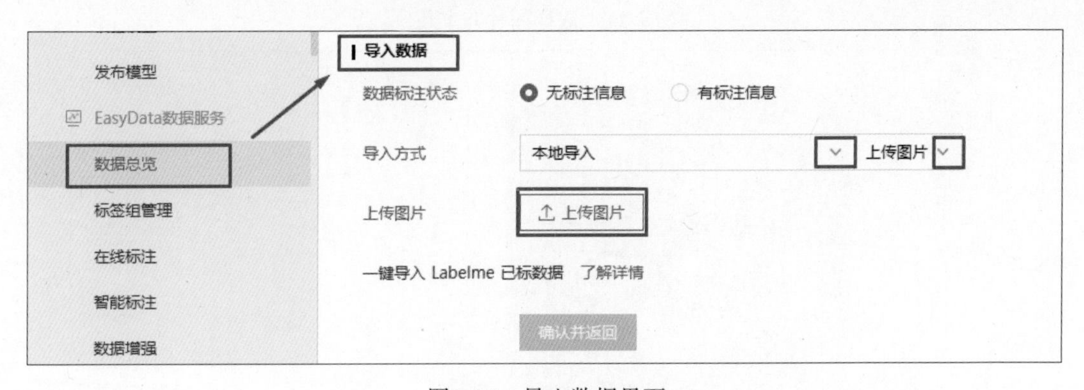

图 7-25 导入数据界面

“导入方式”选择“本地导入”和“上传图片”，然后单击“上传图片”按钮，出现图 7-26 所示的“上传图片”对话框。单击“添加文件”按钮，进入“螺丝螺母图片”文件夹，如图 7-27 所示，按 Ctrl+A 组合键选择全部 50 张图片，然后单击“开始上传”按钮。

上传完成后，单击“操作”列的“查看与标注”，进入添加标签界面。添加 screw 和 nut 标签，完成后单击“在线标注”按钮，如图 7-28 所示。

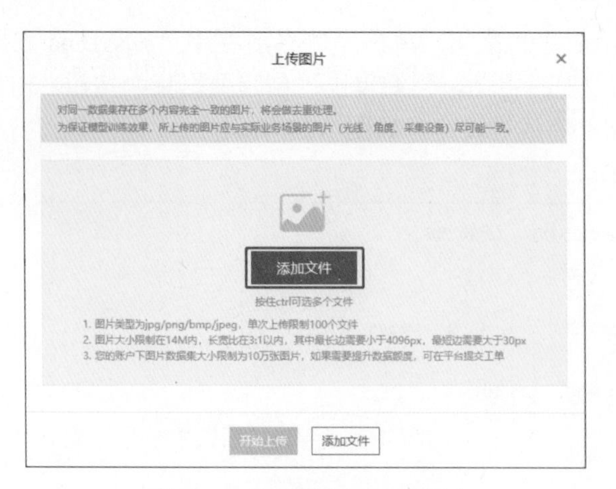

图 7-26　“上传图片”对话框

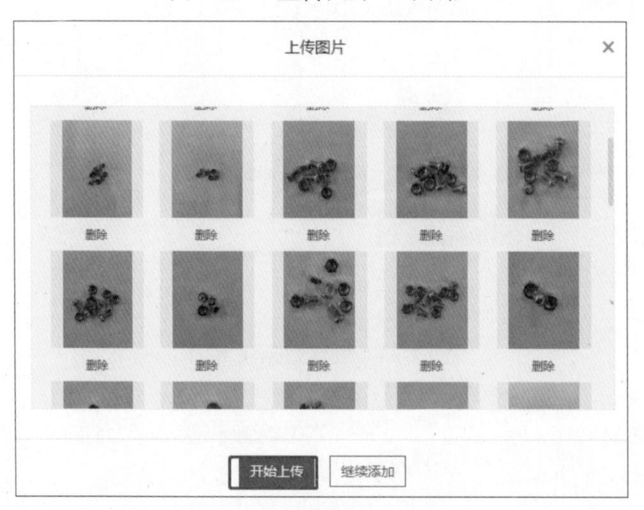

图 7-27　选择图片并上传

图 7-28　在线标注

最终得到 50 张图片的标注结果，如图 7-29 所示。

创建完数据集后，开始对数据进行训练。单击左侧导航栏中“模型中心”组的“训练模型”。在“训练模型”界面中选中“选择算法”项后的“高精度”单选按钮，如图 7-30 所示。

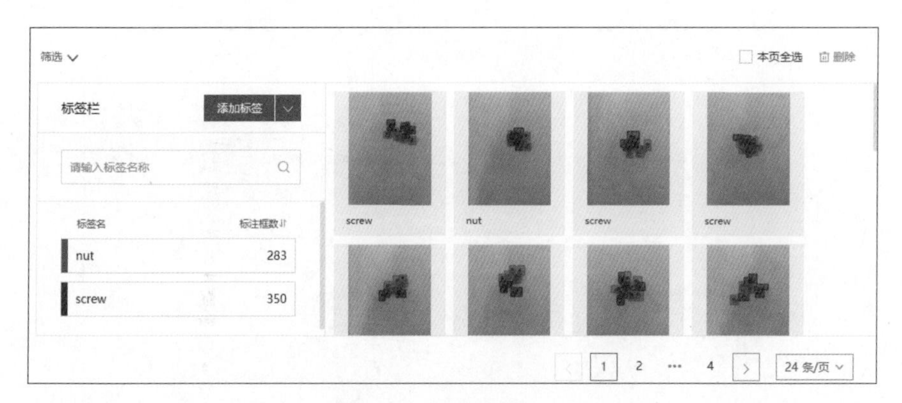

图 7-29　标注后的图片

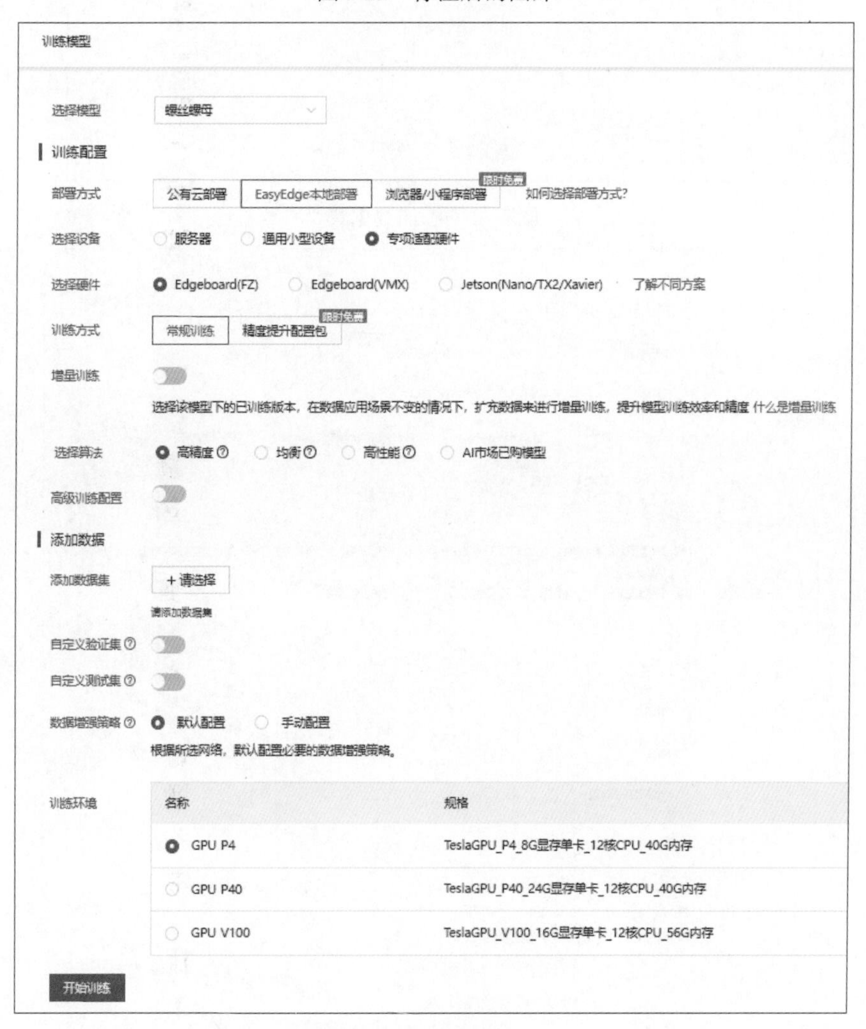

图 7-30　训练模型设置

然后单击“添加数据集”项后面的“+ 请选择”按钮以添加数据集。在打开的“添加数据集”对话框中选择“螺丝螺母识别模型 V1”，单击“确定”按钮，如图 7-31 所示。

返回“训练模型”界面，参考图 7-32 配置训练模型的其他项目。配置完毕后单击“开始训练”按钮。

图 7-31　添加数据集

图 7-32　配置训练模型的其他项目

训练模型需要一定的时间，训练结束后，EdgeBoard 计算卡开始进行推理。

单击左侧导航栏中的“发布模型”，打开“发布模型”界面，如图 7-33 所示。

模型发布后，进入发布新服务界面，单击“专项适配硬件”标签，“选择硬件”项设为“EdgeBoard（FZ）”，“选择系统”项设为“Linux 专用 SDK”（必选项），如图 7-34 所示。

图 7-33　发布模型

图 7-34　专项适配硬件模型发布

设置完毕后单击“发布”按钮，发布完成后如图 7-35 所示。

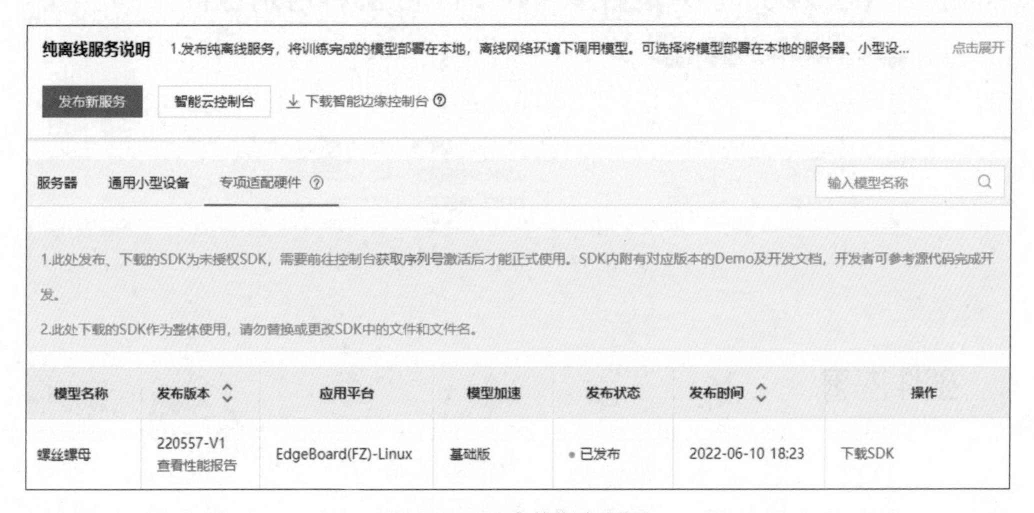

图 7-35　纯离线服务界面

单击“查看性能报告”，可以进入图 7-36 所示的性能报告界面。

返回纯离线服务界面，单击“获取序列号”，可以看到 SDK 的序列号，这是 EasyDL 平台模型在 EdgeBoard 计算卡上部署的通行证，详情如图 7-37 所示。

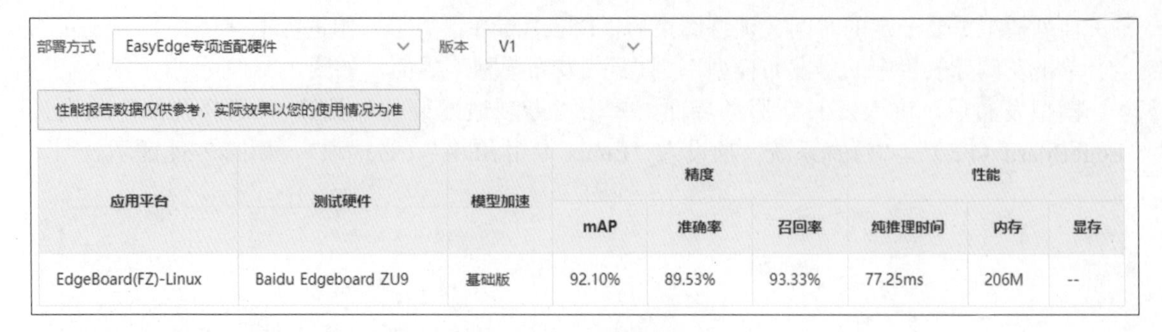

应用平台	测试硬件	模型加速	精度			性能		
			mAP	准确率	召回率	纯推理时间	内存	显存
EdgeBoard(FZ)-Linux	Baidu Edgeboard ZU9	基础版	92.10%	89.53%	93.33%	77.25ms	206M	--

图 7-36　性能报告界面

图 7-37　EdgeBoard 计算卡的专用序列号

在纯离线服务界面单击“操作”列的“下载 SDK”，可以得到压缩文件 EasyEdge-Linux-m66413-b220557-edgeboard.zip，对其进行解压缩，得到图 7-38 所示的文件夹。

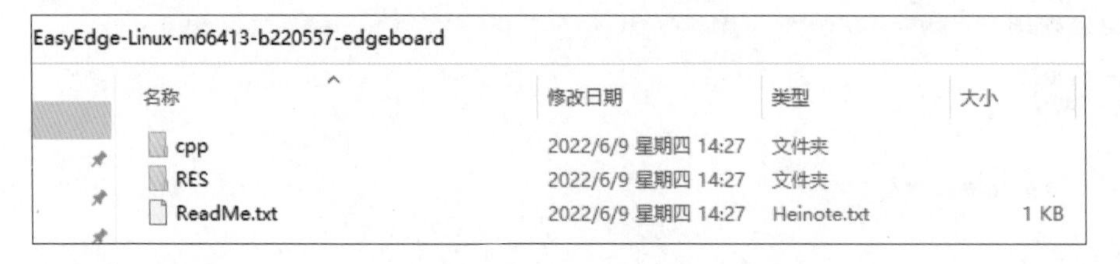

图 7-38　SDK 文件夹

7.4 硬件部署

由于离线 SDK 压缩文件在第一次使用时需要联网激活，因此将 EdgeBoard 计算卡接入路由器，连通外网。执行命令 ping 192.168.0.107，若出现图 7-39 所显示的内容则说明联网成功，最后按 Ctrl+C 组合键退出，返回 edgeboard-183。

EdgeBoard 计算卡内置 Linux 操作系统，需要使用相关 Linux 命令将训练模型离线部署到 EdgeBoard FZ3A 计算卡上，使其具有自动识别螺丝螺母的功能。

首先进入系统，执行命令 insmod /workspace/driver/ fpgadrv.ko，实现驱动加载。

然后设置系统时间，将 EdgeBoard 计算卡的时间改成当前时间，例如执行命令 date --set "2022-2-27 21:25:00"，否则离线 SDK 压缩文件可能会激活失败，如图 7-40 所示。

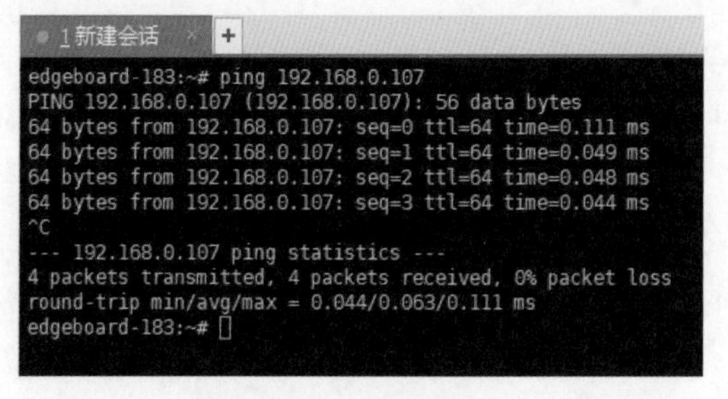

图 7-39 联网成功

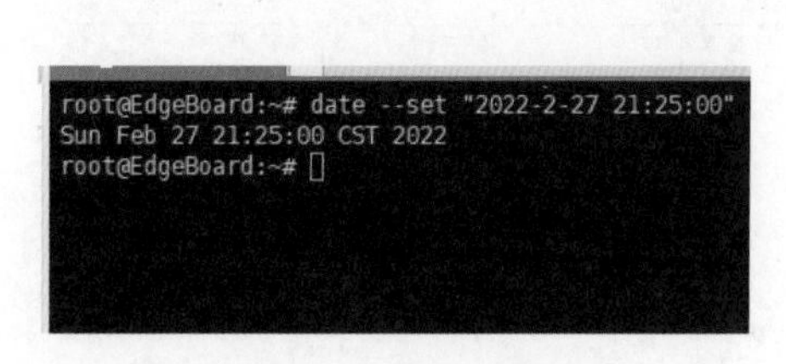

图 7-40 更改时间

为了将训练生成的离线 SDK 压缩文件（EasyEdge-Linux-m66413-b220557-edgeboard.zip）部署到 EdgeBoard 计算卡中，需要采用具有跨平台传输功能的文件传输软件。这里采用 FileZilla 软件进行文件传输。它具有图形用户界面，传输文件快速、可靠。

下面介绍 FileZilla 软件的配置方式。该软件的界面如图 7-41 所示。其中，主机地址设置为 192.168.0.107，用户名为“root”，密码为“root”，端口号为“22”，单击“快速连接”按钮，出现“未定义的快捷键”对话框，单击“确定”按钮，进入下一个界面。

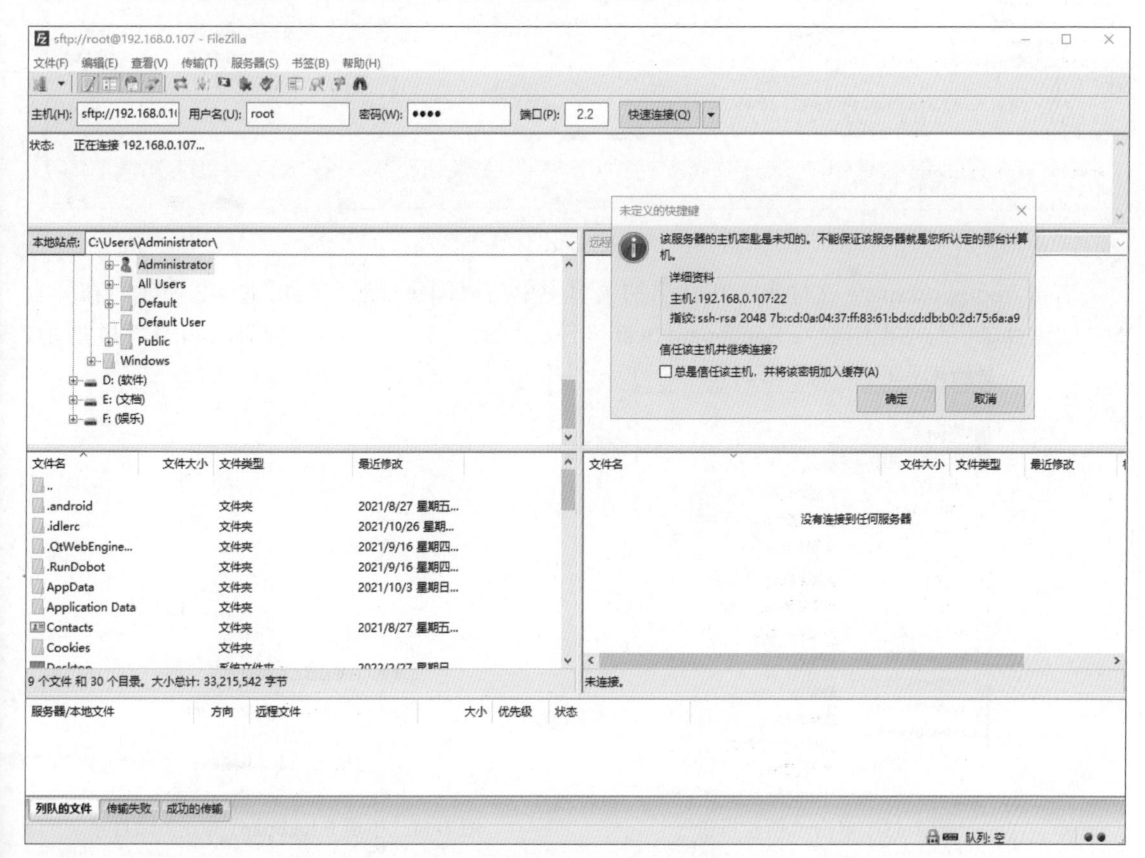

图 7-41 连接 EdgeBoard 计算卡

图 7-42 显示连接成功后的界面，界面右侧显示了远程站点及其对应的文件目录。

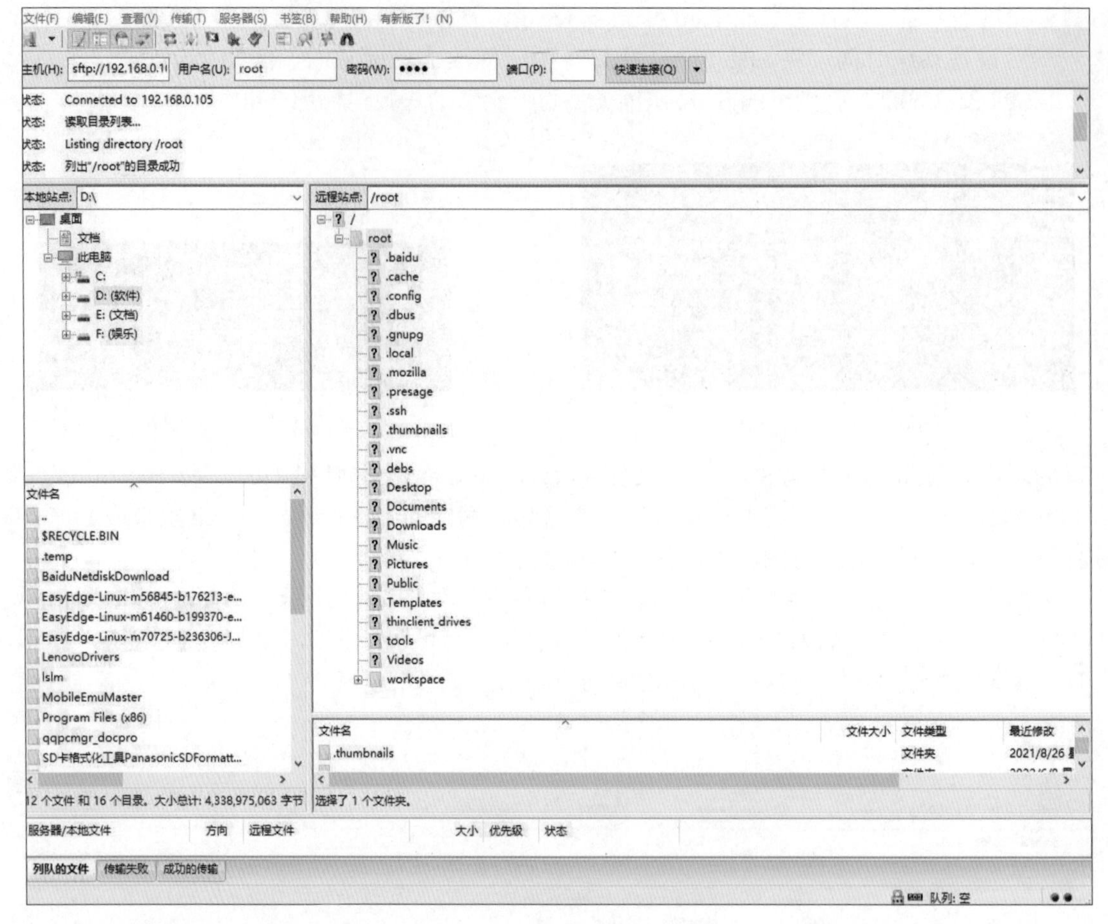

图 7-42　EdgeBoard 计算卡目录

右击 /root/workspace 文件夹，在弹出的菜单中单击“创建目录”，如图 7-43 所示，在弹出的“创建目录”对话框中输入 Edgeboard_test 文件的目录，单击“确定”按钮，如图 7-44 所示。

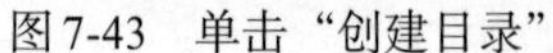

图 7-43　单击“创建目录”

图 7-44　生成 Edgeboard_test 文件目录

在左侧的本地站点中找到存放离线 SDK 压缩文件的目录，将下方文件夹详细情况中的离线 SDK 压缩文件拖曳到远程站点的 /home/ root/workspace/Edgeboard_test 目录中，传输完成之后如图 7-45 所示。

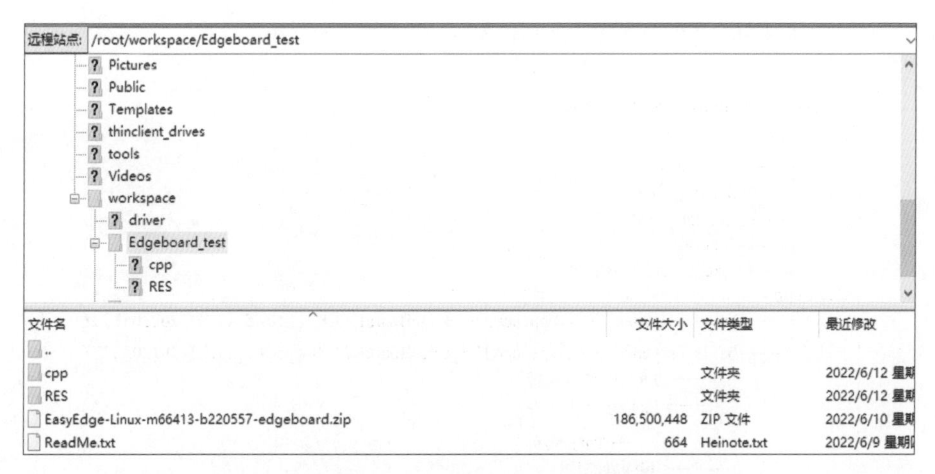

图7-45　将SDK压缩文件放入Edgeboard_test目录

依次使用unzip命令和tar命令解压离线SDK压缩文件对应的zip包和tar.gz文件，然后对离线SDK压缩文件进行解压，进入EasyDL文件夹，解压cpp文件夹中的tar包，具体命令如下所示（#后的文字代表注释）。

```
unzip EasyEdge-Linux-m66413-b220557-edgeboard.zip        #解压SDK压缩文件
cd cpp
tar xvf baidu_easyedge_linux_cpp_aarch64_EdgeBoardFZ1.8.1_gcc7.5_v1.5.1_20220527.tar.gz
#解压tar.gz
```

命令运行后结果如图7-46所示。

```
root@EdgeBoard:~/workspace/Edgeboard_test# unzip EasyEdge-Linux-m66413-b220557-edgeboard.zip
Archive:  EasyEdge-Linux-m66413-b220557-edgeboard.zip
   creating: RES/
  inflating: RES/conf.json
  inflating: RES/model
  inflating: RES/params
 extracting: RES/label_list.txt
  inflating: RES/preprocess_args.json
  inflating: ReadMe.txt
   creating: cpp/
  inflating: cpp/baidu_easyedge_linux_cpp_aarch64_EdgeBoardFZ1.8.1_gcc7.5_v1.5.1_20220527.tar.gz
  inflating: cpp/baidu_easyedge_linux_cpp_aarch64_EdgeBoardFZ1.4_gcc7.5_v1.5.1_20220527.tar.gz
root@EdgeBoard:~/workspace/Edgeboard_test#
root@EdgeBoard:~/workspace/Edgeboard_test# cd cpp
root@EdgeBoard:~/workspace/Edgeboard_test/cpp# ls
baidu_easyedge_linux_cpp_aarch64_EdgeBoardFZ1.4_gcc7.5_v1.5.1_20220527.tar.gz  baidu_easyedge_linux_cpp_aarch64_EdgeBoardF
root@EdgeBoard:~/workspace/Edgeboard_test/cpp# tar -zxvf baidu_easyedge_linux_cpp_aarch64_EdgeBoardFZ1.8.1_gcc7.5_v1.5.1_2
baidu_easyedge_linux_cpp_aarch64_EdgeBoardFZ1.8.1_gcc7.5_v1.5.1_20220527/
baidu_easyedge_linux_cpp_aarch64_EdgeBoardFZ1.8.1_gcc7.5_v1.5.1_20220527/include/
baidu_easyedge_linux_cpp_aarch64_EdgeBoardFZ1.8.1_gcc7.5_v1.5.1_20220527/include/easyedge/
baidu_easyedge_linux_cpp_aarch64_EdgeBoardFZ1.8.1_gcc7.5_v1.5.1_20220527/include/easyedge/easyedge_version.h
baidu_easyedge_linux_cpp_aarch64_EdgeBoardFZ1.8.1_gcc7.5_v1.5.1_20220527/include/easyedge/easyedge_video_encoding.h
baidu_easyedge_linux_cpp_aarch64_EdgeBoardFZ1.8.1_gcc7.5_v1.5.1_20220527/include/easyedge/easyedge.h
baidu_easyedge_linux_cpp_aarch64_EdgeBoardFZ1.8.1_gcc7.5_v1.5.1_20220527/include/easyedge/easyedge_c.h
baidu_easyedge_linux_cpp_aarch64_EdgeBoardFZ1.8.1_gcc7.5_v1.5.1_20220527/include/easyedge/easyedge_tensor.h
baidu_easyedge_linux_cpp_aarch64_EdgeBoardFZ1.8.1_gcc7.5_v1.5.1_20220527/include/easyedge/easyedge_video.h
baidu_easyedge_linux_cpp_aarch64_EdgeBoardFZ1.8.1_gcc7.5_v1.5.1_20220527/include/easyedge/easyedge_video_decoding.h
baidu_easyedge_linux_cpp_aarch64_EdgeBoardFZ1.8.1_gcc7.5_v1.5.1_20220527/include/easyedge/easyedge_config.h
baidu_easyedge_linux_cpp_aarch64_EdgeBoardFZ1.8.1_gcc7.5_v1.5.1_20220527/src/
baidu_easyedge_linux_cpp_aarch64_EdgeBoardFZ1.8.1_gcc7.5_v1.5.1_20220527/src/demo_image_inference/
baidu_easyedge_linux_cpp_aarch64_EdgeBoardFZ1.8.1_gcc7.5_v1.5.1_20220527/src/demo_image_inference/CMakeLists.txt
baidu_easyedge_linux_cpp_aarch64_EdgeBoardFZ1.8.1_gcc7.5_v1.5.1_20220527/src/demo_image_inference/demo_image_inference.cpp
baidu_easyedge_linux_cpp_aarch64_EdgeBoardFZ1.8.1_gcc7.5_v1.5.1_20220527/src/CMakeLists.txt
baidu_easyedge_linux_cpp_aarch64_EdgeBoardFZ1.8.1_gcc7.5_v1.5.1_20220527/src/common/
baidu_easyedge_linux_cpp_aarch64_EdgeBoardFZ1.8.1_gcc7.5_v1.5.1_20220527/src/common/frame_buffer.cpp
baidu_easyedge_linux_cpp_aarch64_EdgeBoardFZ1.8.1_gcc7.5_v1.5.1_20220527/src/common/frame_buffer.h
baidu_easyedge_linux_cpp_aarch64_EdgeBoardFZ1.8.1_gcc7.5_v1.5.1_20220527/src/common/vision_proc.h
baidu_easyedge_linux_cpp_aarch64_EdgeBoardFZ1.8.1_gcc7.5_v1.5.1_20220527/src/common/vision_proc.cpp
baidu_easyedge_linux_cpp_aarch64_EdgeBoardFZ1.8.1_gcc7.5_v1.5.1_20220527/src/demo_serving/
baidu_easyedge_linux_cpp_aarch64_EdgeBoardFZ1.8.1_gcc7.5_v1.5.1_20220527/src/demo_serving/CMakeLists.txt
baidu_easyedge_linux_cpp_aarch64_EdgeBoardFZ1.8.1_gcc7.5_v1.5.1_20220527/src/demo_serving/demo_serving.cpp
```

图7-46　离线SDK压缩文件解压后的结果

解压后可以看到 SDK 文件结构如图 7-47 所示。

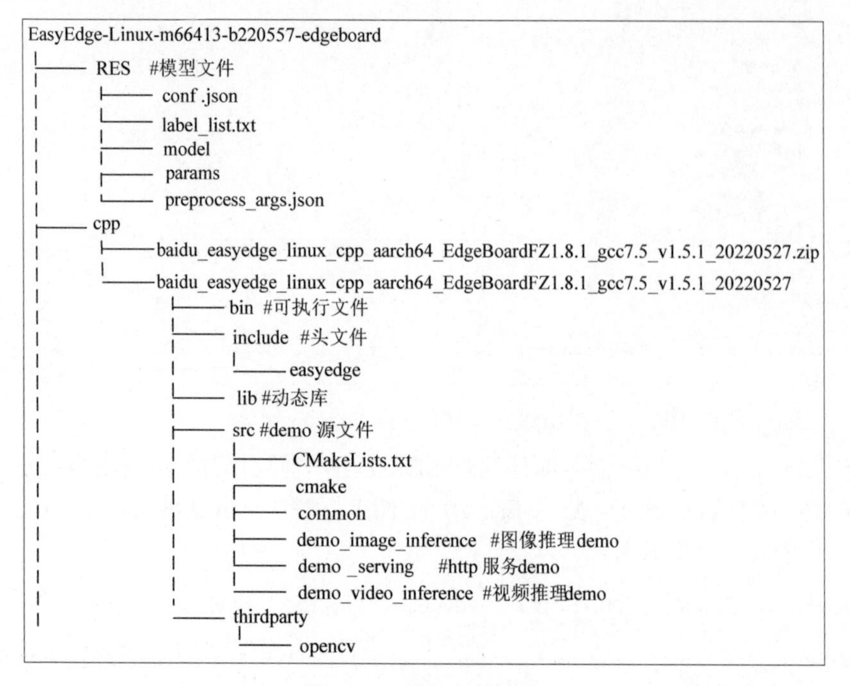

图 7-47　SDK 文件结构

在 SDK 文件结构中对 src 源文件进行编译，生成对应的可执行文件，命令如下所示。

```
#进入src目录
cd src
mkdir build  #创建build文件夹
cd bulid     #打开build文件夹
rm -rf *     #清空build文件夹（可以省略）
cmake ..     #调用cmake 创建Makefile
make         #编译工程
```

离线 SDK 压缩文件编译运行后的结果如图 7-48 所示。

在图 7-47 所示的 SDK 文件结构中，编译完成后在 build 文件夹中生成 demo_image_inference、demo_serving 和 demo_video_inference 3 个装有对应可执行文件的文件夹。进入对应文件夹，执行相应的功能，成功执行任意一个 demo，就可以成功激活。需要注意的是，在运行 demo_image_inference 前应将图 7-49 所示的待测试图片（文件名为 1.jpg）放到 RES 文件夹中（如图 7-50 所示）。

接下来开始进行模型图片推理。调用 RES 资源文件夹中的模型以及测试图片的路径，相关命令如下所示。

```
#进入build 文件夹
cd
/workspace/Edgeboard_test/cpp/baidu_easyedge_linux_cpp_arrch64_EdgeBoardFZ1.8.1_
gcc7.5_v1.5.1_20220527/src/bulid/demo_image_inference
export  LD_LIBRARY_PATH=../../lib   #设置LD_LIBRARY_PATH为离线SDK压缩文件中的lib目录
./easyedge_image_inference  /root/workspace/Edgeboard_test/RES  /root/workspace/
Edgeboard_test/RES/1.jpg   "50A1-FF2A-E267-57AB" #执行easyedge_image_inference {RES资
源文件夹目录} {测试文件路径} {序列号}
```

```
root@EdgeBoard:~/workspace/Edgeboard_test/cpp/baidu_easyedge_linux_cpp_aarch64_EdgeBoardFZ1.8.1_gcc7.5_v1.5.1_20220527# cd src
root@EdgeBoard:~/workspace/Edgeboard_test/cpp/baidu_easyedge_linux_cpp_aarch64_EdgeBoardFZ1.8.1_gcc7.5_v1.5.1_20220527/src# mkdir build
root@EdgeBoard:~/workspace/Edgeboard_test/cpp/baidu_easyedge_linux_cpp_aarch64_EdgeBoardFZ1.8.1_gcc7.5_v1.5.1_20220527/src# cd build
root@EdgeBoard:~/workspace/Edgeboard_test/cpp/baidu_easyedge_linux_cpp_aarch64_EdgeBoardFZ1.8.1_gcc7.5_v1.5.1_20220527/src/build#
```

```
root@EdgeBoard:~/workspace/Edgeboard_test/cpp/baidu_easyedge_linux_cpp_aarch64_EdgeBoardFZ1.8.1_gcc7.5_v1.5.1_20220527/src# cd build/
root@EdgeBoard:~/workspace/Edgeboard_test/cpp/baidu_easyedge_linux_cpp_aarch64_EdgeBoardFZ1.8.1_gcc7.5_v1.5.1_20220527/src/build# ls
root@EdgeBoard:~/workspace/Edgeboard_test/cpp/baidu_easyedge_linux_cpp_aarch64_EdgeBoardFZ1.8.1_gcc7.5_v1.5.1_20220527/src/build# cmake ..
-- The C compiler identification is GNU 7.5.0
-- The CXX compiler identification is GNU 7.5.0
-- Check for working C compiler: /usr/bin/cc
-- Check for working C compiler: /usr/bin/cc -- works
-- Detecting C compiler ABI info
-- Detecting C compiler ABI info - done
-- Detecting C compile features
-- Detecting C compile features - done
-- Check for working CXX compiler: /usr/bin/c++
-- Check for working CXX compiler: /usr/bin/c++ -- works
-- Detecting CXX compiler ABI info
-- Detecting CXX compiler ABI info - done
-- Detecting CXX compile features
-- Detecting CXX compile features - done
-- OpenCV library status:
--     libraries: /root/workspace/Edgeboard_test/cpp/baidu_easyedge_linux_cpp_aarch64_EdgeBoardFZ1.8.1_gcc7.5_v1.5.1_20220527/src/demo_image_inference
opencv/lib/libavcodec.so:/root/workspace/Edgeboard_test/cpp/baidu_easyedge_linux_cpp_aarch64_EdgeBoardFZ1.8.1_gcc7.5_v1.5.1_20220527/src/demo_image_in
dparty/opencv/lib/libavcodec.so.58:/root/workspace/Edgeboard_test/cpp/baidu_easyedge_linux_cpp_aarch64_EdgeBoardFZ1.8.1_gcc7.5_v1.5.1_20220527/src/dem
../../thirdparty/opencv/lib/libavcodec.so.58.54.100:/root/workspace/Edgeboard_test/cpp/baidu_easyedge_linux_cpp_aarch64_EdgeBoardFZ1.8.1_gcc7.5_v1.5.1
_image_inference/../../thirdparty/opencv/lib/libavdevice.so:/root/workspace/Edgeboard_test/cpp/baidu_easyedge_linux_cpp_aarch64_EdgeBoardFZ1.8.1_gcc7.
src/demo_image_inference/../../thirdparty/opencv/lib/libavdevice.so.58:/root/workspace/Edgeboard_test/cpp/baidu_easyedge_linux_cpp_aarch64_EdgeBoardF
1_20220527/src/demo_image_inference/../../thirdparty/opencv/lib/libavdevice.so.58.8.100:/root/workspace/Edgeboard_test/cpp/baidu_easyedge_linux_cpp_aa
.8.1_gcc7.5_v1.5.1_20220527/src/demo_image_inference/../../thirdparty/opencv/lib/libavfilter.so:/root/workspace/Edgeboard_test/cpp/baidu_easyedge_linu
BoardFZ1.8.1_gcc7.5_v1.5.1_20220527/src/demo_image_inference/../../thirdparty/opencv/lib/libavfilter.so.7:/root/workspace/Edgeboard_test/cpp/baidu_eas
rch64_EdgeBoardFZ1.8.1_gcc7.5_v1.5.1_20220527/src/demo_image_inference/../../thirdparty/opencv/lib/libavfilter.so.7.57.100:/root/workspace/Edgeboard_t
edge_linux_cpp_aarch64_EdgeBoardFZ1.8.1_gcc7.5_v1.5.1_20220527/src/demo_image_inference/../../thirdparty/opencv/lib/libavformat.so:/root/workspace/Edg
idu_easyedge_linux_cpp_aarch64_EdgeBoardFZ1.8.1_gcc7.5_v1.5.1_20220527/src/demo_image_inference/../../thirdparty/opencv/lib/libavformat.so.58:/root/wo
test/cpp/baidu_easyedge_linux_cpp_aarch64_EdgeBoardFZ1.8.1_gcc7.5_v1.5.1_20220527/src/demo_image_inference/../../thirdparty/opencv/lib/libavformat.so.
rkspace/Edgeboard_test/cpp/baidu_easyedge_linux_cpp_aarch64_EdgeBoardFZ1.8.1_gcc7.5_v1.5.1_20220527/src/demo_image_inference/../../thirdparty/opencv/l
o:/root/workspace/Edgeboard_test/cpp/baidu_easyedge_linux_cpp_aarch64_EdgeBoardFZ1.8.1_gcc7.5_v1.5.1_20220527/src/demo_image_inference/../../thirdpart
resample.so.4:/root/workspace/Edgeboard_test/cpp/baidu_easyedge_linux_cpp_aarch64_EdgeBoardFZ1.8.1_gcc7.5_v1.5.1_20220527/src/demo_image_inference/../
cv/lib/libavresample.so.4.0.0:/root/workspace/Edgeboard_test/cpp/baidu_easyedge_linux_cpp_aarch64_EdgeBoardFZ1.8.1_gcc7.5_v1.5.1_20220527/src/demo_ima
/thirdparty/opencv/lib/libavutil.so:/root/workspace/Edgeboard_test/cpp/baidu_easyedge_linux_cpp_aarch64_EdgeBoardFZ1.8.1_gcc7.5_v1.5.1_20220527/src/de
root@EdgeBoard:~/workspace/Edgeboard_test/cpp/baidu_easyedge_linux_cpp_aarch64_EdgeBoardFZ1.8.1_gcc7.5_v1.5.1_20220527/src/build# ls
CMakeCache.txt  CMakeFiles  cmake_install.cmake  demo_image_inference  demo_serving  demo_video_inference  Makefile
root@EdgeBoard:~/workspace/Edgeboard_test/cpp/baidu_easyedge_linux_cpp_aarch64_EdgeBoardFZ1.8.1_gcc7.5_v1.5.1_20220527/src/build# make
Scanning dependencies of target easyedge_image_inference
[ 12%] Building CXX object demo_image_inference/CMakeFiles/easyedge_image_inference.dir/demo_image_inference.cpp.o
[ 25%] Linking CXX executable easyedge_image_inference
[ 25%] Built target easyedge_image_inference
Scanning dependencies of target easyedge_serving
[ 37%] Building CXX object demo_serving/CMakeFiles/easyedge_serving.dir/demo_serving.cpp.o
[ 50%] Linking CXX executable easyedge_serving
[ 50%] Built target easyedge_serving
Scanning dependencies of target easyedge_video_inference
[ 62%] Building CXX object demo_video_inference/CMakeFiles/easyedge_video_inference.dir/demo_video_inference.cpp.o
[ 75%] Building CXX object demo_video_inference/CMakeFiles/easyedge_video_inference.dir/__/common/frame_buffer.cpp.o
[ 87%] Building CXX object demo_video_inference/CMakeFiles/easyedge_video_inference.dir/__/common/vision_proc.cpp.o
[100%] Linking CXX executable easyedge_video_inference
[100%] Built target easyedge_video_inference
root@EdgeBoard:~/workspace/Edgeboard_test/cpp/baidu_easyedge_linux_cpp_aarch64_EdgeBoardFZ1.8.1_gcc7.5_v1.5.1_20220527/src/build# ls
CMakeCache.txt  CMakeFiles  cmake_install.cmake  demo_image_inference  demo_serving  demo_video_inference  Makefile
root@EdgeBoard:~/workspace/Edgeboard_test/cpp/baidu_easyedge_linux_cpp_aarch64_EdgeBoardFZ1.8.1_gcc7.5_v1.5.1_20220527/src/build# cd demo_image_inference/
root@EdgeBoard:~/workspace/Edgeboard_test/cpp/baidu_easyedge_linux_cpp_aarch64_EdgeBoardFZ1.8.1_gcc7.5_v1.5.1_20220527/src/build/demo_image_inference# ls
CMakeFiles  cmake_install.cmake  easyedge_image_inference  Makefile
```

图7-48　离线SDK压缩文件编译运行后的结果

图7-49　待测试照片

远程站点: /root/workspace/Edgeboard_test/RES

- Templates
- thinclient_drives
- tools
- Videos
- workspace
  - driver
  - Edgeboard_test
    - cpp
    - RES
  - lost+found

文件名	文件大小	文件类型	最近修改	权限	所有者/组
..					
1.jpg	146,899	JPG 文件	2022/6/12 14...	-rw-r--r--	root root
conf.json	504	smartlook...	2022/6/9 14:...	-rw-r--r--	root root
label_lis...	11	文本文档	2022/6/9 14:...	-rw-r--r--	root root
model	784,096	文件	2022/6/9 14:...	-rw-r--r--	root root
params	141,445,...	文件	2022/6/9 14:...	-rw-r--r--	root root
preproc...	468	smartlook...	2022/6/9 14:...	-rw-r--r--	root root

图7-50　RES文件夹

具体运行结果如图 7-51 所示。

```
root@EdgeBoard:~/workspace/Edgeboard_test/cpp/baidu_easyedge_linux_cpp_aarch64_EdgeBoardFZ1.8.1_gcc7.5_v1.5.1_20220527/src/build/demo_image_inference# ls
CMakeFiles  cmake_install.cmake  easyedge_image_inference  Makefile
root@EdgeBoard:~/workspace/Edgeboard_test/cpp/baidu_easyedge_linux_cpp_aarch64_EdgeBoardFZ1.8.1_gcc7.5_v1.5.1_20220527/src/build/demo_image_inference# export LD_LIBRARY_PATH=../../lib
root@EdgeBoard:~/workspace/Edgeboard_test/cpp/baidu_easyedge_linux_cpp_aarch64_EdgeBoardFZ1.8.1_gcc7.5_v1.5.1_20220527/src/build/demo_image_inference# ./easyedge_image_inference  /root/
workspace/Edgeboard_test/RES/  /root/workspace/Edgeboard_test/RES/1.jpg  "50A1-FF2A-E267-57AB"
```

图 7-51　推理运行界面

模型在 EdgeBoard 计算卡执行推理预测后，给出了螺丝螺母检测的置信度和对应的坐标位置信息，详情如图 7-52 所示。

```
2022-06-12 14:43:46,076 INFO [EasyEdge] 547604647952 EasyEdge Linux Development Kit 1.5.1(Buil
2022-06-12 14:43:46,083 INFO [EasyEdge] 547604647952 Ignore reading config from infer_cfg.json
2022-06-12 14:43:46,258 INFO [EasyEdge]  Local license is ok: [50A1-FF2A-...]
result size : 13
1, nuts, p:0.858474, coordinate: 0.681053, 0.439116, 0.845363, 0.554371
1, nuts, p:0.854594, coordinate: 0.539028, 0.378151, 0.699786, 0.491841
0, screw, p:0.81103, coordinate: 0.288392, 0.600941, 0.406843, 0.689524
1, nuts, p:0.80812, coordinate: 0.351171, 0.335894, 0.508111, 0.450196
0, screw, p:0.696587, coordinate: 0.526823, 0.627654, 0.702362, 0.727204
1, nuts, p:0.584838, coordinate: 0.151003, 0.644698, 0.307311, 0.737875
0, screw, p:0.490624, coordinate: 0.11036, 0.491844, 0.275495, 0.621508
0, screw, p:0.482476, coordinate: 0.609473, 0.505838, 0.722178, 0.621462
1, nuts, p:0.376462, coordinate: 0.11036, 0.491844, 0.275495, 0.621508
1, nuts, p:0.370221, coordinate: 0.591469, 0.506182, 0.735168, 0.62663
0, screw, p:0.361038, coordinate: 0.391558, 0.552511, 0.489125, 0.686538
0, screw, p:0.250615, coordinate: 0.471626, 0.505675, 0.567082, 0.629176
1, nuts, p:0.244237, coordinate: 0.341356, 0.448247, 0.483002, 0.536311
save result image to /root/workspace/Edgeboard_test/RES/1.jpg.result-cpp.jpg
Done
root@EdgeBoard:~/workspace/Edgeboard_test/cpp/baidu_easyedge_linux_cpp_aarch64_EdgeBoardFZ1.8.
7/src/build/demo_image_inference# 
```

图 7-52　执行推理预测

如图 7-53 所示，打开 RES 文件夹，其中，1.jpg.result-cpp.jpg 是经过模型训练生成的图片。

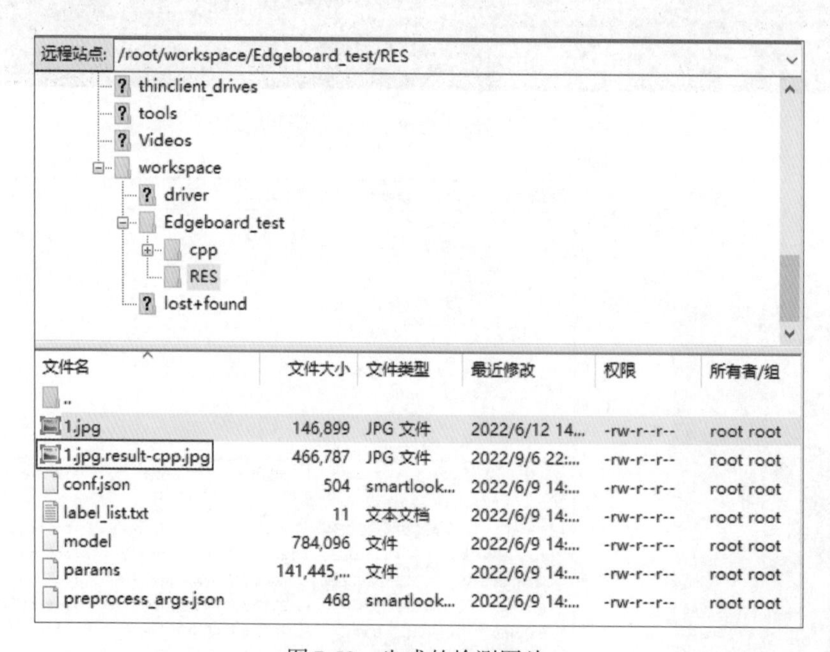

图 7-53　生成的检测图片

打开该图片，图片中不同位置的螺丝螺母给出了对应的置信度信息，如图 7-54 所示。

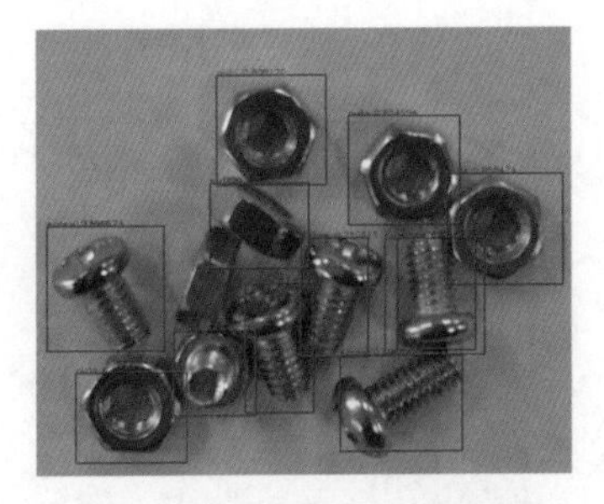

图 7-54　螺丝螺母检测图片

EasyDL 平台生成的离线 SDK 压缩文件还支持对 HTTP 服务的调用，允许用户通过网络访问 EdgeBoard 计算卡来调用模型。下面介绍具体的调用过程。首先开启 HTTP 服务，相关命令如下所示。

```
#进入build 文件夹
cd
/root/workspace/Edgeboard_test/cpp/baidu_easyedge_linux_cpp_arrch64_EdgeBoardFZ1.8.1_
gcc7.5_v1.5.1_20220527/src/bulid/demo_serving
./easyedge_serving   /root/workspace/Edgeboard_test/RES  "50A1-FF2A-E267-57AB"  0.0.0.0  24401
#./easyedge_serving   {RES资源文件夹目录}  "序列号"  主机（选0.0.0.0）   端口号
```

对应的服务运行界面如图 7-55 所示。

```
root@EdgeBoard:~/workspace/Edgeboard_test/cpp/baidu_easyedge_linux_cpp_aarch64_EdgeBoardFZ1.8.1_gcc7.5_v1.5.1_20220527/src/bui
ld/demo_serving# ./easyedge_serving /root/workspace/Edgeboard_test/RES  "50A1-FF2A-E267-57AB"  0.0.0.0  24401
2022-06-12 15:03:26,317 INFO [EasyEdge] 547971043344 EasyEdge Linux Development Kit 1.5.1(Build EdgeBoardFZ1.8.1 20220527) Rel
ease
2022-06-12 15:03:26,322 INFO [EasyEdge] 547971043344 Ignore reading config from infer_cfg.json
2022-06-12 15:03:26,467 INFO [EasyEdge]  Local license is ok: [50A1-FF2A-...]
2022-06-12 15:03:30,870 INFO [EasyEdge] 547971043344 HTTP is now serving at 0.0.0.0:24401, holding 1 instances
```

图 7-55　HTTP 服务运行界面

开启 HTTP 服务后，因为 EdgeBoard 计算卡的 IP 地址是 192.168.0.107，所以在浏览器网址输入栏输入 http://192.168.0.107:24401，其中“24401”为端口号，然后进入图 7-56 所示的添加图片 / 视频界面。

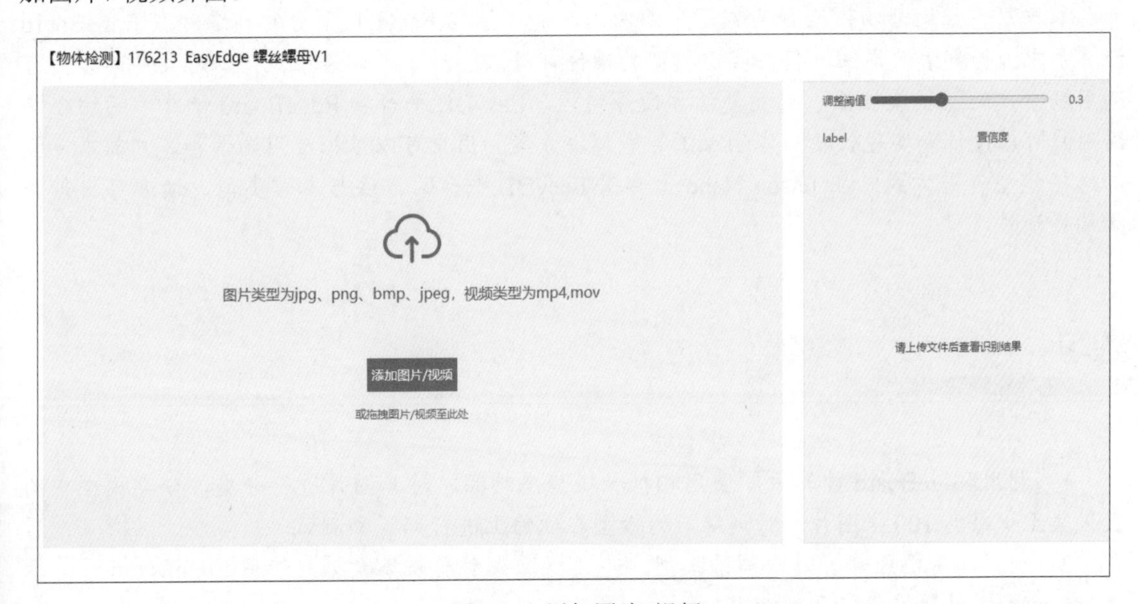

图 7-56　添加图片 / 视频

单击“添加图片 / 视频”按钮，选择任意一张螺丝螺母图片，检测结果如图 7-57 所示，可以看出，螺丝螺母都被正确检测出来。由于训练样本数据较少，导致检测结果的置信度不是很高，后期可以通过丰富训练样本来提高置信水平。

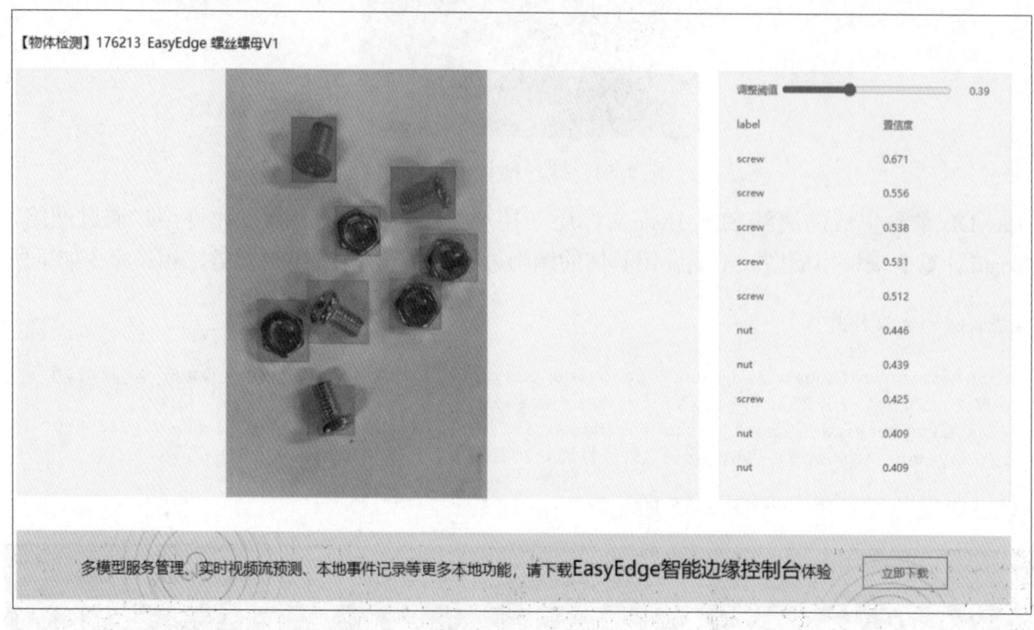

图 7-57　调用 HTTP 的检测结果

小结

本章以螺丝螺母物体检测为例，介绍人工智能模型在 EasyDL 平台的训练和在 EdgeBoard 计算卡中进行部署的详细流程，实现模型的硬件部署。相对于云部署来说，本地硬件部署具有适用场景广泛、扩展性强、配置灵活方便等特点。EasyDL 平台和 EdgeBoard 计算卡的结合使得用户可以设计和实现软硬一体的人工智能解决方案。用户可以根据应用场景和客户需求，灵活选择模型部署方式。在 Jetson Nano 上部署 EasyDL 平台的方法与本章类似，读者可自行查阅相关资料。

练习

1. 利用 EdgeBoard 计算卡，使用相机拍摄静态物品，对其图片进行分类，分类模型中的数据集至少每类 100 张图片，对训练后的模型在硬件上进行部署和测试。

2. 利用题 1 已经部署好的训练模型，连接摄像头动态采集数据，使用 EdgeBoard 计算卡进行测试，并将结果进行合理输出。

第8章 基于EasyDL平台的人工智能学科竞赛

学科竞赛是高校在基础教学任务之上培养创新型人才的重要方式，不仅有助于激发学生的学习兴趣，而且有助于提高学生的创新、创业意识和能力。人工智能正处于蓬勃发展阶段，相关领域和行业蕴藏着无限机遇，广阔的空间等待青年学子不断尝试和探索。通过参加人工智能及应用方面的学科竞赛，可以培养大量的人工智能人才。掌握人工智能技术的高校学生在走上工作岗位后有望将人工智能思维和意识带到工作实践中，这必将使人工智能的生态之路满园芬芳。

本章从4个方面介绍基于EasyDL平台的人工智能学科竞赛：第一个方面介绍学科竞赛的基本情况；第二个方面介绍相关比赛对能力培养的促进；第三个方面分析人工智能学科竞赛中的获奖情况；第四个方面就今后比赛的开展给出建议和期许。

8.1 中国高校计算机大赛人工智能创意赛

8.1.1 比赛设置

为激发学生的创新意识，培养学生对人工智能场景应用的发现、分析及解决问题的综合素质，推动人工智能人才培养生态建设，2018 年教育部高等学校计算机类专业教指委、软件工程教指委、大学计算机课程教指委和全国高等学校计算机教育研究会共同主办中国高校计算机大赛－人工智能创意赛（China Collegiate Computing Contest Artificial Intelligence Innovation Contest，以下简称“C4-AI 比赛”）。赛事采用校企合作模式，由浙江大学、百度公司和地方政府联合承办。每年举办一届。该竞赛吸引了国内众多高校和大学生参赛，对推动人工智能人才培养和产教融合起到了积极的作用。

经全国高校竞赛评估与管理体系研究专家委员会委员无记名投票，该项赛事入选 2020 年全国普通高校大学生竞赛排行榜。该榜单是由教育部主管的中国高等教育学会高校竞赛评估与管理体系研究工作组发布，榜单中的比赛是教育部官方认可的，并在全国有极大的影响力，体现了各高校学科建设、学科竞赛、人才培养的水平，及各高校学生的实践能力与创新能力。榜内竞赛项目获奖情况是高校学科建设、人才培养等工作的重要指标。

全国普通高校大学生竞赛排行榜会定期更新，列入 2021 年竞赛排行榜榜单的一共有 56 项竞赛。所有竞赛可以分为两类：一类是面向某个或部分专业的学科类竞赛；另一类是各个专业都可以参加的综合类竞赛。全国高校对榜单中的比赛都非常支持，鼓励学生参加此类竞赛，并将其纳入奖学金评定、研究生保送评选等人才选拔体系，并对获奖选手和队伍进行政策倾斜。表 8-1 给出了 56 项竞赛的名称和类别，供大家了解和参考。需要特别注意的是，每年项目名单都会改变，想了解更多实时详情请访问中国高等教育学会官方网站。

表 8-1　2021 年全国普通高校大学生竞赛排行榜内竞赛项目名单

序号	竞赛名称	竞赛类别
1	中国“互联网 +”大学生创新创业大赛	综合类
2	“挑战杯”全国大学生课外学术科技作品竞赛	综合类
3	“挑战杯”中国大学生创业计划竞赛	综合类
4	ACM-ICPC 国际大学生程序设计竞赛	学科类
5	全国大学生数学建模竞赛	学科类
6	全国大学生电子设计竞赛	学科类
7	中国大学生医学技能竞赛	学科类
8	全国大学生机械创新设计大赛	学科类
9	全国大学生结构设计竞赛	学科类
10	全国大学生广告艺术大赛	学科类

续表

序号	竞赛名称	竞赛类别
11	全国大学生智能汽车竞赛	学科类
12	全国大学生交通科技大赛	学科类
13	全国大学生电子商务“创新、创意及创业”挑战赛	综合类
14	全国大学生节能减排社会实践与科技竞赛	综合类
15	全国大学生工程实践与创新能力大赛	综合类
16	全国大学生物流设计大赛	学科类
17	外研社全国大学生英语系列赛——英语演讲、英语辩论、英语写作、英语阅读	学科类
18	全国职业院校技能大赛	综合类
19	两岸新锐设计竞赛·华灿奖	学科类
20	全国大学生创新创业训练计划年会展示	综合类
21	全国大学生化工设计竞赛	学科类
22	全国大学生机器人大赛——RoboMaster、RoboCon、RoboTac	学科类
23	全国大学生市场调查与分析大赛	学科类
24	全国大学生先进成图技术与产品信息建模创新大赛	学科类
25	全国三维数字化创新设计大赛	学科类
26	世界技能大赛	综合类
27	世界技能大赛中国选拔赛	综合类
28	“西门子杯”中国智能制造挑战赛	学科类
29	中国大学生服务外包创新创业大赛	学科类
30	中国大学生计算机设计大赛	学科类
31	中国高校计算机大赛——大数据挑战赛、团体程序设计天梯赛、移动应用创新赛、网络技术挑战赛、人工智能创意赛	学科类
32	蓝桥杯全国软件和信息技术专业人才大赛	学科类
33	米兰设计周——中国高校设计学科师生优秀作品展	学科类
34	全国大学生地质技能竞赛	学科类
35	全国大学生光电设计竞赛	学科类
36	全国大学生集成电路创新创业大赛	学科类
37	全国大学生金相技能大赛	学科类
38	全国大学生信息安全竞赛	学科类
39	未来设计师·全国高校数字设计大赛	学科类
40	全国周培源大学生力学竞赛	学科类
41	中国大学生机械工程创新创意大赛——过程装备实践与创新赛、铸造工艺设计赛、材料热处理创新创业赛、起重机创意赛、智能制造大赛	学科类
42	中国机器人大赛暨 RoboCup 机器人世界杯中国赛	学科类
43	“中国软件杯”大学生软件设计大赛	学科类
44	中美青年创客大赛	综合类

续表

序号	竞赛名称	竞赛类别
45	RoboCom 机器人开发者大赛	学科类
46	“大唐杯”全国大学生移动通信 5G 技术大赛	学科类
47	华为 ICT 大赛	学科类
48	全国大学生嵌入式芯片与系统设计竞赛	学科类
49	全国大学生生命科学竞赛（CULSC）——生命科学竞赛、生命创新创业大赛	学科类
50	全国大学生物理实验竞赛	学科类
51	全国高校 BIM 毕业设计创新大赛	综合类
52	全国高校商业精英挑战赛——品牌策划竞赛、会展专业创新创业实践竞赛、国际贸易竞赛、创新创业竞赛	综合类
53	“学创杯”全国大学生创业综合模拟大赛	综合类
54	中国高校智能机器人创意大赛	学科类
55	中国好创意暨全国数字艺术设计大赛	学科类
56	中国机器人及人工智能大赛	综合类

注：榜单内已有竞赛的子赛纳入但不计算竞赛项目数。

8.1.2 比赛要求

1. 赛事宗旨

C4-AI 比赛旨在激发学生创新意识，提升人工智能创新实践应用能力，培养团队合作精神，促进校际交流，丰富校园学术气氛，推动“人工智能 +X”知识体系下的人才培养。

2. 报名要求

竞赛面向中国及境内外高等学校在读学生（含高职、本科、硕博研究生等）。具体要求如下。

- 参赛队员不限专业。
- 可单人参赛或自由组队，每支参赛队伍人数最多不超过 3 人，允许本校内跨年级、跨专业组队。
- 参赛队员必须为高等学校在册在校学生，报名须保证个人信息准确有效。
- 每支参赛队伍须有一名指导教师，且指导教师必须为参赛队伍所属高校在职正式职工。
- 竞赛期间，每支队伍有且仅有一次队员及指导教师个人信息的修正、更换机会。

3. 作品要求

参赛作品须围绕人工智能核心技术，探索有具体落地场景的技术应用创意方案，如人工智能在工业、农业、医疗、文化、教育、金融、交通、公共安全、日常生活、公益等行业领域的应用探索。竞赛采用开放命题，参赛作品须使用百度 AI 开放平台相关技术并遵循相关设计、开发指南与规范。参赛者应充分发挥创新能力，自由探索应用场景并自行获取相关数据，最终提交具有原创性并能够进行可视化应用展示的参赛作品。

4. 赛项分组

竞赛分为赋能组（EasyDL/BML）与创新组（飞桨）两个组别。每支参赛队伍可根据自身的兴趣及技术能力基础任意选择组别参赛，同一参赛队员（队伍）只允许报名参加一个组别。

5. 赋能组比赛要求

赋能组参赛者可自行选择技术创意创新应用场景或基于对某一行业的洞察，开发有降本增效作用的模型，参赛者参赛作品须使用 EasyDL 零门槛 AI 开发平台或者 BML 全功能 AI 开发平台进行模型训练，通过实现模型到端的集成，生成的模型需要解决该场景下的具体应用或通用问题。

竞赛指定百度公司的 EasyDL、BML 为官方日常训练平台。所有参赛队伍在开发创作中可申请使用百度大脑 EdgeBoard 深度学习计算卡 Lite 版。复赛（区域选拔）期间，组委会将根据作品创意及质量，从全体申请团队中选拔出 30 支参赛团队（创新组 20 支，赋能组 10 支），在比赛期间免费为其提供 EdgeBoard 深度学习计算卡 Lite 版，助力创意落地，若入围全国总决赛还将获得额外加分。同时将向 30 支参赛团队提供相关配套平台及硬件优惠券，用于帮助参赛团队提升模型训练效率、购买更多调用额度、采购更高级设备等。

EasyDL 平台是百度大脑面向企业开发者推出的 AI 开发平台，提供智能标注、模型训练、服务部署等全流程功能，内置丰富的预训练模型，支持公有云 / 私有化 / 设备端等灵活部署方式。EasyDL 平台面向不同人群提供经典版、专业版、零售版 3 款产品，已在工业、零售、制造、医疗等领域落地。BML 全功能 AI 开发平台是一个面向企业和个人开发者的机器学习集成开发环境，为经典机器学习和深度学习提供了从数据处理、模型训练、模型管理到模型推理的全生命周期管理服务，帮助用户更快地构建、训练和部署模型。

6. 比赛阶段划分

比赛分成初赛、复赛和全国总决赛 3 个阶段，其中初赛和复赛通过网络提交材料，全国总决赛在线下举行（2021 年因新冠疫情影响在线上举行）。第一个阶段为初赛，一般每年 4 月份启动，在官方网站组织报名，6 月份通过线上提交初赛作品和材料；通过选拔的选手参加第二阶段的复赛（区域赛），在 7 月底 /8 月初在线上提交复赛材料。复赛晋级选手可以进入赛事的第三个阶段，参加优秀参赛队伍集中营并参加 11 月 /12 月在线下举行的全国总决赛，角逐特等奖（可空缺）、一等奖、二等奖和三等奖。比赛另根据情况颁发最佳应用奖、创新创业奖和优秀指导教师。比赛各个阶段需要提交的材料和晋级规则见表 8-2。

表 8–2 比赛各个阶段需要提交的材料和晋级规则

比赛阶段	评审方式	提交材料	材料内容	晋级规则
初赛	专家网络评审	（1）项目创意书 （2）团队介绍	参赛作品简介、参赛作品创意点、应用场景、工作原理、解决的实际问题、技术方案、开发排期、团队分工等	根据各赛区报名队伍数量情况确定晋级比例，按赋能组和创新组分别推举复赛（区域选拔）晋级队伍
复赛（区域赛）	专家网络评审	（1）作品说明书 （2）作品可视化展示视频（3 分钟短视频）	项目背景、技术方案、配套代码、创作思路等	通过对参赛项目的综合评选，评选出区域一、二、三等奖并颁发相应证书，获奖团队总数量不超过该区域提交有效作品团队数的三分之一。在复赛（区域选拔）基础上选送总共不超过 50 支参赛队伍进入全国总决赛
全国总决赛	专家现场答辩	（1）路演 PPT （2）相关软硬件（可选）	项目的综合情况	按复赛入围队伍现场路演答辩情况评选出最终获奖名单，按决赛奖项设置颁发相应的证书及奖金

8.2 赋能组比赛对专业认证中非技术能力的要求与考查

8.2.1 技术能力与非技术能力

自我国在 2016 年加入《华盛顿协议》后，工程教育认证作为目前国际通用的工程教育人才培养质量评价标准，也逐渐成为我国工程教育的质量标准，其包含的通用标准也成为工科专业建设和人才培养的要求。毕业要求是工程教育认证的重要组成部分，共 12 条，其中技术性指标 5 条，非技术性指标 7 条。各指标内涵与涉及的能力或主要领域见表 8-3。

表 8-3　12 条毕业要求内涵与涉及的能力或主要领域

指标名称	指标类型	内涵描述	涉及的能力或主要领域
工程知识	技术性指标	能够将数学、自然科学、工程基础和专业知识用于解决复杂工程问题	数学、自然科学、工程基础、专业知识
问题分析	技术性指标	能够应用数学、自然科学和工程科学的基本原理，识别、表达，并通过文献研究分析复杂工程问题，以获得有效结论	数学、自然科学、工程科学、文献检索
设计 / 开发解决方案	技术性指标	能够设计针对复杂工程问题的解决方案，设计满足特定需求的系统、单元（部件）或工艺流程，并能够在设计环节中体现创新意识，考虑社会、健康、安全、法律、文化以及环境等因素	方案设计
研究	技术性指标	能够基于科学原理并采用科学方法对复杂工程问题进行研究，包括设计实验、分析与解释数据，并通过信息综合得到合理有效的结论	实验设计、问题分析、数据分析、信息综合
使用现代工具	技术性指标	能够针对复杂工程问题，开发、选择与使用恰当的技术、资源、现代工程工具和信息技术工具，包括对复杂工程问题的预测与模拟，并能够理解其局限性	技术选择和使用 工具使用 模拟与预测
工程与社会	非技术性指标	能够基于相关背景知识进行合理分析，评价专业工程实践和复杂工程问题解决方案对社会、健康、安全、法律以及文化的影响，并理解应承担的责任	社会、健康、安全、法律、文化
环境和可持续发展	非技术性指标	能够理解和评价针对复杂工程问题的工程实践对环境、社会可持续发展的影响	环境、社会、可持续发展
职业规范	非技术性指标	具有人文社会科学素养、社会责任感，能够在工程实践中理解并遵守工程职业道德和规范，履行责任	社会科学、职业道德、职业规范
个人和团队	非技术性指标	能够在多学科背景下的团队中承担个体、团队成员以及负责人的角色	合作意识、协作能力、领导力
沟通	非技术性指标	能够就复杂工程问题与业界同行及社会公众进行有效沟通和交流，包括撰写报告和设计文稿、陈述发言、清晰表达或回应指令；并具备一定的国际视野，能够在跨文化背景下进行沟通和交流	文稿设计、文档撰写、陈述发言、指令表达 / 回应、国际视野、跨文化交流
项目管理	非技术性指标	理解并掌握工程管理原理与经济决策方法，并能在多学科环境中应用	工程管理、经济决策
终身学习	非技术性指标	具有自主学习和终身学习的意识，有不断学习和适应发展的能力	自主学习、终身学习

该项比赛分为初赛、复赛（区域选拔）、全国总决赛 3 个阶段，各个阶段提交的参赛资料不同，分别考查了多种非技术能力。表 8-4 给出了该项赛事的不同阶段对不同非技术能力的要求与考查方式。其中初赛和复赛主要通过组队、选题、创意书撰写、作品视频制作等考查工程与社会、职业规范、个人和团队、项目管理与终身学习 5 项非技术能力；全国总决赛以现场汇报的方式进行，重点考查沟通方面的非技术能力。

表 8-4 C4-AI 比赛对非技术能力的要求与考查方式

比赛阶段	提交材料	考查的非技术能力	能力考查方式
初赛	项目创意书及团队介绍	职业道德、职业规范	项目选题
		文稿设计、文档撰写	创意书撰写
		合作意识、协作能力、领导力	队员组织与个人特长
		工程管理、经济决策	项目前景描述
复赛	作品说明书及作品可视化展示视频（3 分钟短视频）	文稿设计、文档撰写	作品说明书撰写
		自主学习、终身学习	视频设计 / 编辑
全国总决赛	通过现场路演汇报的形式，全方位呈现作品实现过程及最终作品	文稿设计	汇报内容组织
		陈述发言	汇报陈述
		指令表达 / 回应	回答专家提问

8.2.2 C4-AI 比赛评分标准对非技术指标的支撑

该项赛事的评分标准分为 5 个一级指标（4 个一级指标和“其他”奖励性指标）、11 个二级指标和 18 个三级指标（参赛创意书要求）。表 8-5 给出了赛事评分标准、指标完成要求和能力要求。从数量上来看，18 个三级指标中体现了 12 次非技术性指标和 6 次技术性指标支撑，其中部分非技术性指标多次得到支撑。

表 8-5 C4-AI 比赛评分标准对非技术性指标的支撑

一级指标（分数占比）	二级指标	三级指标	指标完成要求	考查的非技术能力	能力要求
选题与定位（20%）	创意与独创性	市场目前是否有相同或相似产品或服务	项目选题 项目背景介绍 项目对比	职业道德、职业规范 自主学习、终身学习	工程与社会 终身学习
		项目是否具有清晰的全新意义或超越目前已有产品 / 服务的突破性	项目对比 项目评估	自主学习、终身学习	终身学习
	落地转化可行性	项目是否有清晰的实现路径，在技术设计与实现方面是否符合创新	项目管理 经济预算 设计实现 创新性归纳	工程管理 经济决策 文档撰写	项目管理

续表

一级指标（分数占比）	二级指标	三级指标	指标完成要求	考查的非技术能力	能力要求
社会价值（35%）	用户需求贴合度	项目是否贴近实际，是否有明确的目标用户及使用场景	走访调研 沟通交流	陈述发言	沟通
		项目是否具有清晰的受众或市场定位	用户走访调查 市场定位分析	陈述发言 工程管理	工程与社会 项目管理
	效率提升的明确表现	项目是否给社会公众生活带来便利或提升产业效率、节约成本等	性能指标比较	N	问题分析
		项目是否清晰地针对某些需求或解决了某些问题	问题分析	N	问题分析
	市场价值及推广性	项目的可普及、可泛化程度	项目实施情况分析	工程管理	项目管理
		项目是否经过外部验证和调查	结果验证与调查	工程管理	项目管理
		项目是否有一个完善的市场推广模式，有哪些潜在合作对象	调查走访 商业模式选择 经济分析	陈述发言 工程管理 经济决策	沟通 项目管理和实施
技术方案（35%）	技术综合能力	明确阐述作品的 AI 技术方向	参赛题目类别归属	社会	工程与社会
	平台的掌握程度	说明作品所选用的技术平台及具体技术方案	方案设计	N	设计 / 开发 解决方案
		阐述数据获取及处理、任务开发流程等策略规划	数据获取	N	研究
	任务处理效果	处理效果展示	结果分析	N	问题分析
材料规范性（10%）	模型源代码、注释的规范性及质量优良度	代码撰写	查看模型材料	N	使用现代工具
	资料齐全性，逻辑清晰性，重点是否突出	材料准备	文档规范	文档撰写	沟通
其他	排期规划	阐述作品的设计开发进度规划	项目排期	工程管理	项目管理
		落地转化工作计划（若有）	落地安排计划	工程管理	工程与社会 项目管理

注："N"表示对应的是技术能力，下画线表示对应的具体技术能力。

8.2.3　缺失的技术能力和非技术能力

前面的分析表明，参加此项赛事可以对 12 个指标中的 10 个指标进行考查和支撑，体现了较好的指标覆盖度。未能得到直接支撑的是"工程知识"技术性指标和"环境和可持续发展"非技术性指标。"工程知识"能力要求的缺失主要在于该项赛事并非着重考查数学、自然科学等基础知识，而是使用平台实现学生的创意和想法。"环境和可持续发展"并不会出现在每一项参赛项目中，但计算机相关的大部分产业都是绿色环保的。需要强调的是，在"沟通"这一指标中，"国际视野"和"跨文化交流"并未得到很好的体现，还须通过其他方式予以有力的支撑和加强。

8.3 2019—2021 年 C4-AI 比赛获奖项目数据分析

为研究比赛规律、促进比赛更好的发展，下面对 2019—2021 年 3 届比赛的获奖项目情况进行统计，对相关数据进行简要分析。2018 年举行的第一届比赛未做分组设置，从 2019 开始分为赋能组和创新组，因此下面仅统计和分析 2019—2021 年 3 届比赛赋能组的获奖情况。需要强调指出的是，由于该项赛事时间不长，3 年的统计数据仅具有参考价值，要想获得更有指导价值的数据需要结合未来赛事的开展进行长期和系统的分析。

8.3.1 历届获奖清单

表 8-6 给出了赋能组比赛 3 年 49 个奖项的等级分布，其中特等奖 2 个（赛事规程允许特等奖空缺），一等奖 10 个，二等奖 16 个，三等奖 21 个。每年奖项总数稳定在 15 ～ 20 个，保证了获奖项目的含金量。

表 8-6　历年获奖数量统计

年份	特等奖（项）	一等奖（项）	二等奖（项）	三等奖（项）	合计
2019	1	3	6	8	18
2020	1	3	5	6	15
2021	0	4	5	7	16
合计	2	10	16	21	49

表 8-7 ～表 8-9 分别给出 2019 年、2020 年和 2021 年共 3 届比赛的获奖题目清单。为分析需要，还给出了地区、面向行业和专业归属情况。从地区分析可以了解这些地区人工智能人才的培养情况，从面向行业分析可以看出高校学生关注的人工智能应用领域，从专业归属分析可以推断人工智能在高校不同专业之间的发展状况。

表 8-7　2019 年中国高校计算机大赛—人工智能创意赛赋能组全国总决赛获奖名单

获奖等级	题目	地区	面向行业	专业归属
特等奖	“指舞”基于深度学习的智能家居控制系统	辽宁	智能家居	新工科
一等奖	超市智能补货机器人	浙江	服务零售	新工科
一等奖	可自动分类垃圾桶	江苏	能源环保	新工科
一等奖	基于 Wi-Fi 和 CCTV 数据融合的室内定位系统	辽宁	智慧交通	新工科
二等奖	基于 EasyDL 的空管滤棒端面智能化检测系统	湖南	智能制造	新工科
二等奖	基于 EasyDL 的喷油阀座智能检测系统	广西壮族自治区	智能制造	新工科
二等奖	基于 EasyDL 的智能分类科普垃圾桶	江苏	智慧教育	新工科
二等奖	基于 PaddlePaddle 的智慧课堂实时监测系统——EduWatching	四川	智慧教育	新工科
二等奖	智能垃圾分类科普平台	福建	能源环保	新工科
二等奖	基于深度学习的过激行为检测系统	山西	智慧安防	新工科

续表

获奖等级	题目	地区	面向行业	专业归属
三等奖	基于 EasyDL 的车祸场景智能识别系统	广西壮族自治区	智慧安防	新工科
三等奖	基于 EasyDL 的岩石薄片图像识别与分类	河南	能源环保	新工科
三等奖	基于 EasyDL 的情绪分类抑郁症判别模型	浙江	心理健康	新文科
三等奖	水面污染智能检测系统	河南	能源环保	新工科
三等奖	福婴——婴儿状态智能检测系统	山西	医疗健康	新医科
三等奖	基于 EasyDL 物体检测的三七病虫害测试	云南	智慧农林	新农科
三等奖	基于 EasyDL 的网络监控火灾预警系统	内蒙古自治区	智慧安防	新工科
三等奖	基于 EasyDL 的智能厕所漏水识别装置及系统	安徽	智能家居	新工科

表 8-8　2020 年中国高校计算机大赛—人工智能创意赛赋能组全国总决赛获奖名单

获奖等级	题目	地区	面向行业	专业归属
特等奖	基于 EasyDL 平台智能垃圾分类系统	浙江	服务零售	新工科
一等奖	who wears textured contact lenses 基于虹膜图像中自动鉴别美瞳隐形眼镜佩戴者	北京	智慧安防	新工科
一等奖	基于 EasyDL 的小麦生长数据持续采集与形态分析系统	四川	智慧农林	新农科
一等奖	基于 EasyDL 的公路病害检测系统	江西	智慧交通	新工科
二等奖	安全摩行　幸“盔”有你	广西壮族自治区	智慧交通	新工科
二等奖	基于 EasyDL 的药盒检测智能分拣机械臂	浙江	医疗健康	新工科
二等奖	基于 EasyDL 的中药材识别与教学系统	山西	医疗健康	新医科
二等奖	医疗静脉输液智能监控系统	河南	医疗健康	新医科
二等奖	基于 EasyDL 的多模态分析驾驶员情况系统	河南	智慧交通	新工科
三等奖	寻泊停车车位状态检测系统	四川	智慧交通	新工科
三等奖	基于 EasyDL 的岩石薄片图像检测	河南	能源环保	新工科
三等奖	晓美服饰智能小助手	吉林	服务零售	新医科
三等奖	基于 EasyDL 与 CT 影像的结直肠息肉检测系统	广东	医疗健康	新医科
三等奖	基于深度学习的智能垃圾分类系统	北京	能源环保	新工科
三等奖	基于语音识别的抑郁症分类模型	上海	心理健康	新文科

表 8-9　2021 年中国高校计算机大赛—人工智能创意赛赋能组全国总决赛获奖名单

获奖等级	题目	地区	面向行业	专业归属
一等奖	大型车辆盲区智能识别与监测系统	山西	智慧交通	新工科
一等奖	小型道路损伤检测设备	海南	智慧交通	新工科
一等奖	基于 EasyDL 的机房异常声音检测与分析	山东	智能制造	新工科
一等奖	基于 BML 的线束端子剖面智能分析系统	河南	智能制造	新工科
二等奖	基于 EasyDL-EdgeBoard 的 PCB 缺陷自动检测与分拣系统	吉林	智能制造	新工科
二等奖	开门式无人售货柜用户的异常行为检测	河南	服务零售	新工科
二等奖	基于 BML 的人脸素描 - 照片图像生成系统	江西	服务零售	新工科

续表

获奖等级	题目	地区	面向行业	专业归属
二等奖	基于 EasyDL 的消防器材智能识别与教导系统	北京	智慧安防	新工科
二等奖	Chicken diseases Identification from feces images based on EasyDL	河南	智慧农林	新农科
三等奖	基于 EasyDL 的智能码垛系统	浙江	智能制造	新工科
三等奖	基于 EasyDL 的电动车是否载人识别	河南	智慧交通	新工科
三等奖	基于 EasyDL 的遥控操作消防机器人	浙江	智慧安防	新工科
三等奖	基于 EasyDL 的肺炎图像智能识别与辅助诊断系统	河南	医疗健康	新医科
三等奖	询药屋	贵州	医疗健康	新医科
三等奖	嫌疑人涉案物品智能识别与登记系统	河南	智慧安防	新工科
三等奖	基于迁移学习的扩散光层析成像肿瘤图像分类系统	山西	医疗健康	新医科

为分析方便，根据获奖题目和项目内容，将人工智能应用行业分为服务零售、能源环保、心理健康、医疗健康、智慧安防、智慧交通、智慧教育、智慧农林、智能家居、智能制造 10 个行业。按照教育部近期人才培养策略，将专业分为新工科、新医科、新农科和新文科 4 类。

8.3.2 赛事获奖项目涉及的行业和专业分析

图 8-1 给出获奖项目的行业归属数量的柱状图。从统计视角来看，10 个行业获奖数量的均值为 4.9，方差为 5.049，中位数为 5.5，众数为 8。数据显示，能源环保、医疗健康和智慧安防 3 个行业获奖数量最多，这与人工智能的产业发展和社会发展情况较为一致。此外，心理健康、智慧教育、服务零售、智能家居 4 个领域获奖数量较少，还有较大的提升空间。

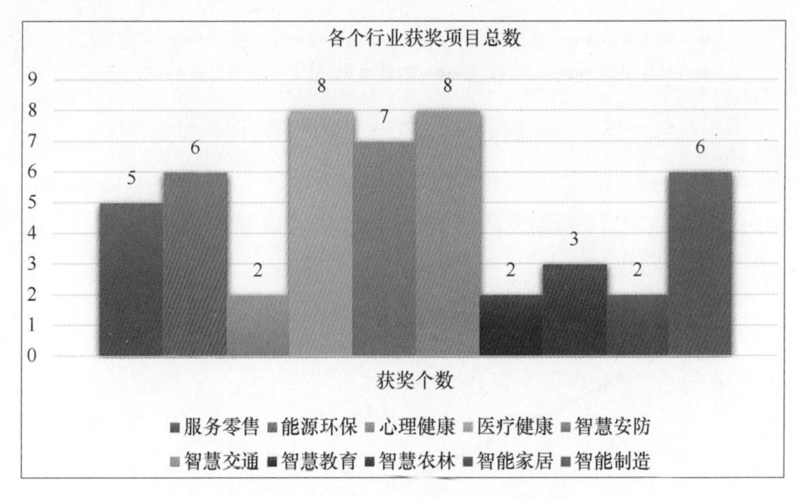

图 8-1 各个行业获奖项目总数

图 8-2 给出专业归属角度的获奖数量分布情况柱状图。4 个专业获奖数量的均值为 12.25、方差为 193.187 5。新工科获奖数量最多为 36 项，新文科获奖数量最少为 2 项。新工科获奖数量远超其他专业，这表明人工智能在新工科专业的学习和发展情况最好。人工智能如何与新农科、新文科、新医科紧密结合，也是今后人工智能发展需要探讨的问题。

图 8-3 给出各个行业 3 届比赛获奖数量的动态变化过程。从图中可以看出，智慧交通领域近两年保持较多的获奖数量，智慧安防、智能制造领域增加趋势明显，与此形成鲜明对比的是

能源环保领域的获奖数量呈直线下降，服务零售行业的获奖数量较为稳定。

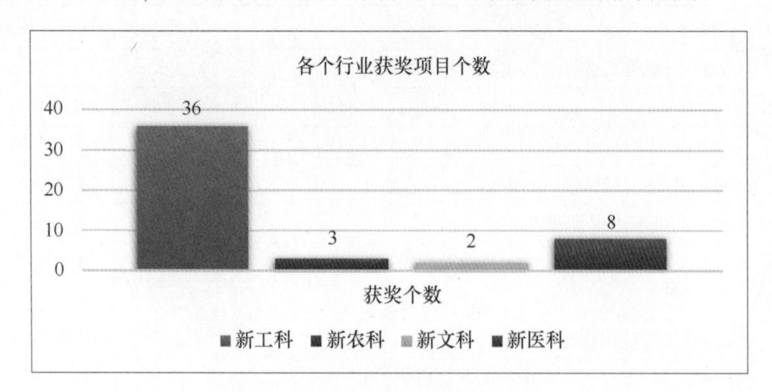

图 8-2　各个专业获奖项目个数

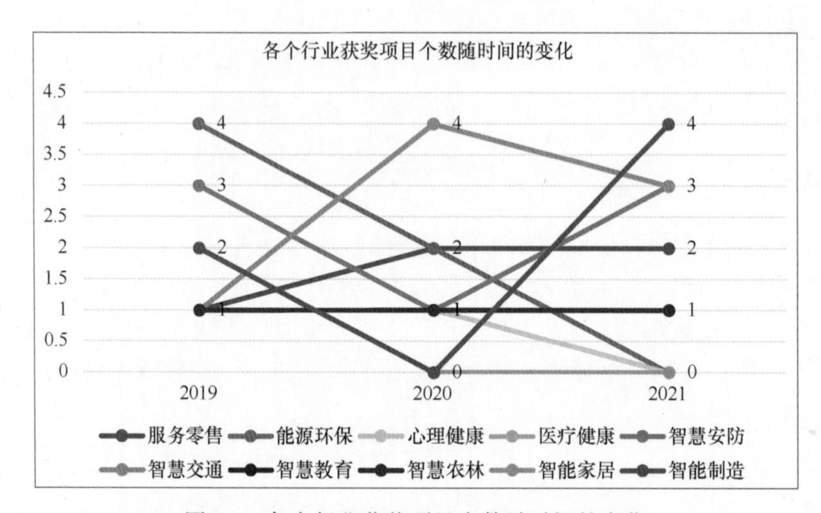

图 8-3　各个行业获奖项目个数随时间的变化

图 8-4 给出各个专业 3 届比赛获奖数量的动态变化过程。从图中可以看出，新工科专业获奖数量虽有波动但仍大幅领先其他专业，新医科专业获奖数量较之前有明显的上升，但新农科和新文科专业获奖数量长期较少。

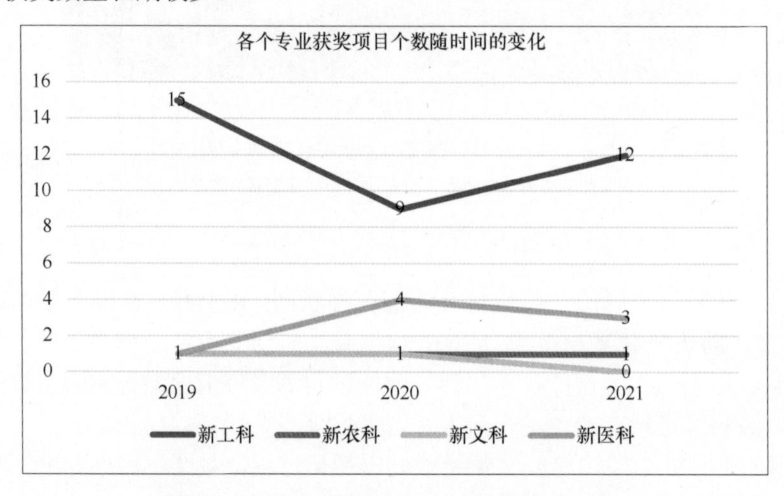

图 8-4　各个专业获奖项目个数随时间的变化

8.4 赛事展望

中国高校计算机大赛 - 人工智能创意赛经历了 4 届赛事，目前已发展成为具有较大吸引力和参与度的学科竞赛。该赛事组织完善，程序公平，对培养大学生创新意识与实践能力，推动人工智能教学与科研相长起到了积极作用。根据赛事目前开展现状和本文数据分析结果，结合当前学科竞赛和人工智能发展趋势，为更好地推动和提升赛事发展，提出如下展望。

1. 加强比赛在西部地区的宣传、推广力度

赛事在中部及沿海地区推广程度较好、参与高校较多，但西北地区、西南地区的高校获奖数量较少，甚至部分西部省（自治区、直辖市）没有获奖项目。随着“东数西算”工程的启动，西部地区人工智能和大数据方面的人才培养也应该持续加强。建议赛事加强在西部地区的宣传、推广，组织西部赛区与其他赛区之间进行交流，推动西部地区的人工智能人才培养。

2. 拓宽专业广度，布局行业发展

人工智能已经在工程类行业中得到蓬勃发展，这反映在赛事获奖数量上。后期需要发掘更多行业和领域并对其赋能。为此，需要抓住高校在校学生，利用新工科、新农科、新医科、新文科建设机会，加强人工智能教育、提高人工智能素养，将其培养成“X+AI”人工智能应用型人才，做到既懂专业知识又懂人工智能。建议一方面在高校开设人工智能通识课程，另一方面在赛事组织中，注意组建队伍时吸纳多个专业的学生，利用团队的力量、用跨专业的思维和知识解决不同行业和领域的人工智能问题，为学科竞赛注入新的活力。同时，注意不同行业案例的系统性收集和整理、创新宣传形式，并有意识地在高校各个相关专业进行宣传，激发专业学生创作灵感，布局未来行业发展。

3. 促进竞赛向国际化方向发展

随着我国“一带一路”倡议和高等教育“双一流”战略的深入实施，目前高校的留学生教育也进入了一个新阶段。大量的留学生和海外高校学生也对人工智能和应用非常感兴趣。建议在赛事组织过程中对留学生进行宣传，鼓励留学生结合自己祖国的应用场景，提炼问题并利用人工智能加以解决，并带着解决方案和成果参赛，从而提高赛事的国际化水平、提升比赛的影响力。为此，需要建立面向留学生和海外学生的组织和支持机制，包括赛事英文版主页建设、英文版人工智能平台设计、组织面向非汉语学生的技术培训等。

4. 丰富竞赛内容，增加竞赛新赛道

EasyDL 平台和产品还在不断增长中，但目前参赛队伍使用较多的还是标准的 EasyDL 平台。建议增加 EasyDL 零售行业版和飞桨 EasyDL 桌面版，培养面向多个行业、领域和应用场景的人工智能人才。此外，建议在赛事中单独设置软件与硬件结合紧密的赛道，增强项目的展示效果、提升获奖作品的传播效果，加快人工智能产品落地速度、丰富模型部署方式。

小结

学科竞赛是培养学生创新能力的重要方法。本章旨在通过介绍相关学科竞赛，使读者能够

了解比赛设置和要求，并通过参加比赛提高自身能力。读者在准备过程中可以不断拓展视野，在竞赛活动中进行充分交流，在未来为人工智能提供更多的高水平应用场景。

练习

1. 选择某个 C4-AI 获奖项目的题目，通过查找文献，自主收集数据，并利用 EasyDL 平台进行实现。

2. 结合自身专业、行业背景，自主设计人工智能项目的应用场景，自拟题目、设计解决方案，收集和采集数据并在 EasyDL 平台上进行模型训练，撰写项目创意书和制作项目汇报演示文稿。

第 9 章 EasyDL 平台行业赋能案例

百度公司的 EasyDL 平台已经在文旅、零售、智能制造等多个行业使用，为各个行业提供了快速、低成本的解决方案。

本章精选了 10 个行业，列举了每个行业的 1 ~ 3 个案例。在这些案例中，企业结合自身优势，使用 EasyDL 平台进行快速和低成本的开发，并且成功落地。希望通过解析案例，拓宽读者的视野，激发读者的人工智能创作灵感。

9.1 文旅行业

9.1.1 AI 识鱼，让游客畅玩海洋馆

1. 行业问题背景

海洋世界神秘而奇特，海洋馆作为人们了解海洋生物知识的重要渠道更是集科普、教育于一身。然而海洋馆对于海洋生物知识的普及往往依赖于少量人力的讲解及纸质材料的派发，此类方式过于陈旧、枯燥、费时费力且传播效率低。因此，行业企业山东尺寸网络科技有限公司（下称尺寸科技）希望能为海洋馆开发一套快捷、高效且更具趣味性的讲解方式来促进海洋生物知识的传播。

2. 解决方案

尺寸科技通过调用百度公司的 EasyDL 平台识鱼模型 API 来完成尺寸 AI 识鱼小程序的开发。游客仅需利用该小程序对海洋生物进行拍照，即可获取该生物的完整信息。

尺寸 AI 识鱼小程序的使用方法如下。

第一步：打开尺寸 AI 识鱼小程序，单击“拍照”或“从手机相册选择”按钮。

第二步：对海洋生物进行拍照或选择海洋生物的图片并上传，完成后将图片提交至后台服务器。

第三步：服务器获取图片后，调用 EasyDL 平台训练生成的专属模型 API 进行智能识别。

第四步：服务器将识别结果及相关资料返回小程序，帮助用户学习海洋生物知识。

3. 应用价值

尺寸科技在海量海洋生物内容的基础上，利用百度百科资料、海洋馆现场采集和用户自主拍摄图片等素材，对包含海狮、海豚在内的 85 种海洋生物进行数据采集，使用 EasyDL 平台训练了 4400 张生物图片完成 AI 识鱼模型。在将该模型嵌入小程序后，仅利用一天时间便获得准确率高达 95% 的海洋生物识别模型，现已在寿光极地海洋世界落地使用，未来还将在十余家海洋馆进行推广。

游客在海洋馆观赏时，可利用该小程序随手拍摄海洋生物来学习海洋生物知识。该小程序不仅增加了智能讲解互动，而且有效提升了展览信息传递的效率。

9.1.2 EasyDL 平台助力智能解读国粹精品

1. 行业问题背景

中华民族历史悠久、文化底蕴深厚，拥有丰富的国粹。但国粹过于专业化、学术化。非专业人士在参加展览时，普遍存在对艺术创作者不熟悉、对国粹难以理解的现象。过去，展馆通常通过陈列易拉宝、派发展刊等实体物料的方式进行艺术品知识的讲解，但这些方式陈旧、制作成本高、传播效率低且占用展馆空间。因此展馆需要寻找一种更具体验感和趣味性的展品知识交互方式，拉近艺术品与观展者之间的距离，更好地传递国粹。

2. 解决方案

行业企业芸彩科技（北京）有限公司（下称芸彩科技）将千里江山图 7 个故事篇章及少量水墨、油画作品，共 451 张图片，使用 EasyDL 平台定制化图像识别进行训练，最终获得准确率高达 99.3% 的国粹展品识别模型。

芸彩科技调用该模型 API 进行小程序开发，实现手机镜头对准作品即可实时扫描上传图片到 EasyDL 平台模型以识别展品信息的完整体验。具体使用方法如下。

第一步：打开芸艺优品小程序，单击“点我扫画”按钮，进入扫画模式。

第二步：对展品进行拍摄，然后小程序将拍摄的图片提交到后台服务器。

第三步：服务器获取图片后，调用 EasyDL 平台训练生成的专属模型 API 进行智能识别。若图片内容为训练过的千里江山图等艺术作品，服务器将识别结果推送至小程序，帮助用户获取展品相关资料信息。

注意，若拍摄的图片内容不是训练过的内容，则调用百度公司的通用图像分析接口，智能识别并返回物体名称或场景名称，辅助观展者理解展品。

3. 应用价值

芸彩科技通过 EasyDL 平台训练的国粹展品的识别模型的准确率达 99.3%。拍照即可智能识别展品。该小程序打造了基于 AI 图像识别的观展新模式，增加了观展趣味性。

9.2 零售行业

9.2.1 EasyDL 平台助力智能结算，向智能零售更近一步

1. 行业问题背景

人们在线下商超或便利店购买生活必需品时，往往要经过排队等待、打包计价、人工粘贴条码、逐个扫码收银的复杂结账流程，这导致顾客密集排队、收银区人头攒动的情况，顾客购物体验较差。同时，传统线下零售门店经营成本和人力成本逐年上升，收银员岗位招人越来越困难。因此，如何降低人工成本、提升顾客体验、高效准确结账，成为线下新零售门店的一大挑战。

2. 解决方案

行业企业融讯伟业（北京）科技有限公司（下称融讯伟业）将从线下商超采集的 500 多种瓜果、蔬菜，约 4 万张图片通过 EasyDL 平台定制化图像识别专业版进行训练，获得“商超果蔬识别”模型。同时，将其研发的智能电子秤部署在 EasyDL 平台模型专属 SDK 后，可准确识别果蔬品种，辅助完成自主收银结算，仅需 1 s 即可获得识别结果。

具体操作流程如下。

第一步：顾客在商超购物结算时，将果蔬等商品放置在智能电子秤识别区进行拍照。

第二步：智能电子秤通过 EasyDL 平台训练的模型对果蔬等商品进行识别，识别结果和计算后得到的商品金额将在收银系统中展示。

第三步：顾客刷脸完成支付，系统提示支付成功。

3. 应用价值

融讯伟业通过 EasyDL 平台训练出“商超果蔬识别”模型，并结合已有智能电子秤设备，实现了线下商超果蔬等商品自助结账的功能。模型准确率高达 97% 以上，仅需 2 ～ 3s 即可完成智能收银，相较传统人工收银提高 15 ～ 20 倍的效率。部署了 EasyDL 平台模型专属 SDK 的智能电子秤有效地提高了线下商超或便利店的收银效率与准确性，受到商家及顾客的广泛好评。多家大型连锁商超已落地使用。

9.2.2 图像识别驱动零售门店陈列审核升级

1. 行业问题背景

快消品行业对零售门店的审核一直采用传统人工稽核的方式进行。由于很多品牌的全国的零售门店数量庞大，导致稽核成本巨大。杭州惠合信息科技有限公司（下称惠合科技）致力于用技术驱动快消品行业的营销数字化变革，针对品牌的全国零售门店的陈列审核，采用强劲的 AI 图像定制化识别技术来解决目前传统人工稽核方式的高成本、低效率问题。

2. 解决方案

依据快消品品牌商开展的陈列活动要求搜集图像样本，通过百度公司提供的定制化图像识别模型、多种算法组件及训练模板，基于百度公司的大数据实现少量样本数据训练出精准模型，快速、准确地识别目标图像是否合格。

第一步：样本训练。根据品牌商陈列活动的要求，前期采集图像正、负样本，通过百度公司提供的定制化图像识别模型进行模板训练、上线等操作，在后续活动持续运营中，通过 AI 识别结果分析模块把上传识别过的图像进行分类，自动加入正 / 负样本库中，不断补充到百度公司的定制化图像识别模型中，持续提高分析的精准度。具体流程如图 9-1 所示。

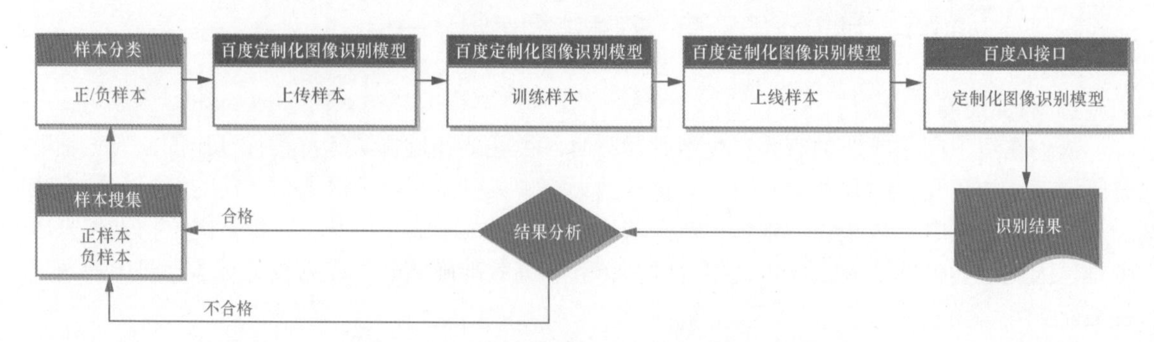

图 9-1　百度公司的定制化图像识别模型流程

第二步：图像识别。零售门店用户通过 e 店佳应用上传陈列视频，通过 EasyDL 平台进行视频处理，把视频文件切片为图像文件，调用百度公司的 AI 接口，识别目标图像是否满足要求。具体流程如图 9-2 所示。

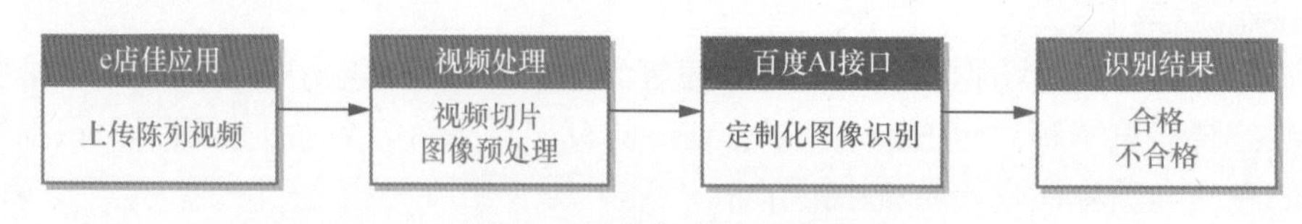

图 9-2　零售门店处理流程

3. 应用价值

e 店佳应用通过接入 EasyDL 平台，实现了对传统零售门店的商品陈列审核升级，重构了快消品行业对于零售门店活动的参与方式，推动了快消品品牌和零售门店的数字化改造。

2018 年 1 月起，惠合科技首次抽取了 3000 家零售门店作为百度公司的定制化图像识别陈列审核的尝试，取得了巨大成功。品牌商在成本和效率上有了显著改变，相关人员效率提升超过 30%。

9.3 制造行业

9.3.1 EasyDL 平台使箱包检针质检更轻松

1. 行业问题背景

青岛爱包花饰有限公司（下称爱包花饰）作为专业的箱包检品公司，每天需要检查货品十多万件。检针是指对服装、鞋子、帽子等纺织品相关产品进行检查，防止产品里有缝制过程中残留下的断针、金属小物件等。传统的 X 光检针机仅可透过 X 射线返回箱包内部信息，需要人工肉眼判断箱包中是否有金属异物、金属配件数量是否符合生产要求，效率低且人力成本高。长时间的重复工作易使作业人员用眼过度，注意力不集中，加上作业人员经验水平参差不齐，可能导致一些不良品流出。因此爱包花饰急需寻找一种拥有极高准确性且不依赖人工的预警识别方案。

2. 解决方案

爱包花饰将含有针、剪刀等金属异物的 X 光图像约 1000 张和含有金属部件的商品 X 光图像 100 张通过 EasyDL 平台进行训练，经过多次模型迭代验证，最终获得可以在生产线上使用的“箱包异物识别”“箱包金属部件识别”两个模型。检针管理系统通过调用模型 API，并对不同款式箱包设定对应的参数，达到清点箱包金属部件个数、判断有无异物以及发出预警的目的。

具体操作流程如下。

第一步：待检箱包通过 X 光检针机。X 光检针机拍摄箱包 X 光照片。

第二步：X 光照片传输至系统后台，通过调用 EasyDL 平台生成的模型 API 对其进行智能识别，并返回相关参数，然后在服务端做分析记录。

第三步：在检针设备端设置像素相似度、检针个数等参数，当 API 的返回参数与设置参数不符时，自动发出预警。

3. 应用价值

爱包花饰通过 EasyDL 平台的物体检测算法，训练出箱包异物及金属零部件数量识别模型，研发了用于箱包异物检查检测的 I-PACK 检针管理系统。该系统每天检查商品 10 万余件，平均准确率达 98%。这一模式改变了传统人工肉眼识别的方法，节省一半人力的同时提高了 10% 的检查效率，并且有效降低了出错率，节省了因不良流出产生的额外成本，大大提高了客户的满意度。

9.3.2 AI 助力机械质检高效化

1. 行业问题背景

针对喷油器阀座瑕疵的检测，行业企业柳州源创电喷技术有限公司（下称柳州源创）每日进行 4000 ～ 6000 次，峰值 12 000 次。该检测工序只能通过人工肉眼来判断。然而，类似的检测工序，在喷油器阀座制造过程中还有两个。目前视觉判断工序需由熟练操作的工人完成，是企业投入产出比较低的工序。所以，柳州源创希望尽早借助人工智能释放一部分人力，以提升检测工序的效率。

2. 解决方案

具体操作流程如下。

第一步：根据检测目标，筛选标准的样品集合。

第二步：通过 EasyDL 平台反复训练模型。

第三步：制定自动化方案。

第四步：部署软硬件设施，完成自动化方案。

第五步：用户首先通过自动化系统上传每次采集的待测样品图片，然后通过识别模型进行判定，再返回相应的处理结果，最后由自动化系统将样品进行分类流转。

通过上述自动化检测方案可以识别喷油器阀座的相关问题，如黑点、瑕疵、划痕等。

3. 应用价值

柳州源创依托 EasyDL 平台完成喷油器阀座瑕疵检测模型。结合原有业务流程和硬件，对检测岗位中人力资源消耗较大的环节进行人工智能改造，实现零件瑕疵判读的无人化，使得检测效率整体提高 30%。

9.4 交通运输行业

9.4.1 EasyDL 平台为桥梁巡检提质增效

1. 行业问题背景

全国共有桥梁 80 多万座，按照桥梁养护规范要求，每月必须对桥梁各部件进行巡视检查，每 3 年至少进行一次定期检查，以及时发现桥梁病害和安全隐患。由于桥梁数量庞大、结构复杂、对检查工作的技术要求较高，加上基层养护机构人员不足，存在工作量大、效率低、数据质量难以控制等诸多困难，致使巡检工作执行成本居高不下。

2. 解决方案

行业企业北京新桥技术发展有限公司（下称北京新桥）的中国公路桥梁管理系统（China Bridge Management System，CBMS）积累了 2 万多张桥梁图片和 5 万多张桥梁部件图片。该企业结合业务场景分别选取了 2000 张桥梁图片和 5000 张桥梁部件图片，使用 EasyDL 平台定制化图像识别进行训练，并通过积累数据快速验证和补充数据优化迭代模型效果，短短几周就获得准确率高达 95% 的桥梁分类模型及桥梁部件分类模型。

北京新桥开发的 CBMS 桥梁巡查工具结合训练模型，可帮助技术人员现场采集图像、记录桥梁数据、及时发现桥梁病害与隐患，进而解决巡查标准不统一、成本高、效率低等问题。

具体操作流程如下。

第一步：打开 CBMS 桥梁巡查工具小程序，单击“AI 试验室”图标。

第二步：选择“桥型识别”或“部件识别”功能。

第三步：拍摄或上传桥梁 / 桥梁部件图片，提交到后台服务器。

第四步：服务器获取图片并调用 EasyDL 平台训练生成的专属模型 API 进行智能识别，然后返回相应的识别结果。

3. 应用价值

北京新桥依托 EasyDL 平台完成桥梁类型、桥梁部件类型等多个模型，实现了 CBMS 桥梁巡查工具的图像自动分析入库，有效解决了巡查效率低、数据校验成本高、巡检人员专业素质要求高等问题，相较于纯人工采集、录入，巡查效率提升 5 倍。

9.4.2 “AI 出海”智能识别船舶运输状态

1. 行业问题背景

水运行业的船舶调度与分配，以往只能通过线下方式匹配信息。货主往往要通过多家货代公司才能找到合适的船舶进行运输，耗时长且效率低。若能通过平台实现船舶空满载数据、船舶位置等数据的共享，将极大地提升水运行业船舶的调度与分配效率，快速解决供给分配问题。但是技术难点是，当船舶在长江上航行时，智能硬件拍摄的照片清晰程度无法保证，如阴雨天气、树木阴影、照片里其他船舶的干扰、船舱内干湿程度、货物的种类和颜色等都会对空满载的识别造成影响，进而导致识别率降低。

2. 解决方案

行业企业安徽彦思信息科技有限公司（下称彦思科技）借助 EasyDL 平台，通过智能学习、训练模型，实现精准判断船舶在不同环境中的空满载状态，解决了一般算法识别率低的问题，确保了对船舶空满载识别的真实性。彦思科技开发的易航 oTMS 平台的操作步骤如下。

第一步：安装在船舶上的智能硬件定时拍摄照片。

第二步：将拍摄照片上传到服务器端。

第三步：服务器端调用 EasyDL 平台接口进行识别，并返回相关参数。

第四步：用户端显示船舶空满载状态。

3. 应用价值

具体应用价值如下。

- 效率提升：彦思科技借助 EasyDL 平台，半天即完成模型训练。易航 oTMS 平台接入 EasyDL 平台训练的模型后，不到 1 s 即可完成对船舶空满载的识别，极大地提高了船舶空满载的识别效率。
- 准确率提升：通过 EasyDL 平台训练的图像分类模型，船舶的空满载的识别准确率达到 99.7%，远超原有海外供应商提供的模型的识别。

- 成本节省：过往采购机器学习供应商训练的一个模型的费用动辄 10 万元起步，通过接入 EasyDL 平台，节省了寻找专业机器学习团队的开发成本。
- 场景颠覆：易航 oTMS 平台通过接入 EasyDL 平台，打造了行业首批基于 AI 识别船舶空满载状态的智能水运调度平台。

9.4.3 百度大脑助力快递到家更快、更安全

1. 行业问题背景

商家每天都需要处理大量的订单，包含电商订单、微信订单、直播订单以及线下订单等。其中，不少订单的信息以名片、截图、照片等无法复制或粘贴的形式呈现。此前商家只能根据图片中的订单信息，手工将收 / 发件人姓名、电话、详细地址等信息逐个录入系统中，完成快递面单信息的输入。同时，在传统的发件人实名认证环节，也需要发件商家手动输入姓名、身份证号等信息。这一过程操作烦琐，耗费时间长，且易出错。

2. 解决方案

行业企业杭州蓝川科技有限公司（下称蓝川科技）通过接入百度大脑通用文字识别技术，实现结构化提取商家上传的订单图片的收/发件人信息，并自动填入相应的快递信息输入框内，完成发货信息的准确录入。同时，通过百度大脑语音识别技术，也可以快速将商家的语音信息精准地转化为文字信息，并自动填写至快递信息输入框中。此外，通过整合百度大脑身份证识别技术，可对商家上传的身份证照片关键字段信息进行结构化识别，并与发件人信息比对，快速准确地完成实名认证。

用户的操作流程如下。

第一步：打开蓝川科技开发的风火递小程序，单击“新建订单”图标。

第二步：补充收件人地址。单击图标，从相册选择含有收件人地址的图片。也可以单击图标，录入语音。

第三步：系统自动识别出图片中的地址信息，或显示语音录入的信息，商家进行完善。

第四步：确认包裹信息后，单击“直接打印”按钮即可。

3. 应用价值

风火递小程序通过接入百度大脑通用文字识别技术、语音识别技术和身份证识别技术，实现订单信息快速提取和一键实名认证，商家平均发货效率提升了 3 倍。具体应用价值如下。

- 一键快递信息录入：商家发货时，通过小程序上传订单照片或截图，即可自动提取收 / 发件人姓名、电话、地址等 6 个关键字段信息，完成快递单信息录入。节省了商家手动输入快递单信息的时间，显著提升了快递打单效率和发货信息的准确度。
- 语音录入快递信息：在快递信息录入环节，通过准确、稳定的百度公司语音识别技术，商家只需动动嘴，即可按照语音内容提取收 / 发件人姓名、电话、地址等 6 个关键字段信息，完成快递单信息录入。商家可以真正解放双手，在提升便利性的同时提高效率。
- 发件人实名认证：商家仅需上传身份证正 / 反面照片，即可 1 s 完成发件人实名认证，省略了商家手动输入姓名、身份证号等信息的步骤，极大地提升了身份核验的效率和安全性。

9.5 管理与服务行业

9.5.1 百度大脑助力水务部门实现地下资产智能管理

1. 行业问题背景

地下管线有供水、供电、供气、供热和收集污水/雨水等多种用途，管线阀门种类非常多。在定期巡查、维护、保养和应急抢修时，水务部门常常遇到找不到阀门、故障检修困难、关错阀门等问题，同时检测还会受到周边环境的影响，这些状况导致水务部门对阀门的管理变得更加困难。另外，检修人员的培养周期长、成本高，专业人员较为短缺，这些情况都增加了水务部门进行地下资产管理的难度。

2. 解决方案

行业企业上海巡智科技有限公司（下称巡智科技）使用 EasyDL 平台训练物体检测模型，识别井盖、消防栓等设备，并结合 AR（Augmented Reality，增强现实）技术，打造 AR 智能管网巡检系统。

AR 智能管网巡检系统的工作流程如下。

第一步：该系统能识别现场环境，检测目标物体，智能收集数据。通过检测不同类型的井盖、消防栓、树等参照物，将目标物像素坐标转换为世界坐标。

第二步：使用 GPS 定位到大致区域（此时误差为手机 GPS 误差，大概为 10 m），将现场不同实物的相对关系与数据库中数据的相对关系进行比对，实现实物与数据的匹配。

第三步：通过对空间进行识别，将业务数据叠加到现场，实现数据可视化。

第四步：利用云计算，实现服务部署简单化、数据可配置化。

3. 应用价值

巡智科技通过 EasyDL 平台打造出 AR 智能管网巡检系统，解决了水务部门巡检到位率、见阀率及巡检进度的问题，并且大大提高了巡检效率。从原来一年只能完成陆家嘴区域、水厂泵站区域、世博区域等几处重要区域的巡检，提升到可以完成整个浦东新区范围的大阀门巡检，效率提高了 2~3 倍。同时，AR 智能管网巡检系统还能解决当供水管网发生爆管时阀门被水淹没的问题，可以快速找到需要操作的阀门，减少爆管对周围环境的影响时间，减少水资源的浪费。

9.5.2 EasyDL 平台物体检测实现公共空间能效管理

1. 行业问题背景

如何实现公共空间的能效管理是场地经营者普遍面临的棘手问题，这需要既兼顾使用者最佳环境感受，又能合理降低资源的投入与浪费。例如，在场地使用者无感知的情况下，尽可能地减少空调、照明、新风等设备的运行。而传统解决方案有以下两种。

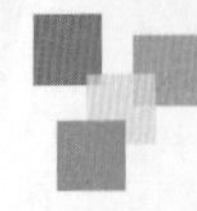

- 通过花费高额费用来配备各类传感器，例如，温湿度传感器、光照度传感器、人流量统计传感器等。
- 依靠保安、物业、保洁等人员定时关闭设备，通过投入大量人力实现干预。

2. 解决方案

行业企业上海偲睿科技有限公司（下称偲睿科技）通过 EasyDL 平台训练 AI 物体分类模型后，完成自动场景识别及自动控制决策的整体解决方案，实现了精准识别当前场景中的人数、窗户和窗帘的开关状况，以及人员的聚集密度等信息，从而更加高效、智能地给灯光控制系统、空调控制系统、窗帘控制系统、新风系统等提供决策输入，更有效地控制能源投入。

具体实现方法是，基于 EasyDL 平台物体检测训练生成 AI 物体分类模型，可精准地获知公共空间的休息区、餐厅、会议室等的实际人数，从而联动空调、照明、窗帘等设备，实现公共空间管理和能源节约。

3. 应用价值

偲睿科技利用 EasyDL 平台训练模型，实现产品服务智能化，累积训练图片达 3000 张，迭代 32 个版本，还特别优化了暖色光线等的特征识别。对比旧的产品模型，经过 EasyDL 平台训练的模型在同样场景下的识别精度提高了 17%，显著提升了空间传感器物体识别的精准度，减少了对终端设备（空调、照明、新风等）的性能要求。目前，公共空间综合识别率达到 91%。

客户在部署系统后，极大地降低了保安、保洁和物业人员巡检的次数。对比以前，现在这些人员已经完全不需要干预空调、照明、新风等设备的运行。与此同时，依赖终端设备端 AI 的精准输入以及系统控制，在客户无感知的情况下即可完成对空调、照明、新风等设备的控制。由此极大地降低了场地运营费用及能源消耗，切实提高了场地使用者的舒适感。

9.6 餐饮行业

EasyDL 平台物体检测助力实现明厨亮灶，守护“舌尖上的安全”

1. 行业问题背景

明厨亮灶是指餐饮服务提供者采用透明玻璃、视频等方式，向社会公众展示餐饮服务相关过程的一种形式。近年来，国家的相关部门发布了相关指导意见，鼓励餐饮服务提供者实施明厨亮灶，以切实保障公众“舌尖上的安全”。通常饭店使用透明玻璃及视频两种方式展示后厨情况，但这两种方式都无法及时发现不规范行为并告知饭店纠正。同时，厨房部分场所仅对监管部门公开，需要专人进行实地巡检，这导致巡检人力成本高、效率低等问题。对食品间的管理的最终目的是让整个食品间的人员在符合卫生生产规范的前提下开展后厨工作，避免食品卫生安全事件的发生。但是，当前的食品间对不规范行为的管理相对滞后，无法做到及时发现问题并纠正。

2. 解决方案

行业企业深圳市赛蓝科技有限公司（下称赛蓝科技）积极响应政府号召，用技术手段高效确保食品加工符合生产要求。赛蓝科技先将2500张含有厨师帽、口罩的图片通过EasyDL平台定制化物体检测进行训练，最终获得准确率达99%的检测模型，再使用安装在后厨的摄像头实时采集图片，并将这些数据送往后台，通过调用训练好的模型判断厨师穿戴是否合规。同时，调用百度公司的人脸识别接口对厨师身份进行识别，最终将结果返回至业务平台进行展示。由此对厨房进行监督，向不合格厨房单位下发整改建议，确保卫生安全。

3. 应用价值

赛蓝科技通过接入EasyDL平台的模型专属API及百度公司的人脸识别API，轻松实现后厨集中式远程实时监管，大大减少了过去人工巡检的成本，提高了监管效率。既可以让消费者放心，又便于监管部门监督。

9.7 教育行业

图像识别引领生物分类未来

1. 行业问题背景

随着传统分类学研究日趋没落，分类学专家越来越少，但是还有大量的动植物标本、照片需要快速鉴定和识别。同时野外博物教育逐渐兴起，需要能够快速识别物种并提供相关知识的平台和工具。

2. 解决方案

中国科学院动物研究所生物多样性信息学研究组收集和整理了野外鸟类生态图片20万张，经过分类学专家标注筛选，最终选出12万张，覆盖700多个中国鸟类物种。该研究组通过EasyDL平台定制化图像识别进行训练，先后进行雀形目鸟类模型、非雀形目鸟类模型及700多种鸟类模型的训练，并进行逐步优化。

具体流程如下。

第一步：用户进行野外观测，通过相机或手机对野生动物进行拍照。

第二步：用户登录该研究组设立的网站（生物记官网），上传观测记录及相关照片。

第三步：用户提交照片时调用百度公司的图像审核接口，初步判断照片是否合规。

第四步：生物记将通过审核的图片提交到EasyDL平台模型API，并返回识别的结果。

第五步：用户选择合适的识别结果，获取物种的名称，或者选择无正确结果。

第六步：无正确识别结果的图片将提交到物种鉴定平台，由分类专家进行鉴定。

3. 应用价值

生物记在集成基于EasyDL平台的生物智能识别工具后，能够有效地解决生物分类学研究、生物科学普及中快速鉴定识别物种的需求。

目前训练后的鸟类识别模型能够识别700多种常见中国鸟类，top5准确率达到93.89%，

非雀形目鸟类模型 top5 准确率达到 95.79%。

借助百度 AI 的物种智能识别功能，生物记将为中国科学院 A 类先导专项“地球大数据科学工程”积累丰富的生物物种数据，也将为野外博物教育提供强有力的科学支持。

9.8 电力行业

EasyDL 平台升级输电线路外部隐患检查方案

1. 行业问题背景

佛山供电局管辖范围内，输电线路约 4500 千米，16 000 余基杆塔单元，线路附近易发生外力破坏的施工点 300 余处。为了确保输电线在施工现场不被破坏，能够稳定正常供电，佛山供电局除了进行人工进场检查，还在线路附近安装了百余套在线监测设备，对线路附近的环境拍照并上传系统数据库，增加人工在后台审核图片，以进行安全生产监控。

截至目前，佛山供电局已积累现场图片约 90 万张，人工审核的工作量极其庞大，且有漏识别隐患。

人工现场检查和人工审核监控图像都难以达到实时监控的目的，急需一项能实时识别大型机车等外部安全隐患的图像识别技术。

2. 解决方案

佛山供电局将存在桩机、吊车、挖掘机、运货或运水泥大型车的现场隐患图像（即输电线正下方存在大型机车的图片）共 1000 张，通过 EasyDL 平台定制化图像识别进行训练，经过 3 个月的训练，更新了 10 个版本，最终获得“输电线路外部隐患识别”模型，该模型可以识别出输电线路中存在的吊车、挖掘机等外部隐患，识别准确率达到 80%。

佛山供电局把模型结果与监管机制有效结合，将出现安全隐患的图片实时通知项目班组并安排排查，辅助人工现场检查，确保输电线路安全运行。

具体流程如下。

第一步：安装在输电线路杆塔上的在线监测设备以一定的时间间隔进行拍照。

第二步：将拍摄的照片上传到服务器端。

第三步：服务器端调用 EasyDL 平台模型接口进行识别，并返回相关参数。

第四步：在识别出输电线路走廊内存在安全隐患时，自动向相关班组上报。

3. 应用价值

佛山供电局结合 EasyDL 平台定制化图像识别技术部署的输电线路外部隐患检查方案目前已在佛山近百个施工现场执行。辅助以人工审核，该方案极大地提高了审核时效性，实现了输电运检模式从自动化向智能化的转变。

具体的应用价值如下。

- 效率提升：“输电线路外部隐患识别”模型具有秒级的识别速度，对于每轮次采集的上千张监控照片可以实现无延时分析并上报缺陷，具有实时分析功能，极大地提高了审核及时性。

- 成本节省：随着输电线路在线监测装置的大面积部署，数据量将呈几何式增长，原有模式只能通过增加审核人力的方式来完成审核工作。而通过 EasyDL 平台定制化图像识别技术训练的模型，可以实现输电线路外部隐患智能识别，极大地节省了人工审核的工作量和人力成本。

9.9 医疗健康行业

EasyDL 平台助力胸部 X 射线影像计算机辅助诊断

1. 行业问题背景

通常，在医生下达影像检查诊断请求之后，患者需要先到放射科，经过技师操作设备完成影像采集（如 X 射线拍照），然后再提交给经过专业训练的专科医生（如放射科医生）进行诊断。然而，若患者人数较多，则需要医生每天诊断大量影像，这会直接导致医生在面对高强度工作时的眼睛疲劳，误诊、漏诊的现象难以避免。

如果能将人工智能应用于辅助诊断上，就可以让医生借助 AI 更快地做出初步分析和判断，减轻劳动强度并提高诊断准确率。因此，医院存在以下急需解决的问题。

- 在现实情况中，放射科医生在用肉眼观察并做出诊断时会消耗每名患者 10 ～ 30 min 的时间。提高诊断效率和减少患者等待时间对放射科医生的工作强度和经验提出了较高的要求。
- 二级医院和乡镇卫生院存在缺少放射科医生的情况。如若可以借助自动化的人工智能辅助诊断设备，将极大地提升医生的诊断效率。

2. 解决方案

行业企业广州凯惠信息科技有限责任公司（下称广州凯惠）借助 EasyDL 平台提供的解决方案是：首先配置一台含有 EasyDL 平台定制化图像识别技术的智能诊断终端，然后与医院影像归档服务系统连接，做到可实时获取患者拍摄完成的影像，再经过系统的分类处理（类似分诊）后直接传递给 AI 诊断服务器（如肺癌模型），最后诊断完成后及时将反馈结果传送至医生工作站。

3. 应用价值

广州凯惠通过 EasyDL 平台建立了基于胸部 X 射线影像的肺癌、肺炎和正常肺部等多种情况的诊断辨识模型，准确率高达 90% 以上，可在 1 s 内完成诊断，达到较为理想的效果。

具体的应用价值如下。

- 优化人工智能辅助诊断流程。
- AI 诊断服务器与 EasyDL 平台服务器对接，可实时获取患者拍摄完成的影像。
- AI 诊断服务器与医生工作站相连，实现快速传递诊断信息至医生。
- 正常 / 肺癌 / 肺炎的分类自动甄别，并将结果反馈给医生。

9.10 企业服务行业

文本分类助力咨询公司变身高效智能猎头

1. 行业问题背景

行业企业北京瀚才咨询有限公司（下称瀚才咨询）长期留存 200 万条不同行业的企业和人才信息，因为行业、公司、职能、职级等存在着巨大差异，所以企业与人才信息的梳理变得十分繁杂，并且无法很好地进行结构化整理。瀚才咨询的负责人也曾想过使用人工分类的方式进行整理，但由于人工逐条分类标注费用极高且培养一位能够掌握分类标准的业务人员耗时过长，进而导致长期留存的数据库反而成为交付服务时的“阻力”。因此，瀚才咨询迫切需要找寻一款对文本分类有着高准确率的人工智能产品，来助其解决这项难题。

2. 解决方案

瀚才咨询通过 EasyDL 平台将企业内部经营信息及候选人信息安全、高效、低成本地进行了结构化分类，并完成定制模型与日常管理的后台集成，成功将日常运营数据进行了内容上的结构化处理。

瀚才咨询的 EasyDL 平台“数据拯救”方案如下。

第一步：从数据清洗开始。瀚才咨询综合运用百度大脑 iOCR 自定义模板文字识别、通用文字识别、通用表格识别、词性分析这 4 项 AI 功能将原始信息进行数据清洗。

第二步：瀚才咨询安排了两位经验丰富的骨干员工利用工作之余标注了 1 万条数据作为训练数据以训练模型。

第三步：在 EasyDL 平台上通过智能标注功能实现剩下 199 万条数据的自动标注，再通过 EasyDL 平台的文本分类 ERNIE 预训练模型和 BilSTM 预置网络进行快速训练。

第四步：经过 5 次版本迭代，“候选人职能”“候选人职级”这两个模型的识别准确率超过 95%。

3. 应用价值

瀚才咨询借助 EasyDL 平台成功将积累十余年利用率不到 10% 的 200 万条经营数据进行企业内部的信息结构化分类，划分成 12 个大行业、147 个小行业和 10 个通用职级信息，让被“遗弃”的数据有了“用武之地”。

小结

本章给出了 EasyDL 平台在多个行业应用的案例，但还有更多的行业和领域可以利用人工智能进行赋能。其他行业及案例请参见附录 D。

练习

1. 分析 2 ～ 4 个用到 EasyDL 平台功能的案例，分析输入数据和输出结果的类型。

2. 查找文献，看看案例（1 ～ 2 个）中提到的问题是否有其他解决方案，并与案例中提供的基于 EasyDL 平台的解决方案进行对比，评价不同方案的优缺点。

3. 讨论案例中提供的解决方案能否推广到其他场景，分析推广过程中可能遇到的困难并提出对应的解决方案。

附录 A EasyDL 功能更新

人工智能的发展日新月异，EasyDL 人工智能开发平台的功能也随之不断完善。本附录列出 EasyDL 版本的更新记录和增加的功能，从中也可以看出 EasyDL 平台一路走来的艰辛历程。

为获取 EasyDL 平台的新功能，建议读者访问 EasyDL 官方网站，查看版本的实时更新情况，方便开发和使用。

A.1 2019 年更新记录

2019 年 4 月

EasyDL 零售行业版上线。

（1）数据服务：物体检测支持多人同时标注数据集。

（2）模型部署：物体检测离线 SDK 新增支持 Windows 及 Linux 操作系统。

2019 年 5 月

模型种类：EasyDL 定制视频分类上线。

2019 年 6 月

数据服务：EasyDL 智能标注功能上线。

2019 年 7 月

（1）模型效果：物体检测高性能模型平均准确率提升 20%。

（2）模型性能：物体检测高性能模型后端时延降低 90%，约 500 ms。

2019 年 8 月

（1）模型种类：图像分类本地部署训练新增高精度算法。

（2）模型效果：物体检测模型效果优化。

（3）模型种类：EasyDL 新增图像分割模型。

2019 年 12 月

（1）模型效果：物体检测设备端 SDK 部署高精度算法，精度进一步提升，平均精度提升 5%。

（2）数据服务：NLP 序列标注功能上线。

（3）模型效果：NLP 方向支持“文心 2.0”预训练模型。

A.2 2020 年更新记录

2020 年 3 月

（1）模型部署：EdgeBoard（VMX）软硬一体方案上线。

（2）模型部署：新增声音分类服务器端 SDK。

（3）模型部署：图像分类设备端基础版 SDK 支持 Linux 系统 Atlas 200 开发板。

2020 年 4 月

（1）数据服务：图像分类支持在线标注。

（2）模型部署：图像分类支持量化加速，提高端部署性能。

2020 年 5 月

模型部署：JetsonNano 软硬一体方案上线。

2020 年 6 月

（1）模型训练：图像分类、物体检测模型训练时，支持配置数据增强算子。

（2）模型部署：物体检测模型支持 Atlas 系列硬件，包括设备端华为 Atlas 200 开发板、服务器端 Atlas 300 加速卡。

2020 年 9 月

（1）模型种类：支持更丰富的技术方向 / 任务类型（包括文本实体抽取、语音识别、结构化数据分析），开放目标跟踪邀测。

（2）模型训练：接入 AI 市场，支持用户交易模型，并基于购买的模型进行再训练。

（3）模型部署：图像分类模型，支持适配部分设备的设备端 SDK。

（4）模型训练：物体检测模型，新增“超高精度”“均衡”两种算法。

（5）模型性能：图像分类、检测、分割模型，支持在训练页面查看算法的适配硬件及性能，方便选择算法。

（6）模型效果：文本分类单标签模型，后端框架接入文心大模型，支持高精度与高性能两个算法。

（7）模型部署：文本单标签、多标签、情感倾向分析模型，支持私有 API 部署。

（8）模型部署：支持在线购买软硬一体方案专用 SDK、按产品线鉴权设备端 SDK 授权。

2020 年 11 月

EasyDL 平台全新升级，包含图像、文本、语音、OCR、视频、结构化数据 6 大方向，及零售行业版，覆盖更多应用场景，具体更新情况如下。

（1）模型种类：上线短文本相似度任务。

（2）数据服务：标签格式支持中文。

（3）数据服务：标注框支持自定义颜色，优化图像分割 / 物体检测标注模板下用户的标注框浏览体验。

2020 年 12 月

（1）数据服务：校验模型页面查看检测框，支持按置信度排序，在物体检测框数量较多时查看结果体验更佳。

（2）模型管理：支持模型名称修改。

A.3 2021 年更新记录

2021 年 1 月

（1）模型种类：EasyDL 结构化数据上线时序预测模型。

（2）数据服务：图像数据导入新增支持 COCO 格式，导出支持 VOC、COCO 格式。

（3）数据服务：在大图标注模式下，提供无损压缩的快速浏览模式。

（4）数据服务：图像分类批量标注。

（5）数据服务：图像分割支持导入已标数据。

（6）模型训练：模型训练支持配置 epoch、输入图片分辨率等高级参数。

（7）模型评估：图像分类模型的混淆矩阵分析，支持查看热力图。

（8）模型部署：支持端云协同服务。

（9）模型部署：设备端 SDK 新增支持 Android 平台高通骁龙 GPU、Linux 平台瑞芯微 NPU。

（10）模型部署：软硬一体方案新增均衡算法，提供在精度和性能上更加平衡的算法选择。

2021 年 3 月

（1）模型种类：EasyDL 视频上线目标跟踪。

（2）模型种类：EasyDL OCR 全新上线。

2021 年 5 月

（1）模型种类：EasyDL 文本技术方向新增多语种文本分类模型。

（2）模型种类：EasyDL 的本地服务器 API 已支持线上购买。

（3）模型训练：EasyDL 图像分类高级训练配置支持数据不平衡优化。

（4）模型训练：EasyDL 图像支持精度提升配置包。

（5）模型训练：EasyDL 图像支持自定义验证集和自定义测试集。

2021 年 6 月

（1）模型种类：EasyDL 视频中的目标跟踪支持多标签模型。

（2）数据服务：EasyDL 视频中的目标跟踪支持在线标注。

（3）数据服务：EasyDL 文本中的实体抽取支持智能标注。

（4）数据服务：EasyDL 图像上线噪声样本挖掘。

2021 年 7 月

模型训练：EasyDL 图像支持自动超参搜索。

2021 年 8 月

（1）模型种类：EasyDL 图像中的物体检测支持小目标检测。

（2）模型训练：EasyDL 图像支持增量训练任务。

（3）数据服务：EasyDL 图像中的图像分割支持自动识别标注。

2021 年 9 月

模型部署：EasyDL 图像上线智能边缘控制台。

2021 年 10 月

（1）模型训练：EasyDL 图像分类支持免训练迭代模式。

（2）模型训练：EasyDL 物体检测支持自定义四边形标注和训练。

（3）模型训练：EasyDL 物体检测精度提升配置包模型更新。

A.4 2022 年更新记录（截至本书撰写时）

2022 年 1 月

模型服务：EasyDL 图像分类和物体检测支持批量预测。

附录 B 飞桨 EasyDL 桌面版操作

飞桨 EasyDL 桌面版是针对客户端开发的零门槛 AI 开发平台，可在离线状态下，通过本地资源完成包括数据管理与数据标注、模型训练、模型部署的一站式 AI 开发流程，截至本书发稿已支持训练图像分类、物体检测、实例分割 3 种不同应用场景的模型。

该桌面特别适合对数据安全性较为敏感的行业和客户。考虑到操作系统的不同，飞桨 EasyDL 桌面版包含 Windows 版、Linux 版和 Mac 版 3 个版本。接下来以 Windows 操作系统为例，介绍飞桨 EasyDL 桌面版的使用方法。要想了解它在其他操作系统中的使用方法，请访问飞桨 EasyDL 桌面版网站以查看更多使用文档。

B.1 处理对象、任务和输入输出

1. 处理对象和任务

本例以标准苹果叶片的分类为例，演示飞桨 EasyDL 桌面版中图像分类功能的操作。

2. 输入输出

输入数据：用户上传的一张苹果叶片照片。

输出结果：以数字表示苹果叶片品种，如“1”代表苹果叶片品种为“矮早辉”，“2”代表苹果叶片品种为“初笑”，依次类推。可识别品种共10类，数字与苹果叶片品种的对应关系见表B-1。

表 B–1 数字与苹果叶片品种的对应关系

数字	苹果叶片品种	数字	苹果叶片品种
1	矮早辉	6	早黄
2	初笑	7	苏伊斯列波
3	伏花皮	8	实矮
4	褐色凤梨	9	阿波尔特
5	伏帅	10	沙拉托尼

B.2 飞桨 EasyDL 桌面版的下载与安装

1. 下载

飞桨 EasyDL 桌面版包括 Windows 版、macOS 版和 Linux 版 3 种（如图 B-1 所示），其中 Linux 版支持两种格式：deb 格式是 Ubuntu 操作系统软件安装包格式；rpm 格式是 CentOS 操作系统安装包格式。下面以 Windows 版为例进行演示。

图 B-1 软件下载

2. 安装

双击下载好的 Windows 版安装包，单击“我同意”按钮，同意许可证协议，如图 B-2 所示。

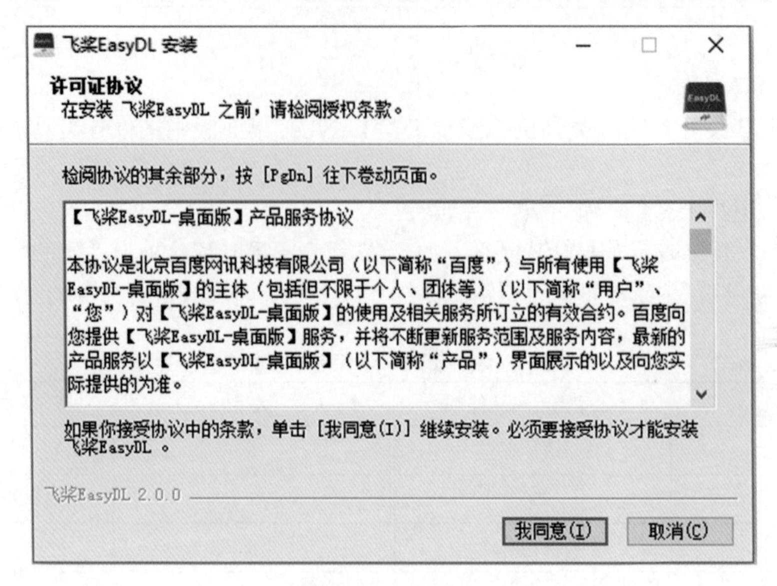

图 B-2　许可证协议

进入“安装选项”对话框后，根据实际需求选中“仅为我安装（Administrator）”或“为使用这台电脑的任何人安装（所有用户）”单选按钮，这里选中“仅为我安装（Administrator）”单选按钮，单击“下一步”按钮，如图 B-3 所示。

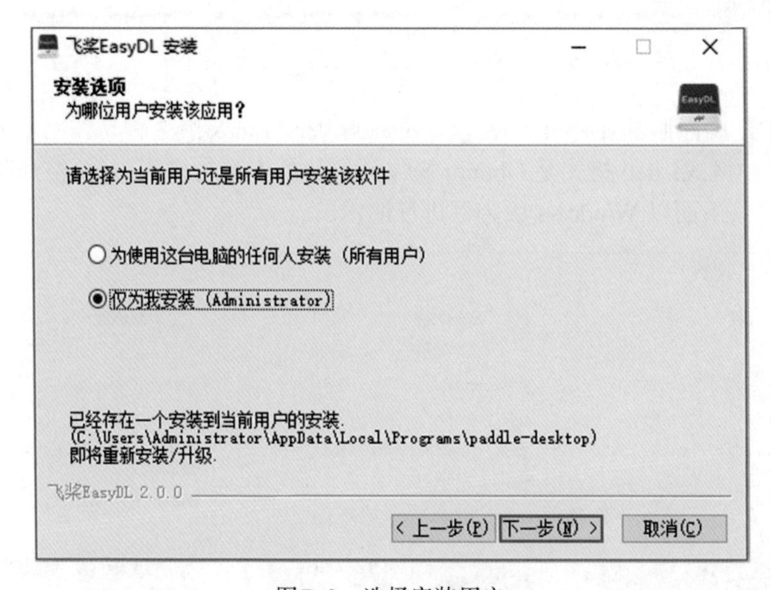

图 B-3　选择安装用户

在弹出的“选定安装位置”对话框中，选择安装路径并单击“安装”按钮开始安装软件，如图 B-4 所示。图 B-5 展示了软件的安装进度，耐心等待安装完成即可。

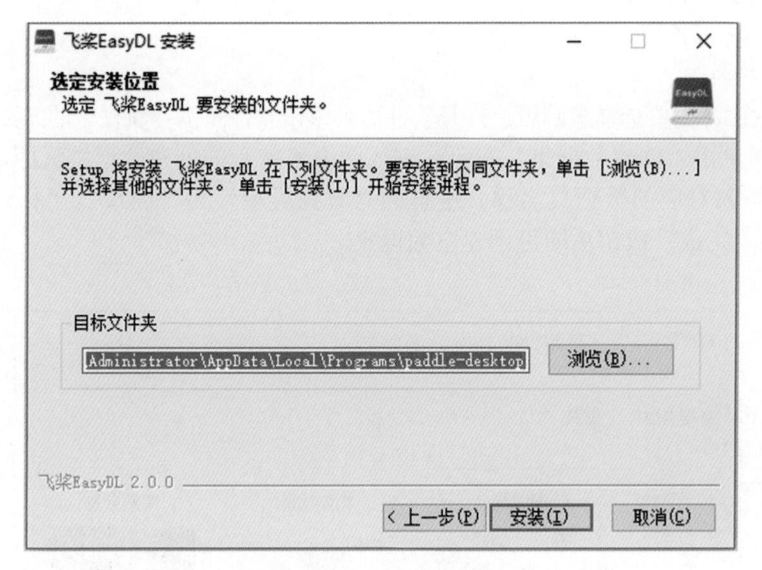

图 B-4　选定安装位置

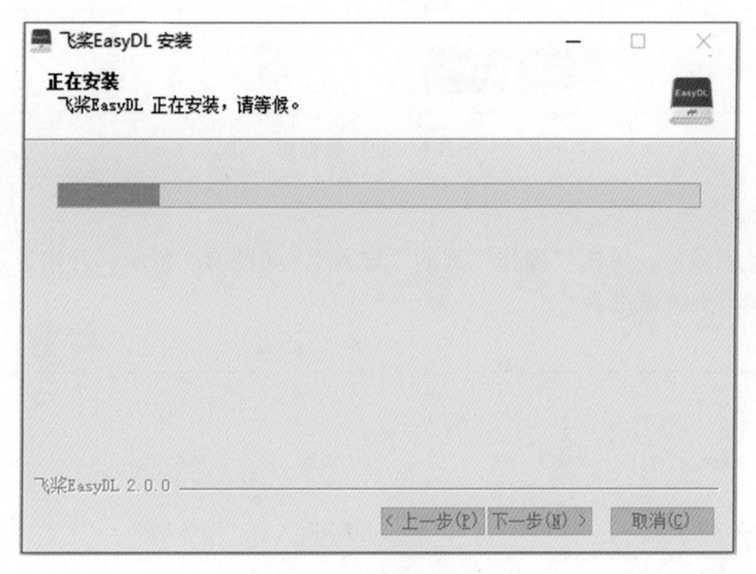

图 B-5　安装进度

B.3　飞桨 EasyDL 桌面版的使用教程

1. 数据集下载与解压

本次模型训练以 10 种标准苹果叶片图像数据的分类任务为例进行讲解。该数据集是“苹

果品种标准叶片图像和光谱数据集”的一部分，完整数据集包含 174 种标准苹果叶片，所有数据可以通过访问中国科学数据网站下载。下载 10 种标准苹果叶片图像数据对应的压缩文件后，解压到本地文件夹中备用。

2. 创建数据集

初次打开软件，需要选择基础版。打开软件后，单击软件左侧导航栏中的“数据”，进入“数据总览”界面，单击“创建数据集”按钮，进入图 B-6 所示的创建数据集页面。在“数据集名称”文本框中填入对应的数据集名称。这里的“数据类型”为“图片”，“标注类型”为“图像分类”。单击“完成”按钮后即可创建空数据集。

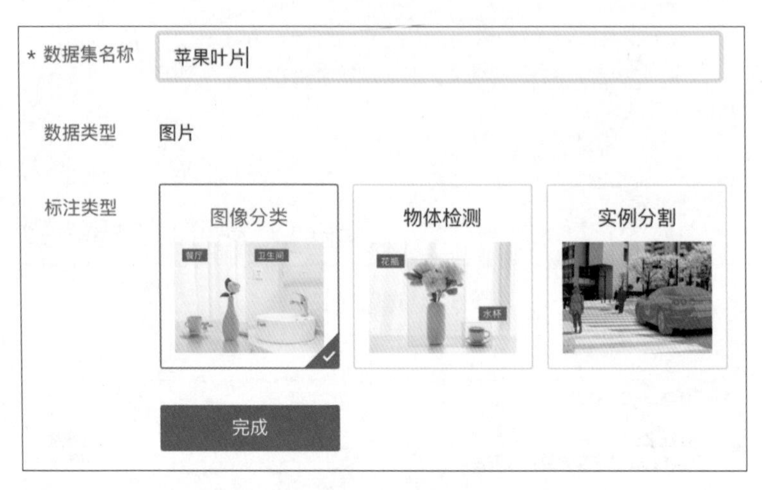

图 B-6　创建数据集

3. 导入数据

创建数据集完成后，单击“操作”列的“导入”，如图 B-7 所示，开始导入数据，为利用本地算力进行模型训练做准备。

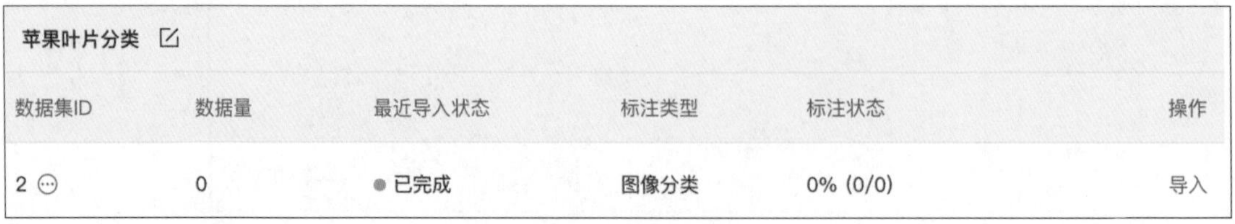

苹果叶片分类

数据集ID	数据量	最近导入状态	标注类型	标注状态	操作
2	0	已完成	图像分类	0% (0/0)	导入

图 B-7　单击“导入”

图 B-8 为数据导入界面。选中“数据标注状态”后面的“有标注信息”单选按钮和“标注格式”后面的“以文件夹命名分类”单选按钮，单击“导入路径”后面的“选择目录”按钮，然后在弹出的“选择目录”对话框中选择解压好的数据，完成后返回图 B-8，单击“确认并返回”按钮即可完成数据导入工作。

4. 创建任务

在软件左侧导航栏中单击“开发”按钮，打开图 B-9 所示的任务总览界面，然后在该界面单击“创建任务”按钮，进入图 B-10 所示的创建任务详情界面。

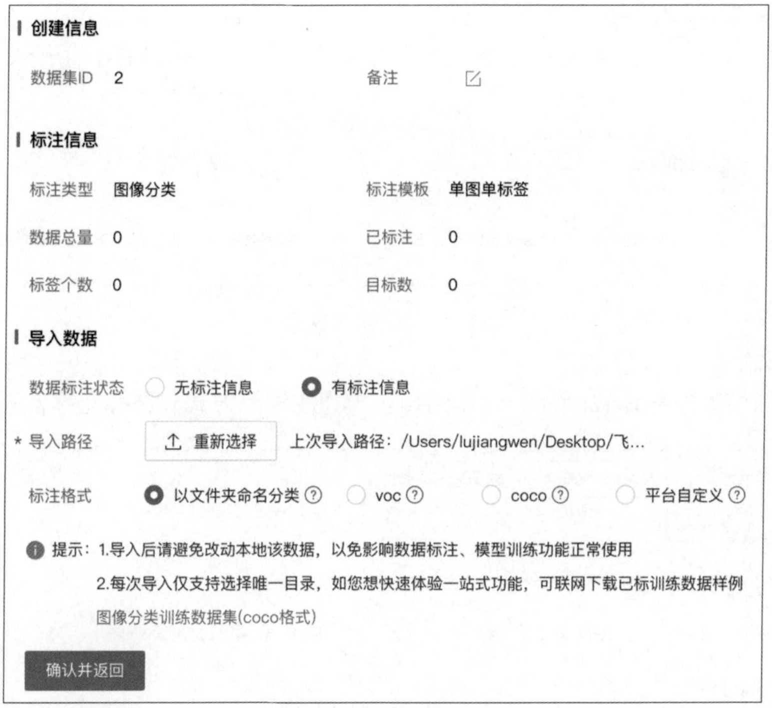

创建信息
数据集ID 2
备注
标注信息
标注类型 图像分类
标注模板 单图单标签
数据总量 0
已标注 0
标签个数 0
目标数 0
导入数据
数据标注状态 无标注信息 有标注信息
* 导入路径 重新选择 上次导入路径：/Users/lujiangwen/Desktop/飞...
标注格式 以文件夹命名分类 voc coco 平台自定义
提示：1.导入后请避免改动本地该数据，以免影响数据标注、模型训练功能正常使用
2.每次导入仅支持选择唯一目录，如您想快速体验一站式功能，可联网下载已标训练数据样例
图像分类训练数据集(coco格式)
确认并返回

图 B-8 数据导入界面

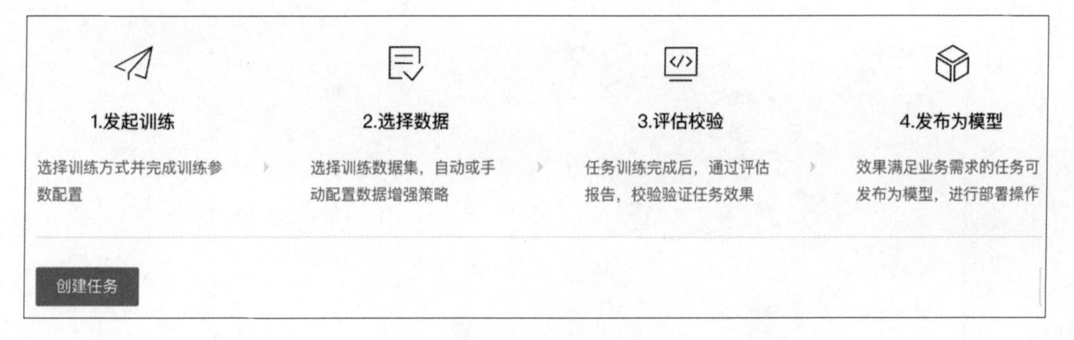

1.发起训练
选择训练方式并完成训练参数配置
2.选择数据
选择训练数据集，自动或手动配置数据增强策略
3.评估校验
任务训练完成后，通过评估报告，校验验证任务效果
4.发布为模型
效果满足业务需求的任务可发布为模型，进行部署操作
创建任务

图 B-9 任务总览界面

任务类型
图像分类
物体检测
实例分割
* 任务名称
苹果叶片分类
创建任务
取消

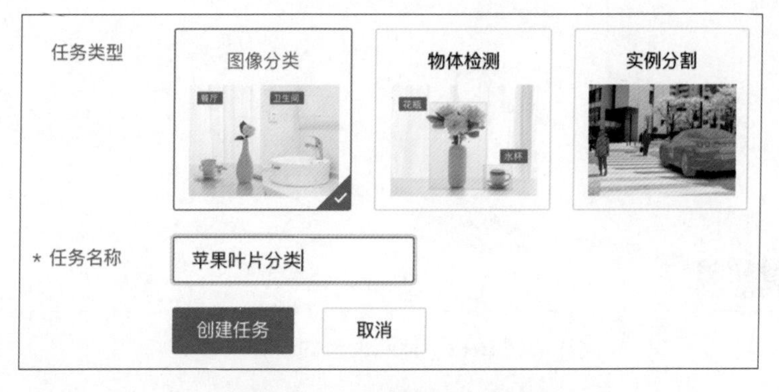

图 B-10 创建任务详情界面

创建任务时需要选择任务类型、填写任务名称。任务名称要避免过于简略，便于后期区分

自己创建的多个模型。填写之后单击“创建任务”按钮后回到任务总览界面。

此时，平台已经自动为苹果叶片分类任务创建了一个 ID，如图 B-11 所示，然后单击“训练”，进入下一步。

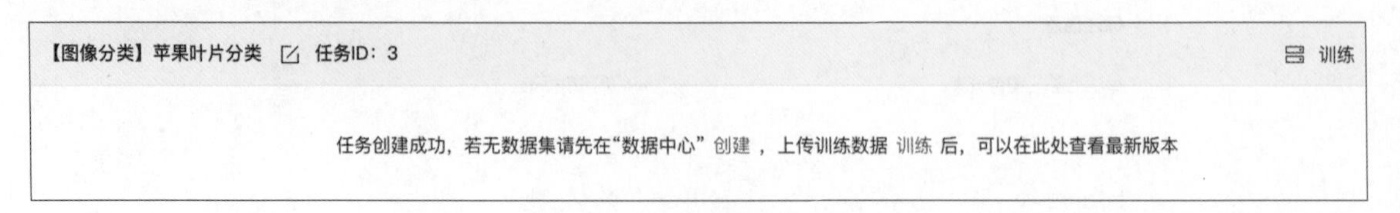

图 B-11　任务创建完成

5. 模型训练

训练模型的设置如图 B-12 所示。这里给出了模型的训练方式、训练配置、添加数据等选项。

图 B-12　训练模型的设置

训练环境中的规格“Intel(R) Core(TM)i5-9400F CPU @ 2.90GHz”表明了训练所用的设备 CPU 型号，一般个人计算机只需要利用 CPU 即可进行训练。若个人计算机拥有符合使用条件的 GPU，则选择 GPU，其训练速度相比于 CPU 会有大幅提升。

值得注意的是，如果用户有模型部署需求，则需要将“导出类型”更改为“导出源文件与离线 SDK”，此时会新增“部署方式”，根据用户需求进行选择，这里选中“通用小型设备 SDK”单选按钮，具体如图 B-13 所示。

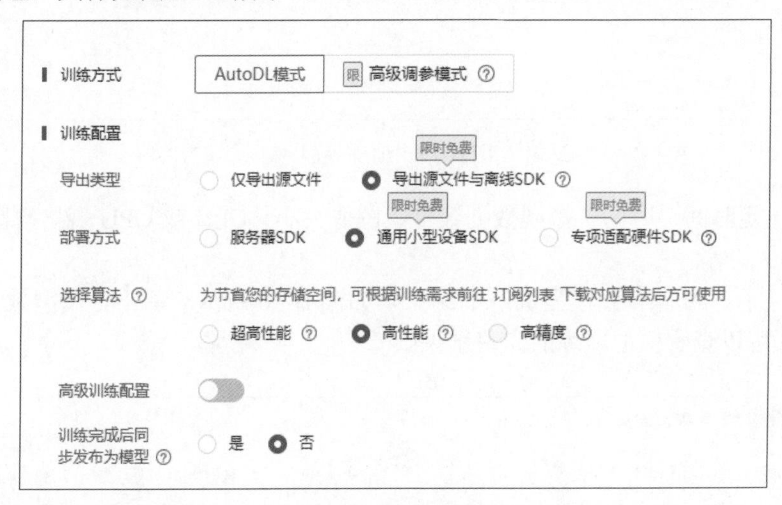

图 B-13 部署选择

单击“添加数据集”后面的“请选择”按钮，在弹出的“添加数据集”对话框中单击➕图标，即可选择自己的数据集和标签，如图 B-14 所示，单击“确定”按钮，返回到上一级界面，在该界面中单击“开始训练”按钮，系统就开始训练，并跳转到模型训练界面，在这个界面中可以查看训练进度和训练状态，如图 B-15 所示。

图 B-14 添加数据集

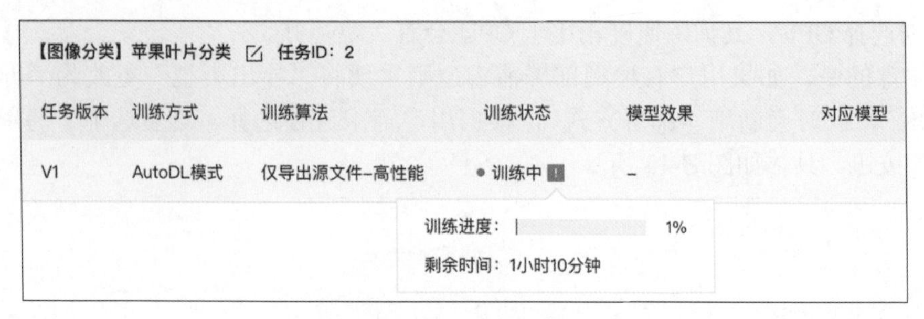

图 B-15　训练界面

训练需要一定时间，时间长短视数据数量、图像大小、CPU 或 GPU 规格等因素而定。

6. 训练结果分析

训练完成之后，可以看到模型训练的结果，如图 B-16 所示。单击“模型效果”列的“完整评估结果”，可以查看模型训练的完整结果。

【图像分类】苹果叶片分类　任务ID：2

任务版本	训练方式	训练算法	训练状态	模型效果	对应模型
V1	AutoDL模式	仅导出源文件-高性能	训练完成	top1准确率：58.33% top5准确率：98.33% 完整评估结果	

图 B-16　训练完成

本次训练的整体评估如图 B-17 所示，训练图片为 60 张，训练时间为 24 min，训练轮次 epoch 为 50。F1-score 为 58.4%，精确率为 71.4%，召回率为 62.8%。

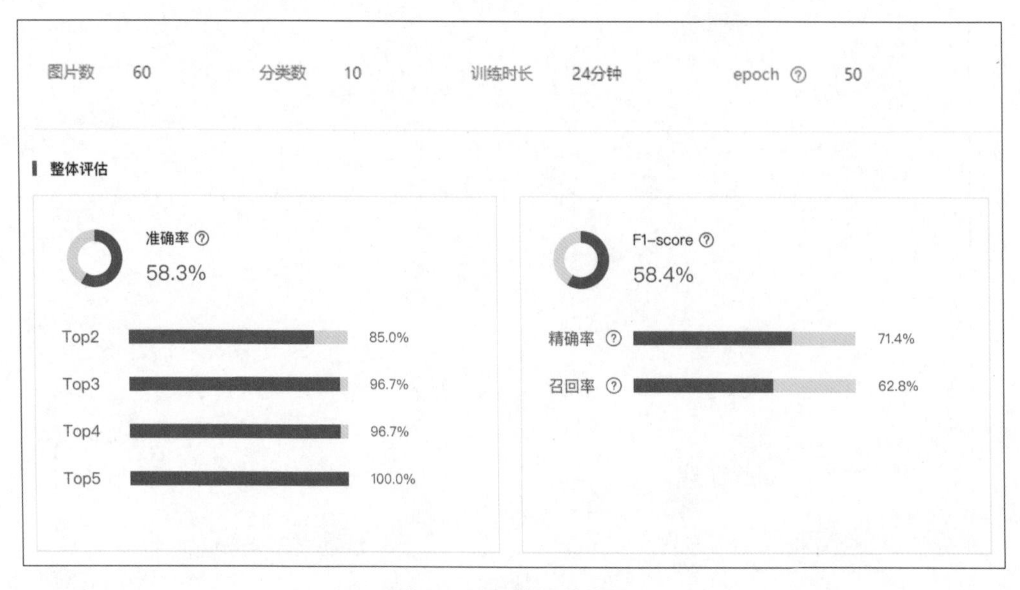

图 B-17　整体评估结果

7. 模型校验

回到模型列表界面，选择模型并单击“校验”按钮之后启动模型校验服务。在模型训练中若产生了多个版本，可以根据需要选择合适的版本进行校验。启动校验服务只须调用本地算力，且无须考虑网速对数据传输的影响，因此启动速度比 EasyDL 网页版快。校验启动成功后即可添加图片进行校验，如图 B-18 所示。图像在本地处理后会迅速返回校验结果，如图 B-19 所示。

图 B-18　启动模型校验服务

图 B-19　模型校验结果

该图像被认为是“3”类别的概率为 94.86%，如此高的概率就可以认定其类别为第“3”类苹果叶片，即伏花皮。

8. 模型发布

单击软件左侧导航栏中的“开发”按钮，在右侧界面找到训练好的模型，单击“发布为模型”按钮后填写模型发布信息。单击“确定”按钮即可成功发布模型，如图 B-20 所示。

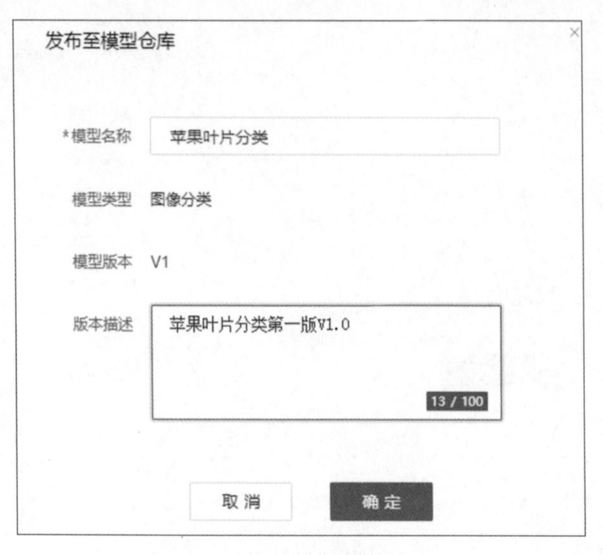

图 B-20 模型发布

发布模型后，单击软件左侧导航栏中的“模型”按钮，即可在模型列表中看到发布成功的模型，如图 B-21 所示。

模型名称	模型ID	模型来源	模型类型	版本数量	创建时间	操作
苹果叶片分类	2	零代码开发	图像分类	1	2022-06-20 17:40:58	查看

图 B-21 模型列表

单击“操作”列的“查看”即可查看模型的详细信息，如图 B-22 所示。

模型名称：苹果叶片分类 模型ID：2

模型类型：图像分类 模型来源：零代码开发

版本	对应任务	训练方式	描述	导入时间	操作
V1	苹果叶片分类-V1	AutoDL模式	苹果叶片分类v1.0	2022-06-20 17:17:54	导出模型文件

图 B-22 模型详细信息

单击“操作”列的“导出模型文件”，选择保存路径即可将模型文件保存到本地。

9. 模型部署

单击软件左侧导航栏中的“模型”，再单击“发布新服务”按钮，即可看到模型部署界面。选择模型和模型版本后根据部署设备选择系统和芯片，如图 B-23 所示，选择完成后单击“发布”按钮，即可部署成功。

图 B-23　模型部署界面

部署成功后，单击软件左侧导航栏中的“服务”，即可在服务列表中看到刚刚发布的本地部署模型，如图 B-24 所示。单击右侧的“导出 SDK”，选择保存路径，即可将发布好的 SDK 保存到本地。

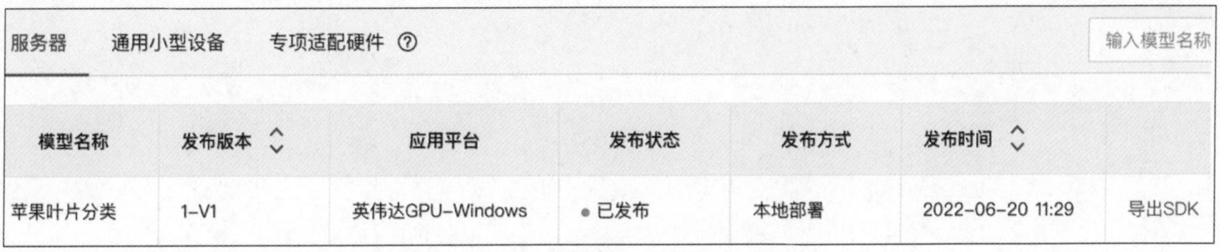

服务器　通用小型设备　专项适配硬件 ⓘ　输入模型名称

模型名称	发布版本	应用平台	发布状态	发布方式	发布时间	
苹果叶片分类	1-V1	英伟达GPU-Windows	• 已发布	本地部署	2022-06-20 11:29	导出SDK

图 B-24　发布成功的本地部署模型

附录 C 使用 labelImg 进行物体检测标注

用户可以通过图片标注建立属于自己的数据集，便于进行更深入的学习训练。

本附录将对一款比较好用的图片标注工具 labelImg 进行介绍，重点说明其安装以及使用的过程。

C.1 图像标注工具——labelImg

1. labelImg 简介

labelImg 是一款图形图像标注工具。该工具使用 Python 语言开发，利用 Qt 构建图形界面，标注结果以 Pascal VOC 格式（ImageNet 使用的格式）保存为 xml 文件。

2. labelImg 安装

下载安装包 labelImg.zip 至本地文件夹，文件中包括编译好且可执行的 labelImg.exe 以及存放标签文档的 data 文件夹。直接将压缩包放在 Windows 环境下（注意安装目录须为全英文），解压缩后双击 labelImg.exe 即可安装。

3. labelImg 使用方法

双击 labelImg 图标，出现图 C-1 所示的界面，说明 labelImg 可以正常工作。

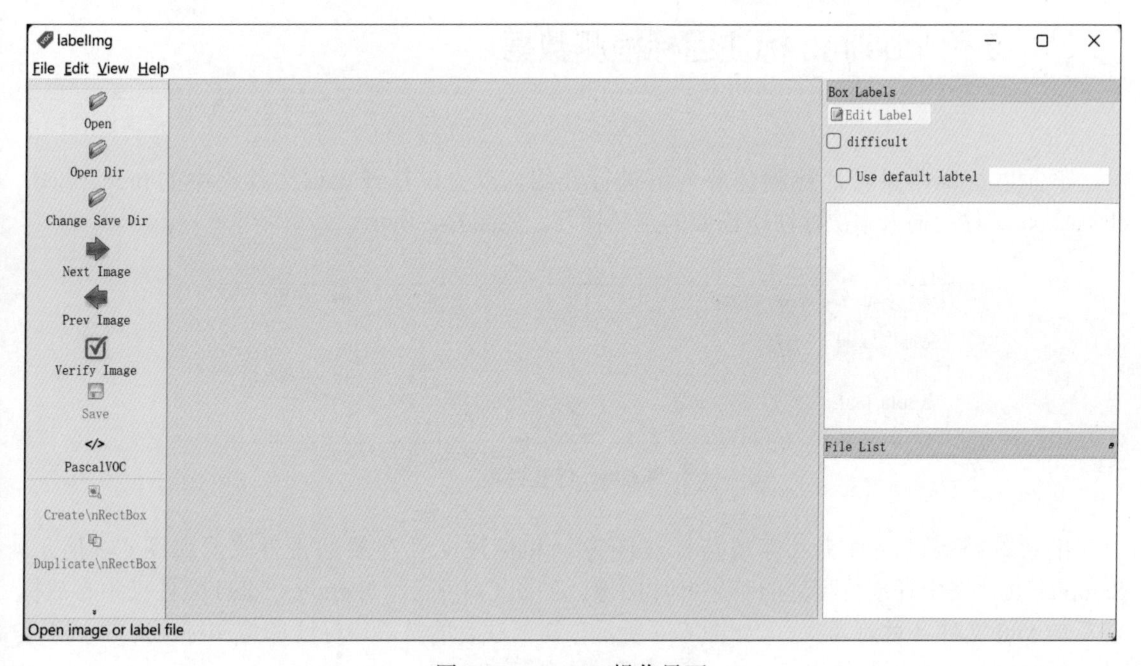

图 C-1 labelImg 操作界面

界面中各个按钮的功能如下。

- Open Dir：打开待标注图片数据的路径文件夹。
- Change Save Dir：保存标注文件至指定的路径文件夹。
- Next Image：切换至下一张图片。
- Prev Image：切换至上一张图片。
- Save: 保存标注文件。
- PascalVOC：将标注标签保存成 VOC 格式，然后单击鼠标则切换为 YOLO 格式。
- Create\nRectBox：单击后鼠标指针会变成十字交叉线，用于绘制矩形框。

- Duplicate\nRectBox：复制矩形框。
- Delete\nRectBox：删除当前选中的矩形框。

该软件的快捷键设置如下。

- W：调出标注的十字交叉线，开始标注。
- A：切换到上一张图片。
- D：切换到下一张图片。
- Ctrl+S：保存标注好的标签。
- Del：删除标注的矩形框。
- Ctrl+ 鼠标滚轮：按住 Ctrl 键，然后滚动鼠标滚轮，可以调整标注图片的显示大小。
- Ctrl+u：选择要标注图片的文件夹。
- Ctrl+r：选择标注好的 label 标签存放的文件夹。
- ↑、→、↓、←：移动标注的矩形框的位置。

注意，待标注图像数据和标注文件存放路径也必须以英文命名。

C.2 使用 labelImg 标注目标检测数据

下面以标准苹果叶片检测任务为例进行介绍。首先，打开 data 文件夹中的 predefined_classes.txt 文件，输入本次标注所需要的全部标签，如图 C-2 所示。

图 C-2　标签设置

准备好待标注文件夹（存放待标注图像）和标注文件存放的文件夹，如图 C-3 所示。Samples 文件夹中存放待标注的苹果叶片图像，如图 C-4 所示。Samples_label 文件夹中存放标注后的 xml 文件（目前为空），如图 C-5 所示。需要注意的是，待标注图像和标注后的 xml 文件必须分别存放在不同的文件夹中，便于后续上传至 EasyDL 平台。

图 C-3　文件夹准备

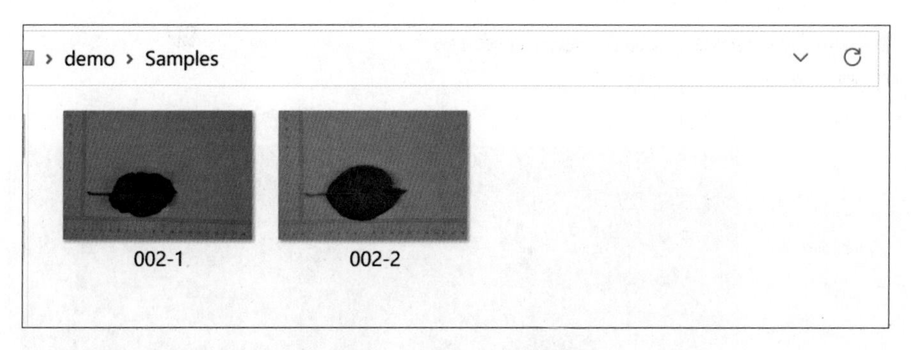

图 C-4 Samples 文件夹

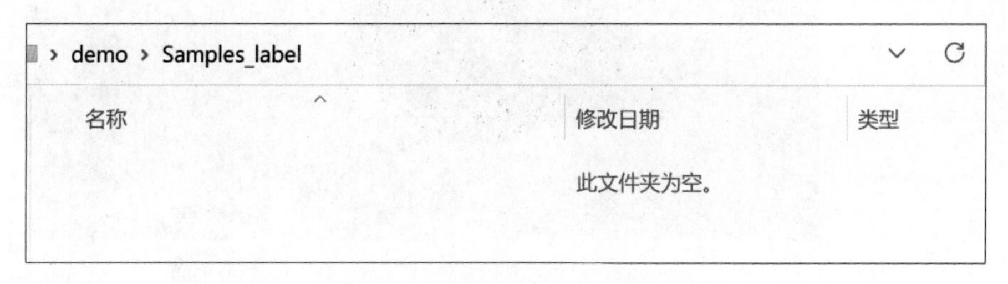

图 C-5 Samples_label 文件夹

在左侧导航栏中单击“Open Dir”按钮，打开待标注图像所在的文件夹 Samples，如图 C-6 所示。

图 C-6 选择待标注图像所在的文件夹 Samples

打开后的待标注图像示例如图 C-7 所示。

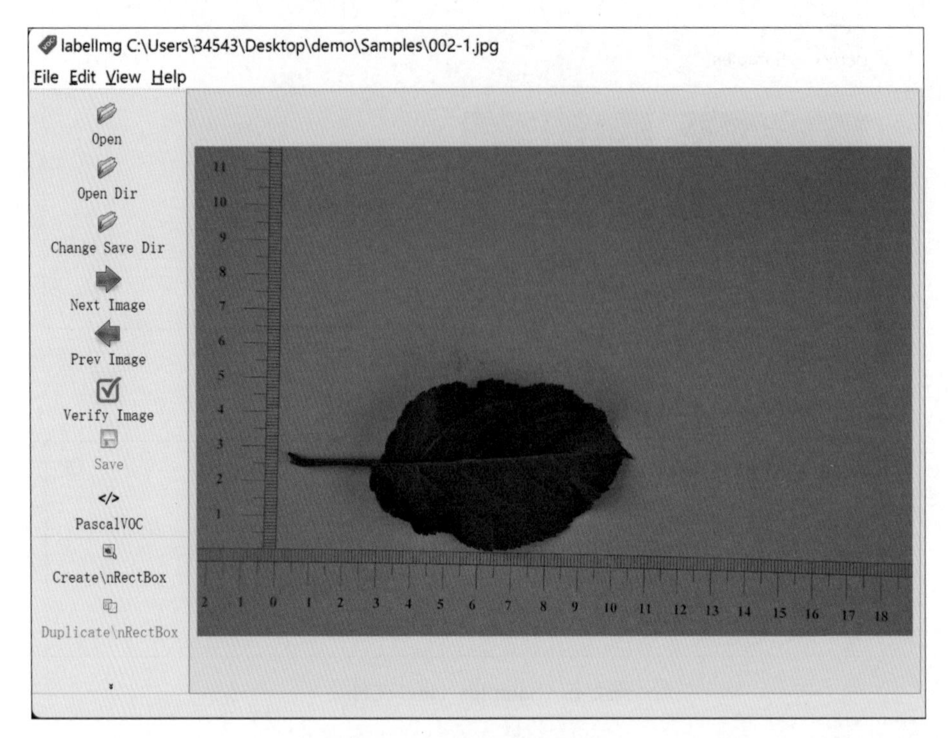

图 C-7　待标注图像示例

单击“Change Save Dir”按钮，选择标注图像文件存放的文件夹 Samples_label，如图 C-8 所示。

图 C-8　选择标注图像文件存放的文件夹 Samples_label

按 W 键开始标注，如图 C-9 所示。

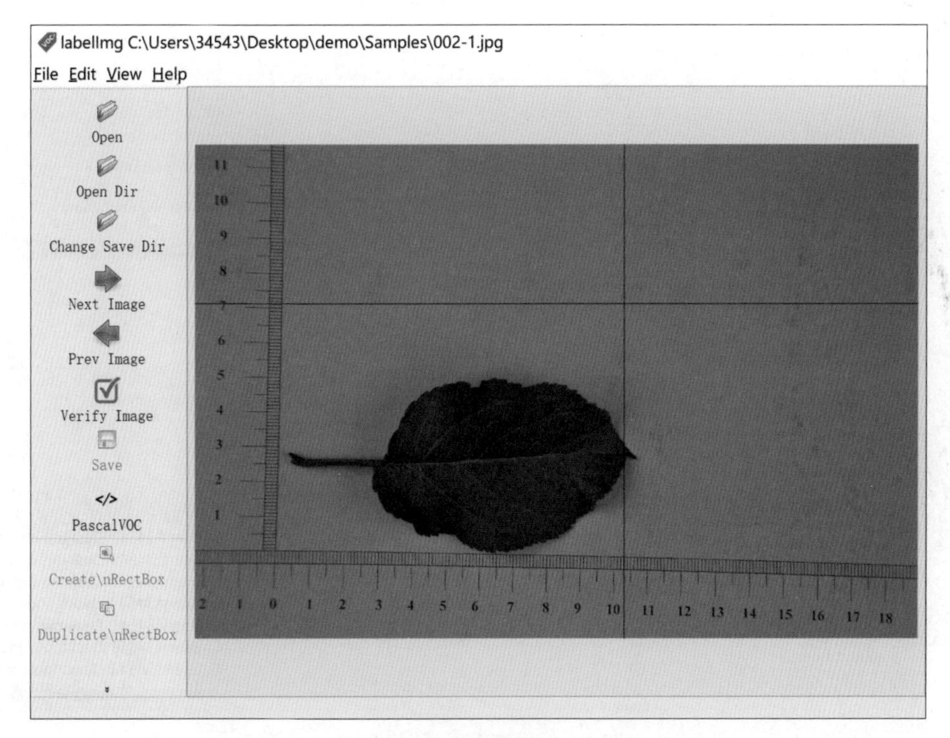

图 C-9 开始标注

选择标签，如图 C-10 所示。

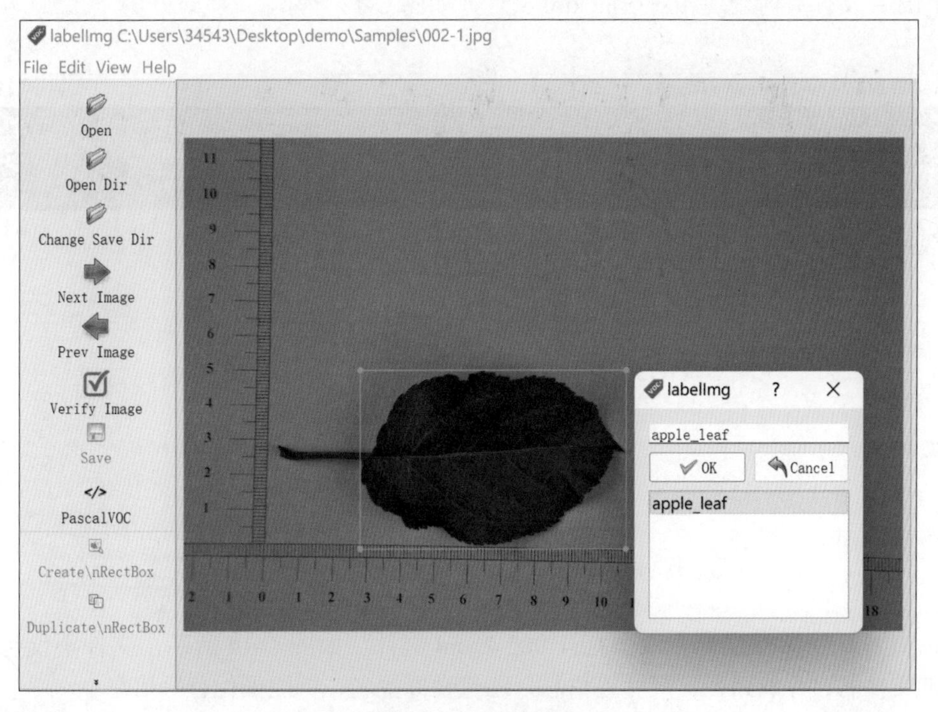

图 C-10 选择标签

按 Ctrl+S 快捷键保存标注图像文件，如图 C-11 所示。

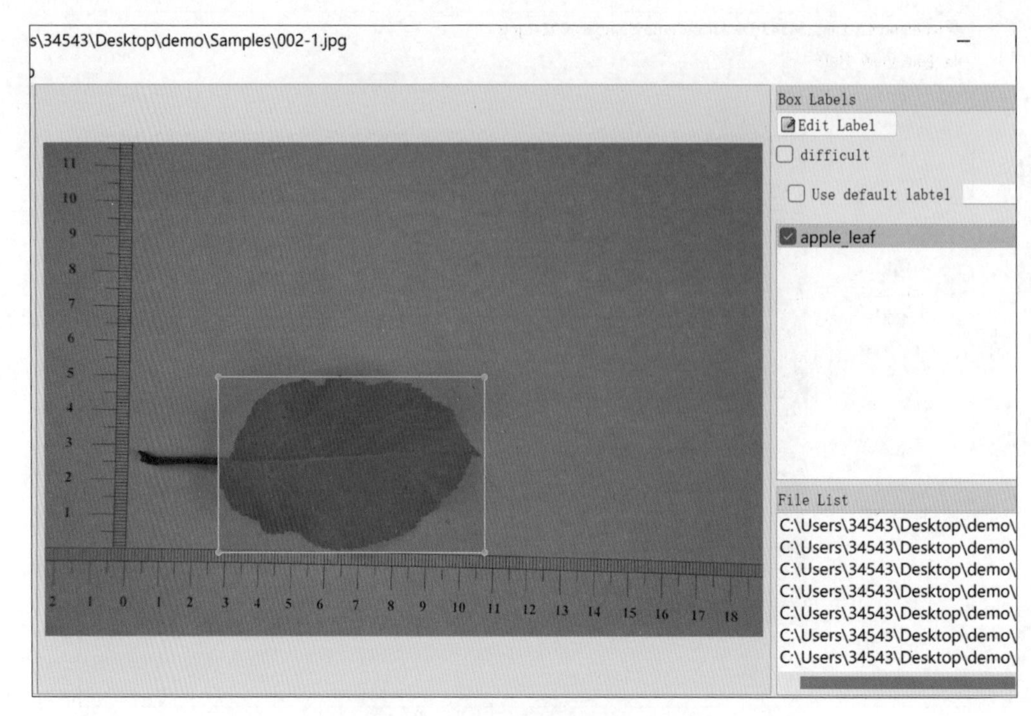

图 C-11　保存标注图像文件

此时终端窗口显示完整保存路径，如图 C-12 所示，说明标注图像文件已成功保存，并且 Samples_label 文件夹内出现相对应的 xml 文件，如图 C-13 所示。

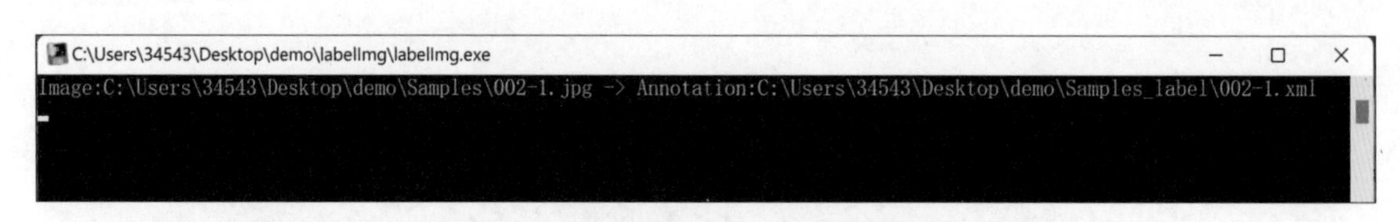

图 C-12　终端窗口显示完整保存路径

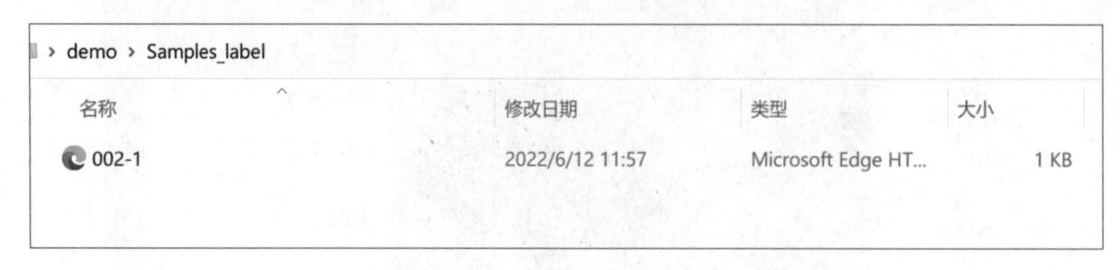

图 C-13　Samples_label 文件夹中的 xml 文件

下面查看标注图像文件。双击打开 002-1.xml 文件，如图 C-14 所示，文件不仅包含原标注图像的文件名、存放路径、尺寸等信息，还包含标签名、标注框位置等信息。

按 D 键，切换至下一张图像，如图 C-15 所示。

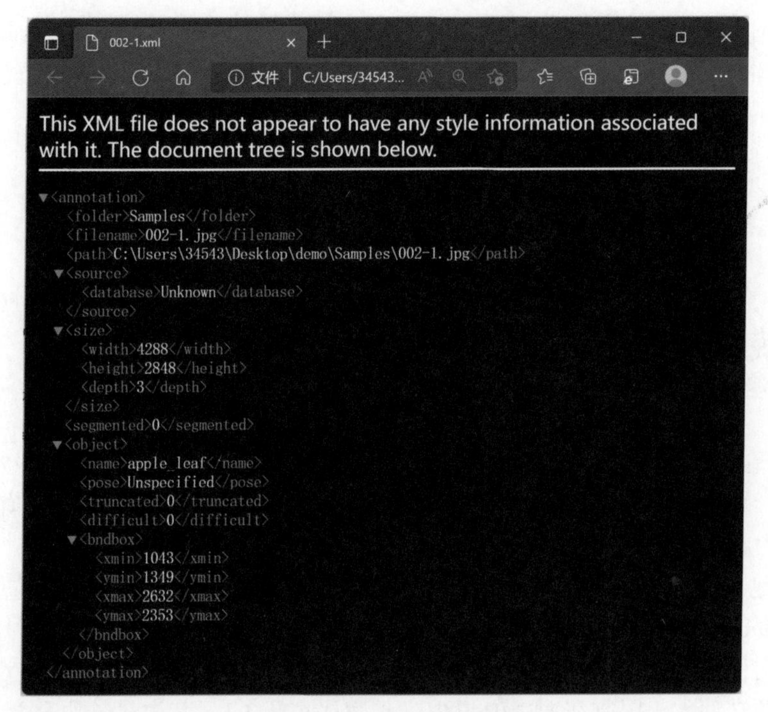

图 C-14 xml 文件内容

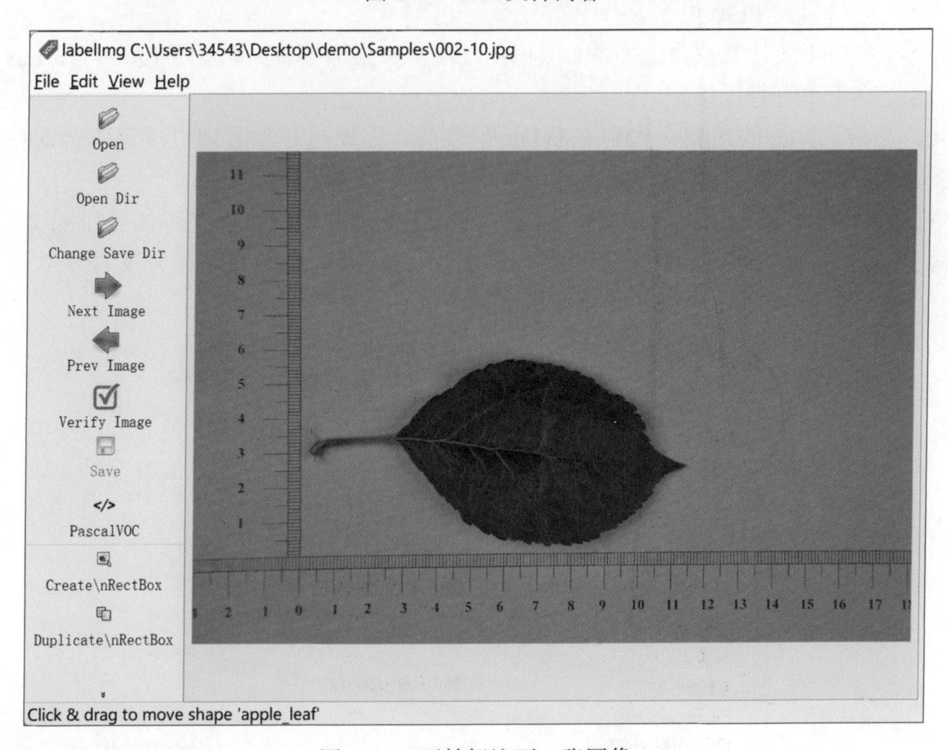

图 C-15 开始标注下一张图像

全部标注完成之后的 Samples_label 文件夹如图 C-16 所示，原图像与标注图像文件一一对应，如需增加数据，重复上述操作即可。

至此，数据标注工作已经完成，下面介绍将数据导入 EasyDL 平台的具体操作。

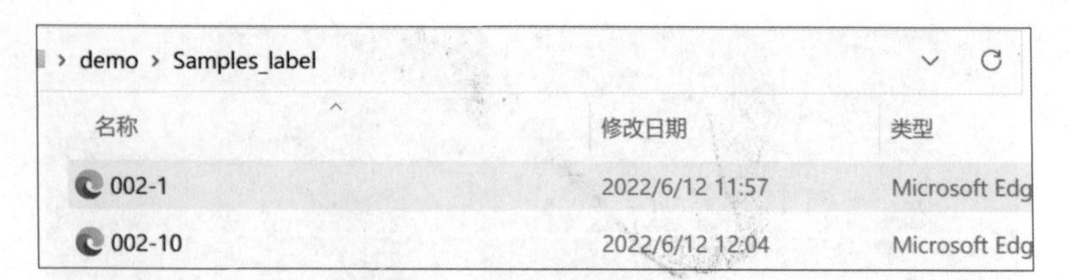

图 C-16　全部图像标注完成

C.3　上传数据至 EasyDL 平台

EasyDL 平台支持以多种方式上传标注文件，最便捷的方式是上传包含图像数据和标注图像文件的压缩包，这样一次可以上传多张图像。EasyDL 平台对标注数据的压缩包有如下具体要求。

- 要求为 zip 格式压缩包，同时压缩包大小在 5 GB 以内。
- 压缩包内需要包括 Images、Annotations 两个文件夹，分别包括不重名图片源文件（jpg/png/bmp/jpeg) 及与图片具有相同名称的对应标注文件（xml 后缀）。
- 标注文件中标签由数字、中英文、中 / 下划线组成，长度上限为 256 字符。
- 图片源文件大小限制在 14 MB 以内，长宽比小于 3:1，其中最长边需要小于 4096 像素，最短边需要大于 30 像素。
- 个人账户下图片数据集大小限制为 10 万张，如果需要提升数据额度，可在 EasyDL 平台提交工单进行反馈。

为此，在将标注好的数据上传到 EasyDL 平台前，需要进行预处理以满足平台对格式的要求，下面介绍具体操作。

选中 Samples 和 Samples_label 文件夹后右击，在弹出菜单中选择“添加到压缩文件 (A)”，并将压缩文件命名为 AppleLeaf.zip，如图 C-17 所示。需要注意的是，压缩文件格式必须选择 ZIP。

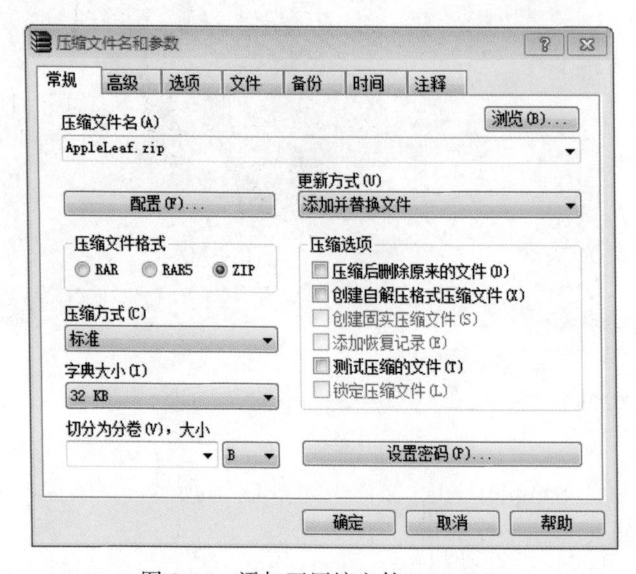

图 C-17　添加至压缩文件 AppleLeaf

打开压缩文件 AppleLeaf，重命名其子文件夹。如图 C-18 所示，将 Samples 重命名为 Images，将 Samples_label 重命名为 Annotations。需要注意的是，必须按 EasyDL 平台要求进行重命名，否则将无法识别，导致数据导入失败。

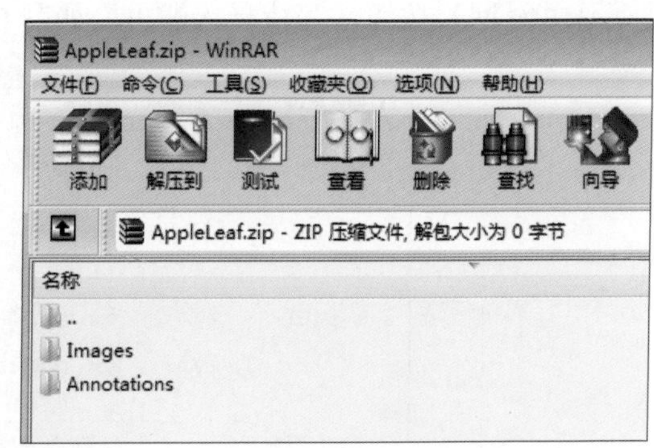

图 C-18 重命名

按照前面内容介绍的方法在 EasyDL 平台上创建一个用于物体检测的 AppleLeaf 数据集。单击“导入”，打开导入数据界面，依次选择“有标注信息”“本地导入”“上传压缩包”“xml”，如图 C-19 所示。EasyDL 平台提供下载各种标注文件上传格式的样例文件。单击“上传压缩包”按钮后，EasyDL 平台会给出上传数据的格式要求，如图 C-20 所示。

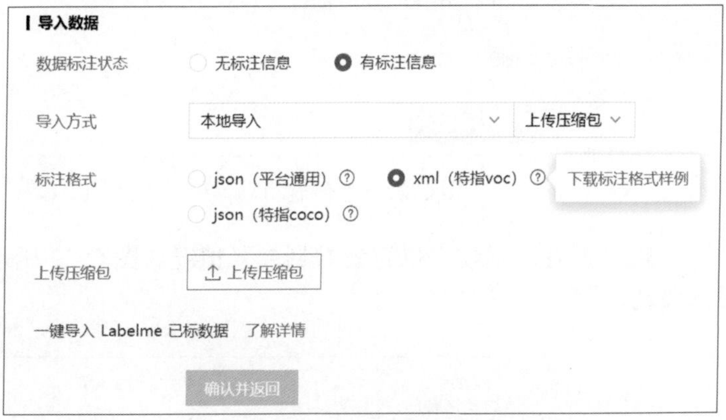

导入数据
数据标注状态 无标注信息 有标注信息
导入方式 本地导入 上传压缩包
标注格式 json（平台通用） xml（特指voc） 下载标注格式样例
json（特指coco）
上传压缩包 上传压缩包
一键导入 Labelme 已标数据 了解详情
确认并返回

图 C-19 导入数据

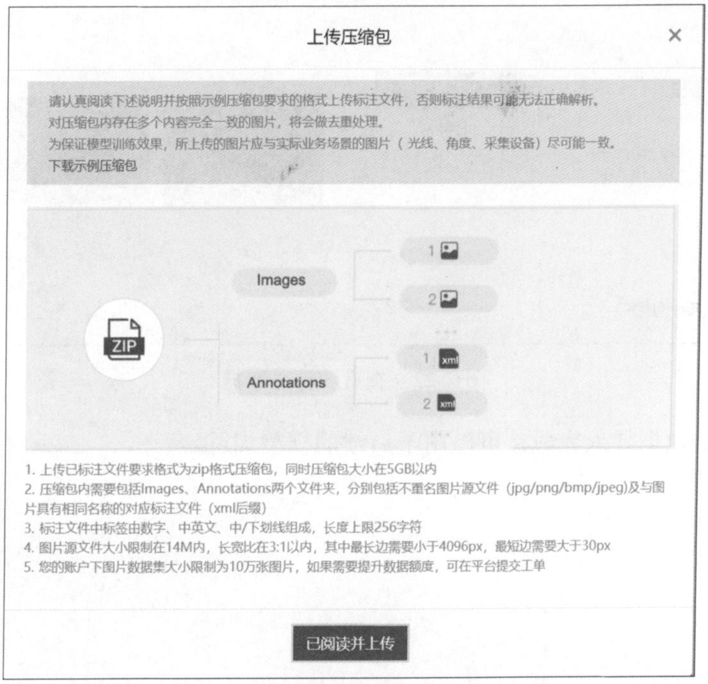

上传压缩包
请认真阅读下述说明并按照示例压缩包要求的格式上传标注文件，否则标注结果可能无法正确解析。
对压缩包内存在多个内容完全一致的图片，将会做去重处理。
为保证模型训练效果，所上传的图片应与实际业务场景的图片（光线、角度、采集设备）尽可能一致。
下载示例压缩包
ZIP
Images
1
2
Annotations
1 xml
2 xml
1. 上传已标注文件要求格式为zip格式压缩包，同时压缩包大小在5GB以内
2. 压缩包内需要包括Images、Annotations两个文件夹，分别包括不重名图片源文件（jpg/png/bmp/jpeg)及与图片具有相同名称的对应标注文件（xml后缀）
3. 标注文件中标签由数字、中英文、中/下划线组成，长度上限256字符
4. 图片源文件大小限制在14M内，长宽比在3:1以内，其中最长边需要小于4096px，最短边需要大于30px
5. 您的账户下图片数据集大小限制为10万张图片，如果需要提升数据额度，可在平台提交工单
已阅读并上传

图 C-20 上传压缩包

单击“已阅读并上传”按钮后，即可选择上传 AppleLeaf.zip 压缩包。上传成功后，单击“确认并返回”按钮，等待导入即可，如图 C-21 所示。

图 C-21　上传成功

导入完成后，可单击“查看与标注”以查看数据导入情况。图 C-22 所示界面表明，图像数据和标签已经导入成功。

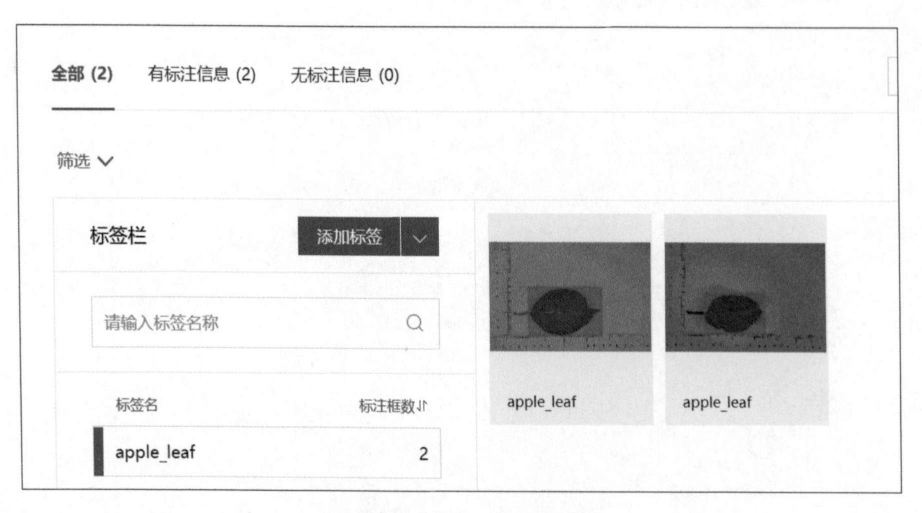

图 C-22　查看与标注数据

至此，标注的数据导入完成，可以用于后续的模型训练。

附录 D 行业补充案例

人工智能应用的领域和行业在不断拓展。受篇幅所限，第 9 章仅给出了部分案例。本附录补充了一些其他案例的简要情况，内容主要包括行业背景、解决方案及应用价值。希望这些案例能起到激发灵感、拓展应用的作用。欲了解更多详情和案例，请访问百度 AI 开放平台网站。

D.1 文旅行业

图像识别技术让马拉松比赛一路荣耀

1. 行业背景

随着国内马拉松比赛的热潮来袭，越来越多的跑友参与到不受空间和人数限制的线上马拉松比赛中。然而与传统的马拉松比赛相比，参与线上赛事的用户很难体验到冲刺时众人迎接的欢呼声与仪式感，且在一些相关 App 中查询比赛成绩的操作步骤过于烦琐，用户体验差。

2. 解决方案及应用价值

通过领先的运动健身平台 Keep，用户在 2018 北京马拉松比赛活动中只要成功在线报名，即可获得在任何地点完成全程或部分行程马拉松比赛的电子“完赛证书”，还可兑换官方颁发的奖牌。

Keep 为了实现拍奖牌看成绩的互动效果，在比赛前借助 EasyDL 平台通过 418 张照片完成北京马拉松比赛奖牌及其余 4 种奖牌识别的模型，实现了用户在线赛事中奖牌的自动识别，模型识别准确率高达 99.18%。

Keep 还为参加活动的用户提供了运动数据追踪和分析功能。用户只需要扫描自己的奖牌即可看到个人成绩，以及虚拟的赛道终点众人迎接的场景。这种方式增加了线上马拉松比赛的互动体验和仪式感。

D.2 零售行业

D.2.1 EasyDL 平台助力打造 AI 智能识别生鲜超市

1. 行业背景

目前，一般商超或便利店采用传统的人工方式进行果蔬查询并称重结算。这一过程不仅要求操作员熟记各种果蔬名称，还容易增加客户排队的等待时间，因此，人们希望借助 AI 为生鲜超市提供一套快捷、高效的设备来降低操作员的工作难度，并节省用户的等待时间。

2. 解决方案及应用价值

厦门汉印电子商务有限公司（汉印公司）开发的壹佳一智能秤，在模型层面，通过 EasyDL 平台的定制化能力训练可识别超过 150 种果蔬的识别模型，满足商超或便利店日常需求；在硬件层面，汉印公司将使用 EasyDL 平台开发的模型通过 EasyDL 平台软硬一体方案集成在百度公司的自研硬件 EdgeBoard-FZ3B 计算卡上进行离线计算，结合智能摄像头打造果蔬识别智能秤。

在引入壹佳一智能秤前，人工查询图片通常需要 2 ～ 3 s，在使用后，可以将果蔬的识别时间缩短至 0.2 s，效率提升超过 10 倍，进而缩短顾客排队时间，帮助商超或便利店提升顾客购物体验。

D.2.2 EasyDL 平台商品检测版助力拜尔斯道夫打造智能终端监控体系

1. 行业背景

面对激烈的市场竞争，如何更精准、高效地掌握零售门店的执行状态，长久以来都是拜尔斯道夫公司进行渠道和销售管理的重点。过去，拜尔斯道夫公司一般通过市场调研公司检查或者销售团队自查的形式获得零售门店的反馈。但这两种方式都存在以下两个明显的风险。

- 市场调研公司反馈慢、成本高。
- 销售团队的自查数据准确性和客观性存疑。

因此，拜尔斯道夫公司需要一种对销售业绩更加优化的成本审核方案，以提升自身的审查效率和准确率。

2. 解决方案及应用价值

上海小零网络科技有限公司开发的爱零工平台通过百度公司的 EasyDL 平台打造了智能商品数据分析平台。爱零工平台为拜尔斯道夫公司提供了实现零售门店执行状态的监督，让其能够在极短时间内掌握零售门店执行结果。拜尔斯道夫公司在全国各地的销售员工能够基于准确的数据反馈，精准进行产品买进、订单谈判等工作。拜尔斯道夫公司业务数据审核的优化成果如下。

- 月度平均覆盖 3000 多家零售门店，5 天内完成检查和数据反馈，涉及近 60 000 张商品图片。
- 整体零售门店的核查时间缩短 60%，数据准确度提升至 98.2%，核查成本降低 30%。

D.2.3 自动售药机推动零售药业智能无接触化升级

1. 行业背景

自动售药机需要根据用户的选择，精准地分发药品，而不出现抓错药、送错药等问题，因此应具备对用户订单的购买需求与机内药品进行正确比对与抓取的能力。尤其是在疫情期间，这种方式可以有效减少人员接触，提升售取药过程的便捷性、精确性、安全性。

2. 解决方案及应用价值

北京卓因达科技有限公司希望打造一台能够智能识别药品并进行抓取的自动售药机。该自动售药机通过引入 EasyDL 平台的物体检测能力，根据用户需求，可以精确识别售药机内的药品，结合机械臂对相应药品进行抓取，并送到出药口，保证分发的药品准确无误。

D.3 交通运输行业

D.3.1 EasyDL 平台助力实现码头集装箱朝向自动检测

1. 行业背景

宁波大榭招商国际码头位于长江黄金水道与黄金海线岸线的“T”形交汇处。对这个位于

宽达 10.7 km 的深水岸线上的码头集装箱区而言，集装箱箱门朝向的识别非常重要，这直接影响码头的运输效率和调转搬运成本。如果出闸集装箱箱体方向错误，需要使用大型专用机械进行调转，搬移一次的成本高达几十元。对每天有成千上万个箱体运输的码头来说，这是一笔不小的成本。而传统码头主要依靠人工对集装箱信息进行核对和录入，审核效率低。宁波大榭招商国际码头一天出闸量在 3000 个左右，人工核对工作量大，由此迫切需要一种智能核对方案，以提升审核效率，从而满足对集装箱箱门朝向的高效核对需求。

2. 解决方案及应用价值

宁波大榭招商国际码头有限公司在面对长期高耗时的集装箱箱门调转朝向的审核问题时，选择使用 EasyDL 平台快速完成模型训练与部署。仅用一周时间，就实现了将智能摄像头替代人眼对集装箱信息进行核对的工作，实时判断出闸集装箱箱门朝向是否正确。

原本需要 1 名员工每天核对 3000 余张箱体的位置图片，现在只需 1 名员工辅助核对 150 张图片就可以完成一天的审核工作，这大幅度提升了人力核对效率，同时节省了人工审核成本。

D.3.2 EasyDL 平台辅助研发智能维修头盔清点工具

1. 行业背景

在地下轨道建设和维修工作中，工人经常需要进入地铁的封闭轨行区进行操作，由于每次作业前都需要准备必要的工具，因此工作前后都需要人工清点工具以避免遗漏在地下的封闭区域内。而这种传统重复的操作既费时费力，又效率低下，另外，工人在往返路途中也存在很大的安全隐患，此类现状亟待改善。

2. 解决方案及应用价值

长沙市轨道交通集团自主研发的“智能维修头盔”采用国内行业先进的可拆卸结构，集中视听调度，集成单点视频通信功能，创新性加入机器视觉功能，并通过结合 EasyDL 平台物体检测技术实现设备检测和施工人员计数等能力。通过人脸检测、智能识别工具，并自动比对、生成表单，可协助现场人员执行任务，进一步提高生产效率及安全性。

D.4 管理与服务行业

D.4.1 定制化图像识别实现房源图片智能管理

1. 行业背景

骊特房产网针对用户上传的大量房屋图片，安排技术人员进行识别，区分出图片是户型图、房源图，还是非房源图等，方便后期进行处理。这种操作方式费时费力，而且效率低下。

2. 解决方案及应用价值

骊特房产网通过 EasyDL 平台的图像分类技术来智能识别用户上传的图片信息是否符合规范，防止外网出现非房源图片，甚至违规图片。

同时该系统可以规范图片信息，在规定的位置只能上传规定类型的图片，利于打造更友好的交互界面。通过该系统，骊特房产网的房源详情页面点击率提升近35%。

D.4.2 EasyDL平台助力智能垃圾箱快速落地

1. 行业背景

近年来，人们的环保意识逐步提高，但是公众的垃圾分类投递意识有待提升。部分城市还存在垃圾处理粗放，大量可回收垃圾没有得到有效循环利用的问题。与此同时，一些不可回收垃圾对人类居住环境造成严重破坏，成为摆在城市管理者面前的一道难题。消费环节产生的垃圾如果可以及时有效地自动分类，那么垃圾处理环节的效率将大大提升，同时可以改善现阶段城市垃圾处理粗放、垃圾循环利用率低的问题。在这种背景下，设计出支持自动分类的智能垃圾箱就显得十分迫切与必要。

2. 解决方案及应用价值

北京分形科技有限公司在使用EasyDL平台后，结合常见快消品垃圾图像，不到半天时间便完成识别准确率高达99%的垃圾分类模型，初步实现了7种常见垃圾的分类。该模型已经集成到由北京分形科技有限公司设计、研发并生产的智能垃圾箱中。该智能垃圾箱作为国内首批支持自动分类的智能垃圾箱，已经成功落地北京市海淀公园。

D.4.3 AI打造全国知识产权侵权假冒线索智能检测系统

1. 行业背景

随着创新驱动发展战略的深入实施，知识产权保护的重要性日益突显。但执法过程仍然存在“侵权成本低，维权成本高”的瓶颈，这一问题在互联网领域的知识产权侵权假冒行为治理中尤为突出，而其中的“电子商务领域侵权假冒线索发现难”就是中国专利信息中心面对的主要难点。

2. 解决方案及应用价值

中国专利信息中心开发的检测系统接入百度大脑通用文字识别、短文本相似度、相似图片搜索以及EasyDL平台图像分类技术，对用户待检测的商品信息进行准确分类、提取，再将其与相应的专利信息进行对比，若为侵权假冒线索，则将线索推送给特定用户。通过实现自动检测，大大降低了侵权假冒线索挖掘的人工成本。

D.5 教育行业

D.5.1 EasyDL平台用得好，汽车培训能效高

1. 行业背景

汽车销售行业为了保证售卖服务效果，都会对销售顾问进行全面培训，以帮助他们掌握纷

繁复杂的车型、汽车结构、零件功能等专业知识。

在销售和培训环节，如何更快速、更准确地让销售顾问牢记在心，用更容易理解的方式表达给消费者；如何提高培训效率和增强销售过程中销售顾问与消费者的互动，是汽车行业的终端销售和培训亟待解决的问题。

2. 解决方案及应用价值

芜湖储吉信息技术股份有限公司利用 EasyDL 平台将原来的纸质培训材料准确地整合在广汽传祺培训“e 祺学”App 中，不仅使销售顾问针对新车的培训时间缩短了 50%，还使部分车型的销售成交率有了较大的提升，让培训对销售的支持得到具体体现。

D.5.2 AI 助力轻松自测日语五十音

1. 行业背景

假名是日语独有的表音文字，五十音则是涵盖日语基本假名的表，日语初学者面临的第一道门槛就是学习日语五十音。由于五十音数量多、较为抽象、国内日常应用较少，初学者很难记牢。除了普通教学讲解以外，初学者还需要通过大量练习，以读和书写的方式加深印象。而针对书写的假名是否准确和规范，往往很难找到一个专业的第三方进行评判，初学者也很难方便快捷地进行自测。因此，日语助手希望能为日语初学者提供一套方便练习和自测五十音学习效果的解决方案。

2. 解决方案及应用价值

日语助手通过 EasyDL 平台将用户保存的 2000 多张日语五十音假名手写图片进行训练，得到准确率高达 98% 的五十音假名识别模型，将模型专属 API 嵌入小程序后，快速解决了用户自我练习时判断其书写假名是否规范的问题。这一方式开拓了对日语五十音练习到自测的便捷学习途径。

D.6 医疗健康行业

D.6.1 EasyDL 平台物体检测助力医药物流行业高效药盒分拣

1. 行业背景

药盒检测是实现机器人分拣的技术难题之一，已困扰医药物流行业多年。主要原因有 3 点：第一，药盒的种类非常多，现在我国的医保目录内药品有 2860 种，目录外药品更多（超过 15 万种），而且不断有新药在上市；第二，药盒检测的背景比较复杂，药盒是分层堆积在药箱里的，下层的药盒会对上层的药盒产生比较大的背景干扰；第三，要求检测速度比较快，几十到几百毫秒的时间完成检测识别。因此，医药物流企业进行药盒检测的难度大，通常采取传统人工分拣的方式，工作量大，耗时长。

2. 解决方案及应用价值

浙江工业大学基于 EasyDL 平台已优化的 YOLOV3、Fast-RCNN 等预置网络，使用物体检测模型，帮助合作企业在短时间内快速训练得到药盒检测分拣模型，并借助 EdgeBoard-VMX 加速卡软硬一体方案，配合机械臂控制团队实现机械臂高效药盒分拣，为医药物流行业中的分拣难题提供了可行的解决方案。在实际应用中，EasyDL 平台的物体检测模型 3D 定位精度在 1 ～ 2 mm，姿态精度在 1° 左右，机械臂臂展较长，通常为 1.3 m 或 1.5 m，完成一次分拣任务的周期可低至 7 ～ 8 s，机械臂支持 24 h 不间断工作，分拣效率相比人工大大提升。

D.7 企业服务行业

使用 EasyDL 平台轻松实现营销新玩法

1. 行业背景

为了丰富小朋友们的暑期生活，激发他们潜在的好奇心和探索欲，乐高集团以 AR 的形式为平日里简单的儿童积木拼搭增添更多的趣味，以让小朋友们学习到更多的知识为初衷，计划打造出“夏日时空大探险”AR 主题活动互动程序。

上海客赛公司作为乐高集团的技术服务商积极配合本次活动，然而其目前的 AR 识别引擎只能应用在 App 中，如果需要在 Web 端实现 AR 效果，则没有现成可用的识别库。如果上海客赛公司独立完成图形识别功能，则需要花费大量的时间和精力。面对重重难题，寻求一种简单与定制兼备的图像识别技术成为上海客赛公司顺利研发出“夏日时空大探险”AR 主题活动互动程序的关键。

2. 解决方案及应用价值

上海客赛公司通过将自有技术与 EasyDL 平台相结合实现了 Web AR 程序的开发。在短短 5 天内，上海客赛分司便成功为乐高集团打造出优质的“夏日时空大探险”AR 主题活动互动程序，使小朋友们在积木拼搭中获得了更多乐趣，激发了他们对未知领域的好奇心。

D.8 电商行业

海量鞋类照片自动分类辅助精准搜索

1. 行业背景

在电商平台运营过程中，用户每天会上传几万张鞋类照片（有的是鞋子外观，有的是鞋子外盒，有的是鞋标），电商运营团队需要将用户上传的鞋类照片进行分类处理，以便在用户进行图像搜索时获得精准搜索结果。

2. 解决方案及应用价值

电商运营团队通过 EasyDL 平台的图像分类功能，提交少量图片进行训练，形成鞋类照片

分类模型，并通过该模型将 300 多万张存量照片和每日新增的 30 000 多张照片进行分类。具体成果如下。

- 从无到有地补充了产品后台数据处理能力。
- 替代原有 10 人的审核团队，改用机器识别。
- 提高了图像的审核效率，间接提升了服务能力。

D.9 气象行业

风云变化尽收智慧之眼，气象观测开启刷“脸”模式

1. 行业背景

地面气象观测是气象部门获取气象信息的重要手段之一，常规气象要素（如气温、气压、相对湿度、风向、风速、降水量等）都已经实现仪器自动观测，但一些目测项目（如云状、云量、结冰、结霜等）一直还是依靠人眼来识别，并且由于观测员个体的差别较大，主观因素影响云状、云量等天气现象客观事实的记录。天气系统瞬息万变，人工观测也不能实现高时空密度的连续观测。传统人工气象观测已经无法满足快节奏的现代社会对高精度气象服务的需求。

2. 解决方案及应用价值

杭州市气象局运用高清视频摄像机在 28 个气象站采集大量全天空、草面、树林、茶叶等图像数据，从 100 多万张原始图像中精选了 11 000 多张，通过 EasyDL 平台，训练了云状、云量、天况、霜露、雨凇雾凇、茶叶霜冻等识别模型。模型识别准确率普遍超过 85%，其中包含 20 多个分类的云状识别及 12 个分类的云量识别准确率也在 80% 以上，基本满足了气象观测业务的要求。至此气象观测像“人脸识别”一样开启了“天脸识别”模式，人工智能将终结人工地面气象观测的历史，实现地面气象观测完全自动化。